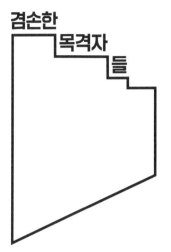

겸손한 목격자들

겸손한 목격자들

철새·경락·자폐증·성형의 현장에 연루되다

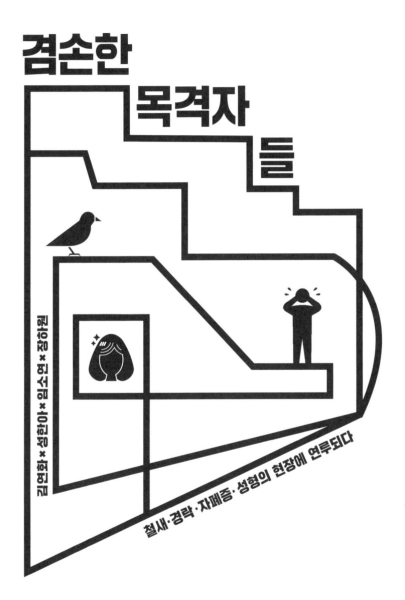

겸손한 목격자들

김연화 × 성한아 × 임소연 × 장하원

철새·경락·자폐증·성형의 현장에 연루되다

에디토리얼

차례

일러두기   단행본과 일간신문을 포함한 정기간행물에는 겹낫표(『 』)를, 단편 작품과 논문에는 홑낫표(「 」)를, 그외 기사·예술작품·영화·상호 등에는 홑화살 괄호(〈 〉)를 사용했다.

이것은 과학기술학 책이다
임소연

과학기술학은 과학기술과 다르다. 과학기술학은 과학기술'에 대한' 학문이다. 과학기술을 과학기술의 방법론이 아니라 인문사회학의 방법론으로 연구하는 것이라고도 할 수 있다. 그래서 과학기술학은 과학철학, 기술철학, 과학사, 기술사, 과학인류학, 과학사회학, 기술사회학, 과학기술정책 등으로 불리는 분야들을 포괄하는 용어로도 쓰인다. 과학이나 공학뿐만 아니라 인문학이나 사회과학의 주요 분야들과 비교해서도 과학기술학은 매우 짧은 역사를 가지고 있다. 말하자면 신생 학문이다. 과학기술학의 기원이라고 할 만한 저서 중 하나는 패러다임으로 잘 알려진 토머스 쿤이 쓴 『과학혁명의 구조』로 1962년에 출판되었다. 서구 학계에서도 이제 반세기 정도가 지난 학문 분야이고 우리나라는 그보다 더 짧다.

방법론이 아닌 내용을 기준으로 본다면 과학기술학은 크게 둘로 나눌 수 있다.[1] 하나는 과학기술의 본성과 실행에 대한 연구이고, 다른 하나는 과학기술의 사회적 영향 및 규제와 관련된 연구이다. 전자의 과학기술학이 "과학이란 무엇인가?", "과학적 방법이란 무엇인가?", "과학적 사실은 왜 믿을 만한가?", "새로운 과학은 어떻게 탄생하는가?", "과학은 종교와 어떤 관계인가?" 등의 질문에 대한 답을 찾는다면, 후자에 속하는 과학기술학은 "국가는 과학기술 연구개발 지원의 우선순위를 어떻게 두어야 하는가?", "과학기술과 관련된 의사결정에는 누가 참여해야 하는가?", "생명체는 특허의 대상인가?", "위험을 어떻게 측정할 것인가?", "사회는 안전의 기준을 어떻게 세워야 하는가?", "전문가는 대중과 어떻게 소통해야 하는가?" 등과 같은 질문을 던진다. 아무래도 후자의 과학기술학이 당장 사회에서 논란이 되거나 문제시되는 과학기술과 관련된 문제를 해결하는 데에 직접적으로 기여하겠지만 전자, 즉 과학기술이라는 인간 활동의 고유한 구조와 실행, 담론 등을 이해하지 못한다면 효과적

---

[1] 미국 하버드 대학교 과학기술학 프로그램에서의 과학기술학 정의를 참조했다. https://sts.hks.harvard.edu/about/whatissts.html

인 해결책을 찾기 어려울 것이다. 과학기술학은 과학기술을 이해하고 그에 개입하고자 할 뿐만 아니라 인간과 사회를 이해하고 그에 개입해 온 인문학과 사회과학과도 상호기여적인 관계를 맺고자 한다.

　　누군가에게는 과학기술학보다 STS라는 이름이 더 친숙할 수도 있다. 과학기술에 대한 학문이라는 평범한 뜻인 과학기술학에 비해서 STS라는 이름에는 사연이 좀 있다. STS가 무엇의 줄임말이냐에 대해서는 두 가지 입장이 존재한다. 하나는 과학기술과 사회Science, Technology and Society이고 다른 하나는 과학기술연구Science and Technology Studies이다. 이 중 더 오래된 쪽은 전자이다. STS라는 단어 자체의 기원으로 보면 청교도주의와 과학의 관계를 주장한 사회학자 머튼Robert Merton의 논문「17세기 영국의 과학, 기술과 사회Science, Technology and Society in 17th-Century England」(1938)가 널리 읽히고 인용되면서 '과학기술과 사회'라는 단어가 일상적인 단어가 되었고 이로부터 STS라는 약어가 사용되기 시작했다는 것이 정설이다.[2] 머튼의 논문의 성격에서도 드러나지만, 지금 STS를

─────

　　2　홍성욱 (2005),「과학사와 과학기술학(STS), 그 접점들에 대한 분석」,『한국과학사학회지』제27권 제2호, p.131-153. 홍성욱은 우리 네 저자의 지도교수로 2000년대 초부터 최근까지 사회구성주의와 행위자연결망이

'과학기술과 사회'에 대한 학문으로 사용하는 사람들은 여기서 '사회'를 강조하는 경우가 많으며, 이들 중 많은 사람들이 1980년대 이전의 과학기술운동으로부터 과학기술에 대한 학문적 관심을 발전시켰다. 한국의 과학기술학도 예외가 아니다. 국내 1세대 과학기술학자(엄밀하게는 과학기술사회학자)라고 할 만한 이들은 지금도 환경, 노동, 원자력 등의 주제를 연구하거나 과학기술과 관련된 시민운동이나 정책 결정 등에 관여한다. 한편 좀 더 최근에 과학철학, 기술철학, 과학사, 과학사회학, 인류학, 여성학 등 과학기술에 대한 여러 학문 분야들 사이의 학제적 교류가 활발해지고 이러한 학제적 협동이 하나의 학과나 프로그램으로 모이는 경우가 생기면서 STS는 '학제적 과학기술연구'의 의미로 더 널리 사용되고 있다.

—

론 그리고 실험실 연구 등 서구 구성주의 과학기술학의 성과들을 국내에 소개하는 작업을 활발하게 해 왔다. 대표적인 저서로는 『생산력과 문화로서의 과학 기술』(문학과지성사, 1999), 『인간·사물·동맹: 행위자네트워크 이론과 테크노사이언스』(이음, 2010), 『과학은 얼마나』(서울대학교출판문화원, 2013), 『홍성욱의 STS, 과학을 경청하다』(동아시아, 2016) 등이 있으며 장하원과 함께 브뤼노 라투르의 『판도라의 희망: 과학기술학의 참모습에 관한 에세이』(휴머니스트, 2018)를 번역했다.

우리는 한국의 2세대 과학기술학 연구자들이다

이 책의 성격, 나아가 이 책이 담아내는 과학기술학이 어떤 과학기술학인가를 이해하기 위해서는 이 책의 저자인 우리의 위치를 밝혀야 할 필요가 있다. 우리는 모두 서울대학교 과학사 및 과학철학(이하 과사철) 협동과정에서 공부하고 학위논문을 썼다. 지금은 과학학과 대학원이 된 과사철 협동과정에서 과학기술학이 자리 잡게 된 과정은 한국의 과학기술학, 특히 이 책에 수록된 네 편의 과학기술학 연구가 어떻게 상황 지워졌는지를 아주 잘 보여준다. 1984년에 설립되어 과학사와 과학철학이라는 두 개의 전공으로 운영되던 서울대학교 과사철 협동과정에서 과학기술학이라는 별도의 전공을 개설한 것은 2007년의 일이었다. 국내 최초로 독립적인 학제적 분과로서 과학기술학 전공이 탄생한 것은 2005년부터 불거진 황우석의 줄기세포 연구를 둘러싼 사회적 논쟁 속에서 역사와 철학으로는 다룰 수 없는 동시대적 과학기술 관련 이슈들을 어떻게 연구할 것인가라는 고민의 결과였을 것이다.

우리는 스스로 이전 세대 연구자들과 뚜렷이 구분된다고 느낀다. 1세대와 2세대는 연구자로서의 정체성과 연구 방법 그리고 연구의 지향 등 여러 면에서 다르다. 우리가 볼 때, 1세대의 과학기술학자들은 과학기술학자이기보다는 과학철학자, 과학사학자, 기술사학자, 과학사회학자 등으로 불리는 것이 자연스럽고 그들 중 대부분은 영미권 대학에서 철학자나 역사학자, 사회학자 등으로 교육이나 훈련을 받았다. 반면 우리는 국내 석박사 학위자들인 것은 말할 것도 없고 사실상 과학기술학 연구자 외의 다른 정체성을 떠올리기 어렵다. 앞서 과학기술학을 STS라는 명칭의 기원에 따라 두 유형으로 나누었는데 1세대는 '과학기술과 사회'에, 2세대는 '과학기술연구'에 속한다고도 볼 수 있다. 우리는 과학기술의 위험, 사회적 영향 혹은 규제 등을 직접 다루는 연구보다 과학기술의 실행과 본성을 탐구하는 데에 더 관심이 많다.

　　물론 이 세대론의 목적은 한국 과학기술학계에 대한 일반론으로의 확장이 아니다. 그저 이 책이 '상황적' 과학기술학 연구임을 설명하기 위한 도구일 뿐이다. 개별 연구자들을 놓고 보면 어떤 세대로 묶어야 할지 애매한 경우도 있고 우리와 비슷한 시기에 비슷한 교육을 받았으나 같이 묶기에는 차이가 더 커 보이는 경우도 있다. 1세대와 2세대는 대체, 대립 혹은 계승 등으로 규정되는 관계도 아니다. 모든 1세대는 모든 2세대보다 나이가 많고 지도교수이거나 지도교수에 준하는 멘토와 선배의 역할을 해 왔으나 학계에서는 여전히 동시대적 활동을 하고 있다. 2세대 과학기술학 연구자가 모두 우리와 같이 서울대 과사철 출신인 것도 아니다. 2008년 카이스트에 과학기술정책대학원이 신설되면서 과학기술학 전공으로 졸업을 할 수 있는 곳이 하나 더 생겼다.

우리가 이 책에서 보여주는 과학기술학 연구의 뿌리를 좀 더 파고들어 보자. 서구 학계에서 사회과학의 연구대상으로서의 과학기술은 '(사회)구성주의적 전환'과 함께 시작되었다. 1970년대까지의 과학사회학은 과학자 집단 혹은 제도에 대한 분석이었고, 과학 지식에 대한 연구는 과학사학자나 과학철학자의 몫이었다. 이 지적 분업을 깬 것이 1970년대 말에 등장한 사회구성주의로, 이 중 과학 지식 사회학SSK: Sociology of Scientific Knowledge과 기술의 사회적 구성론SCOT: Social Construction of Technology이 국내 학계에 큰 영향을 주었다. 사회구성주의 과학기술학은 과학기술을 여느 인간의 활동과 마찬가지로 사회적 구성물로 보는 관점에서 과학기술을 분석하였으며 이는 특히 과학 지식의 객관성, 가치중립성, 보편성 등에 대한 심각한 도전이었다. 과학의 구성성에 대한 관심은 과학 지식이 만들어지는 현장인 실험실에 대한 주목으로 이어졌다. 과학자들이 실제로 어떻게 과학 지식을 만드는가 혹은 실험실에서 실제로 어떤 일이 벌어지는가를 보려는 것이었다. 이것이 바로 1980~90년대의 실험실 연구이다. 당시 실험실에 들어가 현장을 관찰하고 과학자의 실행을 기술했던 브뤼노 라투르Bruno Latour와 스티브 울거Steve Woolgar, 카린 크노르-세티나Karin Knorr-Cetina, 앤드루 피커링Andrew Pickering 등은 '인류학자처럼' 과학자 부족을 연구한 과학기술학자들이었다.

　　이러한 방식의 실험실 연구가 한국 과학기술학계에서 갖는 의미는 독특하다. 한국에서 사회구성주의 과학기술학이 과학기술사회학 혹은 '과학기술과 사회'로서의 과학기술학에 상당한 영향을 주었던 반면, 실험실 연구는 인문학을 기반으로 한 과학기술연구 그리고 새로운 학제적 분과로서의 과학기술학 형성에 큰 영향을 주었다. 그 과정에서 결정적인 역할을 한 것이 서울대학교 과사철 협동과정이다. 우리는 인문학 계열인 과학철학과 과학사를 중심으로 하는 서울대학교 과사철 협동과정이 배출한 과학기술학 전공자들로 이 과정을 생생하게 목격했다. 우리는 서울대 과사철에서 과학기술학 전공이 도입되던 그 시기를 함께한 공통의 경험을 가지고 있다.

　　우리를 포함하여 과학기술학 전공을 선택하거나 선택을 고심하던 이들의 고민은 과연 이 전공의 정체성이 무엇이냐 하는 것이었고 그것은 대개 어떤 이론과 방법론을 쓸 것인가의 문제로 이어졌다. 특히 과학기술학 관련 논문을 지도하는 교수들이 주로 과학사와 기술사 등을 전공하고 과학철학보다 과학사 수업을 더 많이 듣게 되는 커리큘럼의 특성상 주로 문제가 되었던 것은 과학기술학과 과학기술사의 경계짓기였다. 동일한 명칭의 전공이 있었던 것은 아니지만 서울대 내외의 몇몇 사회학과에서도 과학기술학 연구자들이 있었기에 때로 과학기술사회학과 비교를 하기도 했다. (노파심에서 부연하자면, 이러한 분과 간 경계짓기나 비교가 중요하거나 필요하다는 뜻이 아니라 우리의 경험이 그런 식으로 인식되었음을 기술하는 것이다.)

이렇게 기존의 인문학(과학기술사)과 사회과학(과학기술사회학) 사이에서 방황하던 우리에게 훅 다가온 것이 바로 앞서 기술한 실험실 연구였다. 특히 우리는 모두 브뤼노 라투르와 그가 스티브 울거와 공저한 『실험실 생활Laboratory Life』[3]에 완전히 매혹되었다. 인류학적 방법론(민족지 현장연구)과 행위자연결망이론ANT: Actor-Network Theory, 이것이 우리의 방법론과 이론이었다. 민족지 현장연구는 문헌연구에 익숙한 인문학 기반의 과학기술학 연구자들에게는 진입 장벽이 매우 높았으며, 기존 인간중

---

3 브뤼노 라투르·스티브 울거 공저, 이상원 옮김, 『실험실 생활: 과학적 사실의 구성』, 한울아카데미, 2019.

심주의 사회학 이론에 익숙한 사회학 중심의 과학기술학 연구자들에게는 ANT의 비인간 행위성은 선뜻 받아들이기 어려운 것이었다. 그들에게 장애물인 이론과 연구 방법이 우리에게는 가장 유용한 자원이었다. 사실 우리는 과학기술사 연구자들처럼 문헌연구(보조적으로 인터뷰)에만 기댈 수도 없었고 그렇다고 사회학과에서 과학기술을 주제로 잡아 논문을 쓰는 이들처럼 사회학 이론을 취사선택할 수 있는 능력도 부족했다. 이것은 능력의 문제이기 전에 취향의 문제이기도 했다. 인과적 이야기의 빈틈을 촘촘히 채우는 데 골몰하는 역사학은 답답했고 '~주의'가 난무하는 사회학의 이론들은 지나치게 도식적으로 보였다. 우리는 인과관계를 설명하거나 현상을 말끔하게 규정하고 옳고 그름을 따져 비판하기보다는 먼저 보고 싶었다. 과학기술이 생산되거나 유통, 소비되는 곳에서 무슨 일이 일어나는지 말이다. 그렇게 우리는 도서관이 아니라 현장에서, 행위자(인간, 많은 경우 유명하거나 권력을 가진 인간)가 써 놓은 글이 아니라 행위자(인간과 비인간)가 하는 말과 행위를 기록하는 우리만의 연구 방식을 다지게 되었다.

"행위자를 따라다녀라!" 라투르가 우리를 현장으로 이끌었다면 그렇게 현장에 뛰어든 우리를 다잡아주고 더 깊이 이끌어준 이는 단연 도나 해러웨이_{Donna J. Haraway}

이다. 해러웨이는 '상황적 지식situated knowledges'이라는 개념을 통해 모든 지식의 부분성을 말한 바 있다. 부분성은 객관성과 주관성의 이분법적 경계를 허무는 개념으로 해러웨이의 책 제목으로 잘 알려진 '겸손한 목격자'와도 연결된다. 우리의 목격은 상황적 지식을 만드는 방법론이자 도구이다. 우리의 목격은 권력을 과시하거나 통제를 목적으로 하는 감시도 아니지만 보통 과학자들이 현미경 너머의 표본을 볼 때 사용하는 관찰과도 다르다. 사실 과학자는 그 누구보다 겸손한 목격자인 것처럼 보인다. 과학의 객관성은 과학자가 자신의 성별, 인종, 국적 등이 자신의 과학을 오염시키지 않도록 스스로를 삼가는 과정에서 획득된다. 그래서 과학자라는 행위자는 존재하지 않는 것처럼 존재한다. 말할 필요도 없이 현실의 과학과는 거리가 멀다. 과학은 한 명의 과학자가 아니라 여러 사물과 노동(그리고 자본)이 개입되어 수행되기 때문다. 따라서 과학자의 겸손함은 과학 지식이 인간과 비인간이 뒤섞인 이질적인 실행의 결과물이라는 사실을 숨겨야만 완성된다. 겸손함이 약속하는 투명성이란 자신의 성별, 인종, 국적 등의 주관성이 아무런 표식을 남기지 않는 남성, 백인, 서구인에게나 허용되는 것이다. 그들의 겸손함은 그들의 몸과 다른 존재들 그리고 세계와의 연결을 지운다.

　　우리의 겸손함은 정확히 반대 방향의 전략을 취한

다. 해러웨이식의 겸손함이다. 현장에서의 생존 전략이기도 했다. 다양한 유형의 전문가들과 전문적인 지식이 존재하는 현장에서 우리는 감히 잘난 척할 수 없었다. 현장연구를 하면서 우리의 몸은 다른 행위자들 그리고 현장과 연결되었고 우리는 그 연결을 최대한 드러내는 방식의 글쓰기를 택했다. 우리는 우리의 연구 주제와 현장을 선택하는 그 순간, 아니 그 이전부터 현장과 연결되어왔고 그래서 어찌 보면 그 선택은 우리의 선택이 아닌 것처럼 보인다. 당연하다. 우리는 목격자이기 이전에 이미이 세계의 일부이기 때문이다. 겸손한 목격자는 이론과 개념으로 무장하고 우주 어딘가에서 지구를 바라보는 신적 존재가 아니다. 우리는 오히려 곳곳에서 우리의 몸과 우리의 연구가 분리되지 않음을 드러내고자 한다. 그래서 이 책은 과학기술학 책이면서 동시에 연구방법론 책인데 그것은 우리의 의도라기보다는 어쩔 수 없는 결과에 가깝다. 우리의 연구가 과학기술에 대하여 무엇을 말하는가는 우리가 과학기술을 어떻게 연구했는가와 분리될 수 없기 때문이다.

과학기술학 연구자로 철새·경락·자폐증·성형의 현장에 연루되다

그리하여 우리 네 명의 겸손한 목격자들이 연루된 현장은 다음과 같다. 조류 탐사가 이루어지는 야외, 경락을 연구하는 물리학 실험실, 자폐증이 있는 아이를 둔 엄마들을 마주한 탁자 그리고 강남의 성형외과. 언뜻 이것도 과학기술의 현장이라고 할 수 있을까 싶은 현장 속에서 우리도 스스로를 그리고 그들을 많이 의심했다. 수없이 흔들리는 가운데 우리가 깨달은 것은 그러한 의심이 곧 과학기술의 본성과 실행의 정수에 닿아 있다는 사실이었다. 우리가 그러했고 그들이 그러했듯 이 책을 읽는 독자들 역시 처음에는 이 '과학기술 같지 않은 과학기술'들이 작동하는 현장을 의심할 것이다. 그러나 결국 그 의심을 의심하며 지금껏 당연시했던 과학기술의 모습을 돌아보고 과학기술이 어떤 모습이 되어야 할지 고민하는 계기가 되기를 바란다. 더불어 그러한 의심스러운 과학기술의 현장에서 전문가, 아마추어, 일반인, 소비자, 환자, 보호자 등의 이름으로 불리던 사람들에 대한 편견이 덜어지기를 바란다.

과학기술학이 과학기술을 비판하는 학문 혹은 과학기술의 밖에서 과학기술을 내려다보고 나아갈 길을 제시하는 학문이라는 편견이 있다면 그 또한 도전하고 싶다. 우리의 과학기술학은 과학기술의 뒤도 앞도 아닌 옆에 있으려 한다. 우리의 몸으로 엮어진 글과 언어를 통해서 과학기술과 다양한 관계를 맺고 있는 이들이 과학기술의 본성과 실행을 그리고 서로를 더 잘 이해할 수 있다면 좋겠다. 그래서 과학기술의 위험과 혜택 그리고 그것을 어떻게 발전시키고 어떻게 다스릴 것인지 함께 논의하는 자리로 이어지면 좋겠다.

네 명의 저자는 모두 이공계 학부 학위를 가지고 있고 그중 둘은 석사학위와 취업 경험까지 있는 전직 과학기술인이다. 이 책은 어쩌면 과학기술의 세계에 발을 디뎠다가 뛰쳐나온 여성들의 과학기술 이야기로 읽힐 수도 있겠다. 그랬던 우리들이 과학기술이 아닌 과학기술학 전공의 학위를 가지고 연구자가 되어 다시 과학기술 안과 밖을 넘나들며 본 것, 알게 된 것은 무엇일까? 장담컨대 그것은 우리가 과학기술의 세계 안에 있을 때 알았던 것과는 다르며 지금까지 과학기술을 평가하고 분석했던 이들이 과학기술의 밖에서 보았던 것과도 다르다.

이 책은 성한아의 야외 조류 탐사 현장에서부터 출발한다. 그곳은 관찰과 측정이라는 전형적인 과학 행위가 이루어지는 자연 속의 실험실이다. 철새를 따라 강과 들을 누비는 조류생태학자를 성한아와 함께 따라가다 보면 새라는 생물의 개체를 '센다'는 것이 무엇인지 즉 과학에서 측정의 의미가 무엇인지 곱씹게 될 것이다.

다음으로 김연화의 현장은 물리학 실험실이다. 이론적 존재의 물리적 실체를 찾고자 애쓰는 과학자들의 일상을 기록한다는 점에서 김연화의 연구는 정통 실험실 연구에 가장 가깝다. 프리모관이라는 새로운 해부학적 구조를 '발견'하고자 애쓰는 실험실의 모습을 통해 과학적 실재를 '창조'하는 실험의 의미를 전한다. 프리모관이 한의학적 개념인 경락의 대체물인 탓에 많은 이들이 그 존재를 의심하지만 그 의심이 오히려 과학에서 실험의 역할을 더욱 극적으로 보여준다.

장하원의 현장에서 실험실은 자폐증을 지닌 아이를 둔 엄마들의 삶 속에 위치한다. 아이의 자폐증을 발견하고 진단하며 치료하는 지난한 과정 속에서 엄마들은 치열한 지식 수행자가 된다. 장하원은 27명의 엄마들을 만나며 27개의 현장과 조우하고 27개의 실험실을 목격하는 과정을 고스란히 드러낸다. 이 과정에서 의학적 실재로서의 자폐증과 다르지만 연결되어 공존하는 또 다른 자폐증의 실재를 만나게 된다.

마지막으로 임소연은 성형 수술의 현장을 실험실로 재탄생시킨다. 성형 수술은 흔히 과학기술로 포장된 상품으로 비판받지만 임소연은 강남의 성형외과에서 오히려 근대과학 초기 실험의 흔적을 찾아낸다. 실험은 목격을 통해서 '앎'을 가능하게 하는 장치로서 임소연은 성형 수술에 대한 믿음과 과학에 대한 믿음이 그리 다르지 않음을 보이며 시각 중심의 과학적 앎에 대한 성찰을 이끌어낸다.

과학철학자 장하석은 "우리가 실재로부터 배우는 바를 극대화하기"라는 능동적 실재주의를 제안한 바 있다. 그의 능동적 실재주의는 과학자를 포함하여 세계에 대한 '앎'을 추구하는 누구에게라도 적용될 수 있다. 겸손한 목격자야말로 과학기술의 현장에서 배움을 극대화하기 위한 연구자의 모습이고 그것은 선언이나 선택으로 부여받는 자격이 아니라 연구자의 노동과 정동으로 얻어지는 능력임을 우리는 숨기지 않으려 한다. 이 책을 통해 우리가 다양한 과학기술의 현장에서 연루되며 배운 바를 독자들이 목격할 수 있기를 바란다.

철새와
철새를 세는 사람들과
연루되다

성한아

200마리 곤충 표본

　　나는 학부에서 응용생물학을 전공했다. 응용생물학을 전공으로 선택했던 그때, 한국 사회는 황우석 박사가 국민 과학자로 한창 유명세를 떨치고 있었다. 생명공학 기술이 한국 사회에 눈부신 미래를 가져올 것이라고 믿어 의심치 않았던 시대였다. 고등학교 때 생물학 2를 선택 과목으로 정했던 나는 실험실에서 이루어질 그 장밋빛 미래를 꿈꾸며 응용생물학을 전공으로 선택했다. 줄기세포 연구로 대표되는 황우석 박사의 연구는 실험실에서 맨눈으로는 볼 수 없는 미세한 존재들을 다루는 현대 생물학 연구의 전형이었다. 나는 세포 속 미시 존재를 건드리는 고도의 기술로 가득 찬 실험실을 현대 생물학의 표준적인 모습이라 여겼고 흰 가운을 입고 실험실에서 세포를 다루는 멋진 모습을 상상했다. 전공 수업 중 실제로 실험실에서 분자 수준의 생명을 다루는 기계도 만져보고, 실험동물을 어떻게 관리해야 하는지도 배웠다. 눈에 보이지 않는 생명의 미시 세계를 이해하기 위해 생화학, 세포생물학, 분자생물학, 유기화학 같은 과목의 공부도 함께해 나갔다.

　　그 모든 전공 과목 중에서도 나를 가장 흥미롭게 하는 수업이 있었으니, 실험실 밖으로 나를 이끈 곤충학이었다. 곤충학은 응용생물학 전공자가 필수로 수강해야 하는 과목 중 하나였다. 곤충학 수업은 강의실 안에서만 이뤄지지 않았다. 곤충학 과목을 수강하는 학생이라면 200마리 곤충을 채집해 표본으로 만들어 제출하는 과제를 완수해야 했기 때문이었다. 동일한 종을 다섯 개체 이상 잡으면 안 된다는 규칙도 엄수해야 했다. 학교가 산으로 둘러싸여 있었지만 곤충 200마리를 채집하는 일은 학교 캠퍼스 안만 돌아다녀서는 해결할 수 없는 과제임이 분명해 보였다. 실내에서 채집할 수 있는 모기나 파리만 잡아 표본을 만들 수도 없는 노릇이었다. 표본을 만들 만한 다양한 곤충 무리는 어디서 만날 수 있을까?

　　그해 여름, 과 전체가 백운산으로 채집 여행을 떠났다. 전라남도 광양시에 위치한 백운산은 학교에서 연구를 위해 관리하는 산(학술림이라 불린다)이었다. 일반인의 출입이 제한되는 이 장소에서 곤충을 채집하는 방법에 관한 교육과 실습이 이어졌다. 실험실에서 파견 나온 조교는 실험 과학자가 입는 하얀 가운 대신 야외 활동에 알맞은 등산 복장을 하고 있었다. 곤충을 채집하는 과정은 산과 같은 야생의 자연을 과학적 조사를 위한 장소로 만들기 위해 여러 기구를 설치하는 단계부터 시작했다. 밤에 곤충을 유인하기 위해 평평한 땅을 골라 조명을 설치하고 그 아래 커다란 흰 천을 펼쳐 놓았다. 낮에는 노란

접시에 설탕물을 채워 벌이 날아 다닐 만한 장소에 두거나, 땅을 적당히 파내 통조림 캔을 넣어 두어 지면을 다니는 곤충을 잡기도 했다.

채집 여행에 참여한 모두에게는 미리 구입한 전문 채집 도구가 지급되었는데, 여기에는 전문가용 포충망, 딱정벌레 같은 갑충을 잡기 위해 99퍼센트의 에탄올을 담은 플라스틱 독병, 나방이나 나비를 마취해 잡으려고 마취 가스를 충전한 통, 마취한 나방을 보관할 수 있는 삼각통이 포함되었다. 장비를 갖추고서 산길을 걸으며 곤충을 채집하기 시작했다. 조교는 능숙하게 나뭇잎 뒤에서, 길가에서, 나무 줄기에서 곤충을 찾아내기 시작했다. 백운산 채집 여행은 초등학교 때 '슬기로운 생활' 과제로 나왔던 잠자리 잡기와는 차원이 다른 것이었다.

채집한 곤충으로 제작한 표본이 학생 실습의 결과물로만 그치지 않는 사건이 있었다. 그해 흥미로운 소식이 들렸다. 한 학생이 관악산에서 꽃매미라는 곤충을 잡아 표본으로 제출했는데, 그 채집 사실이 신문 기사에까지 실렸다는 소식이었다. 꽃매미를 채집한 일이 이슈가 된 것은 그 표본이 한국 땅에서는 처음으로 보고된 기록이기 때문이었다. 꽃매미는 외래종이자 해충으로 외부에서 들어와 한국의 생태계에 위해를 가한다는 이유로 국가 차원에서 특별히 관리해야 하는 종으로 등록되어 있었다. 표본 하나가 한국 생태계의 방제 대상인 꽃매미가 등장했음을 확증하다니. 누군가 길을 가다가 알록달록 눈에 띄는 꽃매미를 본 적이 있었겠지만, 꽃매미의 출현은 채집 도구를 든 누군가가 채집하여 표본으로 만든 후에야 공식적인 기록으로 인정된다. 내가 채집해 표본으로 만든 곤충이 그동안 기록되지 않았던 종이라면? 채집 날짜와 장소를 꼼꼼히 기입한 곤충 표본은 학생에게 의무로 부과되는 과제 이상의 의미를 지닌 것이었다.

이후 응용곤충학 같은 강좌를 비롯해 몇 번의 관련 강좌를 수강하면서 야외의 자연에서 실행되는 이 전공에 매력을 느끼기 시작했다. 그런데 이상하게 내가 매력을 느낀 지점은 곤충이나 곤충학의 내용 자체가 아니라 곤충을 다루는 과학 자체에 있었다. 아마도 그 미묘한 관심의 차이가 과학의 특성과 그 실행의 의미를 진지하게 탐구하는 과학기술학이라는 전공을 선택하는 데 적잖이 영향을 미쳤을 것이다.

과학기술학의 미답지, 현장 생물학

하얀 실험복 대신 등산복과 포충망을 갖추고 강의실 밖에서 더 많은 시간을 보내야 했던 학부 과정의 짧았

던 경험은 과학기술학이라는 새로운 전공을 선택한 뒤에
도 계속 특별한 관심으로 이어졌다.

　　　내가 대학원에 처음 진학했을 무렵 과학기술학을
전공으로 삼아 진행되고 있었던 연구들은 주로 과학이 실
행되는 생생한 현장에서 그 복잡하고 역동적인 장면을 그
리는 시도를 중심에 두고 있었다. 당시 과학의 현장에 대
한 관심을 촉발시킨 배경에는 '실험실 연구laboratory studies'
라 일컫는 흐름이 있었다. 실험실 연구에서 과학자는 과
학 연구 과정의 주인공 자리를 차지하는 대신, 실험 대상
과 '협상'하거나,[1] 실험 기기로부터 적절한 결과를 얻어내
기 위해 기계와 씨름해야 하는 위치에서 새롭게 그려진
다. 그전까지 과학이 이론과 법칙을 완성해낸 천재 과학
자의 머리로 이룩한 업적으로 묘사되었다면, 실험실 연구
에서 과학은 실험실이라는 현장을 가득 채운 기계와 같은
비인간non-human 존재와 대면하는 평범한 과학자의 일상
이 중심에 온다. 그런데 실험실 연구 초창기에 연구 대상
이 되었던 현장은 대체로 분자생물학 혹은 실험물리학 실

[1] Latour, B. (1987). *Science in action: How to follow scientists and engineers through society.* Harvard university press. [브뤼노 라투르 지음, 황희숙 옮김,『젊은 과학의 전선: 테크노사이언스와 행위자-연결망의 구축』, 아카넷, 2016]

험실이었다. 다종다양한 실험 장비·도구·시약 등이 갖춰진 실험실이 과학 연구의 전형적인 장소로서 선택되었던 것이다. 이러한 실험실 안에서 비인간 행위자로 지목된 존재는 기계가 대부분이었다. 그렇다면 내가 학부 시절 경험했고, 또 가장 흥미롭게 수강했던 곤충학 분과는 어떨까? 곤충학자도 실험실이 있지만, 그의 연구는 반드시 실험실에서만 이루어지지는 않는다. 곤충학자는 곤충이 살아가는 야생의 자연에 천막을 치고 그곳을 실험실로 삼아 연구를 진행하기도 한다. 결정적으로 연구 대상인 곤충은 대개 눈으로 보고 만질 수 있는 크기로 도구를 통해서만 시각화할 수 있는 미시적인 존재가 아니다. 곤충과 같이 생명을 지닌 야생동물을 과학 실행에 관여하는 비인간으로 조명하기 위해서는 실험 과학과는 다른 종류의 과학에 주목할 필요가 있었다.

이러한 질문을 가지고 있다가 과학기술학자 도나 해러웨이의 연구를 만나게 되었다. 그는 일찍부터 실험실 연구가 기계인 비인간에만 주목해 왔다면서 실험동물처럼 생명이 있는 비인간 존재가 관여하는 과학의 실행에도 주목해야 한다고 지적했다.[2] 오늘날 그의 저작은 과학기

2   Haraway, 1991, 각주 14 참조; Haraway, D. (1991). "The promises

술학 분야를 넘어 인간과 동물의 관계를 연구하는 분야에서도 고전으로 손꼽힌다. 그는 영장류학의 연구 대상인 영장류에서부터 암생물학을 위해 탄생한 유전자 변형 실험쥐, 반려동물인 개까지 다양한 범주의 동물을 동원해 실행되는 과학을 과학기술학의 관점에서 분석했다.

　　무엇보다 그의 분석 초점에는 살아 있는 몸을 지닌 동물과 직접 대면하며 연구를 진행하고, 그들의 행동으로부터 어떤 신호를 읽어낼 줄 아는 인간이 있다. 영장류 연구에서는 영장류의 행동을 포착하고 그 의미를 읽어내는 영장류학자, 암생물학에서는 실험쥐의 신체 변화를 관찰해 그 의미를 해석해내는 생물학자, 반려동물인 개 연구에서는 개와 적절한 신호를 주고받으면서 어질리티agility 경기[3]를 위한 훈련에 매진했던 해러웨이 본인이 등장한다. 과학기술학에서 실험의 과정을 인간이 홀로 수행하는 행위로 그리지 않듯이, 그의 연구에서 과학의 실천에 관여하는 다양한 종류의 동물들은 행동과

---

of monsters: A regenerative politics for inappropriate/d others." In L. Grossberg, C. Nelson, and P. Treichler ed. Cultural studies, pp. 295-337. New York: Routledge

3　어질리티 경기란 개가 복잡한 구조의 장애물을 넘도록 고안된 스포츠의 일종으로 인간과 개가 서로 호흡을 맞추는 것이 중요하다.

몸의 변화로 과학 실행의 향방에 영향을 끼치는 존재이자, 동시에 과학 실행에 의해 새롭게 변화하는 존재이기도 하다. 그중에서 나의 관심을 끈 것은 해러웨이가 직접 그의 반려동물인 개와 맺은 특별한 관계를 사례로 인간과 동물의 관계를 고찰한 연구였다. 여기서 그는 실험실과 연구 현장을 넘어 일상에서 몸을 부딪치며 개와 함께 살아가는 현장을 탐구한다. 그에 따르면 개와 인간이 함께 살아간다는 것은 개와 사람이 어떤 관계를 형성하는 문제와 동떨어져 있지 않다. 반드시 언어로만 매개되지 않는 이 관계는 서로 다른 신체와 신체가 만나 상호작용하면서 서로의 신호를 포착할 수 있는 존재로 변화하는 가운데 형성된다.

그 과정을 가장 잘 보여주었던 사례가 비인간인 개와 함께해야만 성공할 수 있는 장애물 달리기인 어질리티 경기이다. 해러웨이는 그의 반려견인 카옌과 경험했던 훈련 과정을 인간이 일방적으로 개를 길들이는 과정으로 묘사하지 않는다. 대신 그는 개가 훈련을 통해 변화하는 만큼이나 개의 행동과 반응에 대응해 변화해야 하는 인간에 주목한다. 그는 특별히 인간에게 요구되는 능력을 '응답 능력response-ability'이라고 지칭했는데, 이는 인간이 개와 함께 장애물 경기라는 공동의 목표를 달성하기 위해 길러야 하는 능력이다.[4] 이때 훈련자는 개의 행동학에 관한 교과서적 지식을 익힐 뿐만 아니라, 개의 신호를 읽고, 개가 알아챌 수 있는 신호를 보내는 법을 습득해야 한다. 해러웨이는 이 과정에서 인간이 개에게 맞추어 변화해야 하는 순간을 수없이 경험한다. 어질리티 훈련을 완수하는 과정에서 나타나는 인간과 개의 관계는 어느 한쪽이 다른 한쪽을 길들여 통제하는 위계 관계로만 묘사하기 힘들다. 해러웨이는 개와 인간의 관계가 다른 사회적 관계와 크게 다르지 않을지도 모른다고 말한다. 우리도 대개는 가족, 친구, 동료의 요구와 행동에 반응해 그에 알맞게 응답하는 관계를 맺지 않는가. 해러웨이는 언어를 주고받지 않을 뿐 인간과 동물은 함께 실험과학에 참여하든, 경기장에서 장애물을 넘든 사회적 동반자 관계로 연루되어 있음을 보여주었다. 물론 그 관계의 구체적인 양상은 인간과 인간이 맺는 관계와는 다를 것이다.

나는 해러웨이의 연구를 읽으면서 한국의 과학기술학 분야에서는 크게 주목받지 못한 비인간 동물—실험동물이나 반려동물보다는 야생동물—과 전문가인 인간

—— **4** Haraway, D. (2008). *When species meet*. University of Minnesota Press.

이 만나는 유형의 과학에 관심을 갖기 시작했다. 그렇게 눈에 띈 과학이 '현장 생물학field biology'이다. 생물학의 긴 역사는 주로 자연물을 수집하고 진열하는 자연사Natural History로부터 현대 생물학의 전형인 실험 생물학이 등장하는 변화로 그려진다. 하지만 다른 갈래에서 자연사의 현대화를 꾀하며 야생의 자연을 현장에서 직접 연구하는 생태학 같은 현장 생물학도 그 모양새를 갖추어 갔다. 한쪽에서 실험을 위해 고안된 표준화된 모델생물인 실험동물이 등장했다면, 현장 생물학에서 과학자가 마주하는 동물은 본래의 서식지에서 살아가는 야생생물이다. 이 때문에 현장 생물학의 여러 분과—야생동물생태학, 식물생태학, 동물행동학, 조류생태학, 해양생물학 등—의 연구자들은 실험실보다 숲·들·산·강·바다·사막·섬과 같은 야외의 자연에서 야생생물과 더 많은 시간을 보내며 연구한다. 이때 야외의 자연은 실험실로 직행할 연구 재료를 획득하는 부차적인 장소가 아니라 그 자체로 야외 실험이 이루어지는 핵심 장소가 된다.

로버트 콜러Robert Kohler는 과학 지식이 생산되는 구체적인 장소의 역사를 분석할 것을 촉구했던 대표적인 과학사학자이자 과학사회학자이다. 콜러는 일찍이 현장 과학의 역사와 사회학 연구에 헌신해 왔기에 줄곧 실험실의 부차적인 장소로 간주된 필드[5]에서의 과학 실행을 분석해야 할 필요가 있다는 문제를 처음으로 제기했다. 최근 콜러는 현장 과학의 특성을 분석하면서 그 특성을 함축한 용어로 '체류 과학resident science'이라는 용어를 제안하기도 했다.[6] 이는 현장 과학이란 연구 대상이 머무는 현장에서 며칠, 몇 달, 때로는 몇 년 동안 연구 대상과 함께 살아가며 관찰을 이어 가는 방법을 활용하는 과학이라는 의미를 담고 있다. 체류 과학은 장기간 관찰해야 그 행동의 의미를 파악할 수 있는 연구 대상으로 야생 동물부터 인간에 이르기까지 생명을 지닌 존재와 그 존재가 살아가는 장소를 연구 대상으로 삼는다.

---

5 필드는 그간 잘 조명되지 않은 현장 과학이 실행되는 장소를 지칭하는 용어이다. 여기에는 산·들·강·바다·사막·마을·도시·대기권 등에 이르는 다양한 장소가 포함될 수 있다. 최근 한국에서 현장 과학을 소개하는 글들은 field를 '현장' 등으로 번역하지 않고 한글로 '필드'라고 표기하기도 한다. 국어 사전에 보면 '현장'에는 '사물이 현재 있는 곳', '일을 실제 진행하거나 작업하는 그곳'이라는 의미가 있으며, 이런 의미에 따르면 연구 대상이 존재하는 장소를 선정해 연구를 진행한다는 점에서 현장 과학의 field를 현장으로 번역하는 데에는 문제가 없다. 이 글에서는 현장 과학의 장소인 현장을 지칭할 때는 '필드'라는 용어를 그대로 사용했는데, '현장'이라는 용어가 활용되어 온 경향 때문이다. '현장'이라는 용어는 과학 외에도 건설, 산업, 의학 등 다른 분야에서 다양하게 사용되고 있으며, 이 때문에 '현장'이라는 용어가 현장 과학의 장소라는 구체적인 의미를 지칭할 때는 그 의미를 전달하는 데 한계가 있다. 이 글에서 field science는 현장 과학으로, field는 필드와 현장이라는 용어 모두를 적절하게 사용했다.

6 Kohler, R. E. (2019). *Inside Science: Stories from the Field in Human and Animal Science*. University of Chicago Press

콜러는 체류 과학을 '세부 사항의 과학science of particulars'이라고도 지칭한다. 왜냐하면 체류 과학은 기본적으로 연구자가 대면하고 관찰하는 연구 대상의 세세한 일상 조건을 포착해 연구 재료로 삼기 때문이다. 연구 과정에서 유의미한 현장의 조건들은 연구자가 그곳을 여러 번 방문하거나 직접 살아가면서 비로소 눈에 포착된다. 대개 현대 과학은 물리학으로 대표되며 일상적인 조건이 지워진 이상적 세계로부터 보편적인 자연 법칙을 도출하는 활동으로 여겨져 왔다. 가령 물리학자인 갈릴레이는 현실에는 존재하지 않는 마찰이 없는 세계를 가정하고 여기서 물체의 운동에 관한 법칙을 도출해냈다. 반면 체류 과학자는 연구 방법으로서 현실에 존재하는 '그' 현장에서 장기간 '체류'하면서 관찰하기를 선택하는데, 이는 체류 과학자가 연구 과정에서 선택한 현장의 국소적인 조건들을 생략하기보다 적극적으로 해석하는 데 전문성을 획득했기 때문이다.

가장 유명한 사례 중 하나가 영장류학자 제인 구달의 연구다. 구달의 연구는 처음부터 콘크리트 벽으로 둘러싸여 표준화된 자연현상을 구현해 관찰하는 실험실이 아니라, 연구 대상인 침팬지 무리가 서식하는 탄자니아의 곰베 국립공원 안에서 진행되었다. 야생지인 곰베에서 침팬지 무리를 관찰하는 일은 생각만큼 쉬운 일이 아니었다. 침팬지는 적은 수가 무리를 지어 정글 곳곳에 숨어 생활하기 때문에 이들을 찾아내는 일 자체가 문제였다. 콜러는 구달이 침팬지 연구를 위해 조성한 캠프에 주목했다. 구달의 캠프는 정글 곳곳에 숨은 침팬지를 유인하면서도 야생 상태에서 그들의 특별한 행동을 관찰할 수 있게 고안된 장소였다. 구달은 이곳에서 침팬지 무리와 오랜 기간 체류했다. 침팬지 무리가 인간 연구자라는 새로운 존재에 익숙해진 뒤에 구달은 그간 알려지지 않았던 침팬지의 행동을 기록할 수 있었다.

콜러가 구달의 침팬지 연구를 연구했듯, 나는 야생동물을 연구하는 현장 생물학자를 찾고 싶었다. 한국에서 서식하는 야생동물로 범주를 정했지만, 연구를 시작할 당시 한국의 과학기술학계와 직접적인 연관이 있는 논문은 전무한 실정이었다. 다만 실험동물에 관한 논문을 한 편 찾을 수 있었다. 그러던 중 야생동물과 관련해 자주 언급되는 키워드인 '멸종'이란 단어로 자료를 조사하다가 한국 조류학의 아버지라 일컫는 조류학자 원병오(1929~2020)가 한국의 야생동물 보호 관리에서 멸종이라는 주제를 본격적으로 다룬 전문가로 활동했다는 사실을 알게 됐다. 그는 1956년에 농림부 농사원 임업 시험장에 야생동물 보호·관리와 연관된 업무를 위해 고용되어 관련 연구를 진행했다. 한국인으로서는 처음으로 조류학 관련 주제로 박사학위를 받았으며, 국내에서 야생조류 연구를 전면에 내세운 실험실을 처음으로 설립할 정도로 한국 조류학사에서도 중요한 인물이다. 그의 문헌을 따라가다가 한국의 야생동물 중에서도 철새가 중요한 보호관리의 대상이자, 연구의 대상이 되어 왔음을 알게 됐다. 오늘날 한국에 기록된 새의 89퍼센트가 철새로 분류될 만큼 한국의 야생조류는 철새가 대부분이다.[7] 그러니까 한국에서 새 연구는 곧 철새 연구이기도 하다. 게다가 그 연구란 대개 실험실 안보다는 야생조류가 서식하는 야외의 자연에서 실행되어 왔다.

　　철새라는 야생동물군과 현장 생물학으로서 실행되어 온 조류학. 그간의 고민을 모두 해결할 수 있는 주제처럼 보였다. 한국에는 오래된 조류학 연구 전통이 있었고, 지역 곳곳에서 철새 도래지를 찾을 수 있을 만큼 철새는 인간 사회의 지근거리에서 다룰 수 있는 야생동물이다. 철새를 따라가다 보면, 전문적인 생태 연구뿐 아니라

───

7　국립생물자원관은 2011년 공식적으로 한국에 서식하는 522종의 조류를 기록했고 이 중 약 89%가 철새임을 확인했다. 2019년에는 한국의 조류를 537종으로 보고했는데, 여전히 철새가 높은 비중을 차지한다. 국립생물자원관 (2011), 『국가생물종목록: 척추동물편』; 국립생물자원관 (2011), 『철새 이동경로 및 도래 실태 연구』; 국립생물자원관, 『국가생물종목록 II. 척추동물·무척추동물·원생동물』.

시민, 환경운동가까지 철새와 사람이 맺는 관계를 더 다채롭게 드러낼 수 있을 것 같았다.

철새를 세는 과학 현장에 접속하기

철새를 연구 주제로 결정한 해부터 이듬해에 이르기까지 나는 한국에서 열리는 모든 탐조 및 철새 보호 관련 행사에 최대한 참여하려 했다. 그러다가 우연히 참석한 행사가 울산시에서 개최된 <철새 서식지 관리자 국제 워크숍>이었다. 이 행사는 울산시, 환경부, 국제단체인 '동아시아—대양주 철새이동경로 파트너십'이 공동 개최한 행사로 꽤 규모가 컸다. 제목처럼 워크숍은 철새 서식지를 보호하고 관리하는 데 관계가 있는 사람을 중심으로 기획되었다.

이 워크숍에 참여하기로 한 선택은 이후 내가 연구 현장을 여는 데 가장 큰 영향을 미친 사건이 되었는데, 두 가지 이유에서 그랬다. 먼저 현재 한국에서 철새 보호·관리라는 주제에 관해 가장 중요한 의제가 무엇인지 논하는 가운데 철새의 현황이 <겨울철 조류 동시 센서스>라는 조사의 결과를 인용하고 있음을 발견했기 때문이다. 현장 관리자의 발표로 꾸려진 첫째 날의 모든 발표에서 언급되었던 겨울 철새의 개체 숫자는 <겨울철 조류 동시 센서스>(이하 <센서스>)라는 조사를 통해 얻은 결과였다. 각 지역 철새 도래지 보호·관리 현황을 발표하거나 각 지역에서 철새의 중요성을 강조할 때에도 모두 이 조사에서 얻은 숫자가 근거로 등장했다.

　　두 번째는 철새 서식지 보호와 관련해 중요한 인물이 모두 참여한 이 워크숍에서 조사의 현장을 관찰할 수 있도록 해준 조력자 A와 B를 만났기 때문이다. A는 동물행동생태학 박사과정생이었는데, 우연찮게도 내가 막 워크숍에 도착했을 때 앉은 자리가 A의 옆자리였다. 당시 워크숍에 참여한 주요 인사들은 모두 관리자급이었기 때문에 비슷한 또래인 데다가 박사과정을 밟고 있다는 사회적 정체성까지 겹쳐 그와 쉽게 가까워질 수 있었다. 대화를 나누다가 A가 대학생 탐조 단체 중 가장 규모가 큰 '대학연합 야생조류 연구회'(이하 야조회)가 운영되고 있는 한 대학의 회장까지 역임했다는 사실도 알게 됐다. 당시 나는 과학기술학의 중요한 주제 중 하나인 시민과학이라는 주제에 관심을 가지면서 전문 조류학자에서 탐조가로 학술적 관심을 확장하고 있던 터였다. 대학에서 야조회를 직접 조직할 만큼 조류학에 상당한 애착이 있었던 A는 나의 연구 접근 방식을 흥미로워했다. 그러다가 우연히 A가 <센서스> 조사원으로 참여하고 있다는 사실을 알게 됐다. <센서스>는 문헌을 통해 알고는 있었지만, 사실 워크숍에 참여하기 전까지만 해도 이 프로그램과 그 결과가 한국의 새에 관한 정치 지형에서 얼마나 중요한 주제인지에 대한 감은 없었다. 그래도 A에게 그해 있을 <센서스>에 참여할 수 있는지를 묻고 구두로 허락을 받아 놓았다.

워크숍에서 만난 다른 중요한 사람은 B였다. B는 원병오가 이끌었던 조류학 실험실 출신으로, 현재도 한국의 야생조류 보호·관리 정책 분야에서 중요한 직책을 맡고 있는 인물이다. 워크숍이 끝날 무렵 문헌을 통해 이름만 알고 있었던 B에게 용기를 내 인터뷰를 요청했고, 며칠이 지나 국립생물자원관이 위치한 인천 근처에서 인터뷰를 할 수 있었다. B와 인터뷰를 했던 시점까지만 해도 나는 과학의 역사를 탐구하는 차원에서 조류학계의 주요 인물을 중심으로 자료를 살피고 있었다. 그날 인터뷰에서 B는 한국 조류학의 역사를 회고하던 중에 그가 정부 산하의 연구원으로 일하면서 전국 단위로 실시했던 야생조류 조사에 관한 이야기도 꺼냈었다. 그때 언급했던 조사가 오늘날 <센서스>의 전신이라는 사실을 나중에 알았다. B는 <센서스>가 실시된 초창기 조사 담당자를 맡았던 인물이기도 했다.

<센서스>의 결과는 누구나 인용할 수 있는 공식

보고서로 출간되는데, 보고서에는 모니터링에 참여하는 모든 조사원의 실명이 명시되었다. <센서스>에 참여하는 조사원은 대부분 생물학 전공자이거나 오랜 탐조 경험이 있는 이들이다. 그 명단에는 내가 워크숍에서 만난 A와 B뿐만 아니라 이 주제로 연구를 시작한 후 직접 만나거나 문헌으로 익숙했던 조류학 전문가 대부분의 이름이 들어 있었다. 이후 A로부터 몇몇 조사원을 소개받는 과정에서 나는 후에 가장 중요한 현장을 열어준 C를 만났다. C는 <센서스>가 시작된 1999년의 첫 번째 조사 보고서부터 이름이 확인되는 인물이었다. 무엇보다 C의 조사에 동행하는 일이 특별했던 이유는 C가 내 질문에 적극적으로 대답해주는 친절한 인터뷰이였기 때문이다. 전문적인 모니터링 조사원으로 오랜 경력을 지닌 그는 조류생태학자로서 조사 중에 보이는 것, 예측되는 것, 활용하는 것 들에 대해 설명하는 일에 많은 시간을 할애해주었다. 당시 야생조류를 모니터링하는 실행에 대해 깊이 알아보고자 하는 열망이 컸던 나는 열심히 C의 실행과 말을 듣고 기록했다. 현장에 나갈 때마다 조류생태학 수업을 듣는 기분이 들었다. 곤충 채집 여행에서 채집에 관한 설명을 듣고 채집을 실행했던 때가 기억났다. 왠지 조사지를 다니는 일이 그렇게 낯설지 않았다. 새의 현장을 아는 사람과 알게 되면서 드디어 인간과 철새가 만나는 그 관계를 직접 목격할 기회가 열렸다.

<센서스>는 매년 겨울 전국 200곳의 지역에서 일제히 조사가 진행된다. 2인 1조로 이루어진 90여 팀 이상이 날짜를 정해 제각기 맡은 지역에서 발견되는 모든 새의 종류와 개체수를 기록하는 것이 조사의 목적이다. '겨울철'이라는 제목을 달고 있는 만큼 겨울철에 한국을 찾는 수많은 철새가 주 조사 대상이 되지만, 새들은 인간의 목적에 맞추어 나타나지 않는다. 철새가 곤충처럼 포획하여 관찰하고 연구할 수 없다는 점을 헤아린다면, 드넓은 자연에서 자유롭게 활동하는 철새를 식별하고 그 숫자를 세는 일이 그리 간단하지 않음을 깨닫게 된다.

<센서스>의 명목상 조사 대상은 철새라고 하지만, 실제로는 조사 지역에서 발견되는 모든 새들을 기록하는 전수조사로 이루어진다. 200곳이라는 조사 지역의 수는 다른 나라와 비교해봐도 월등히 높은 밀도이다. 200명에 이르는 사람들이 매년 겨울 동시에 기록한 조사 결과는 마치 전국을 범위로 사진을 찍듯 새의 현황을 알려준다. 조사가 전국 곳곳에서 같은 날짜에 진행되기 때문에 나는 한겨울 기껏해야 한두 팀 정도의 조사에만 참여할 수 있었다. A의 도움으로 2018년 겨울, 2019년 겨울, 2020년 겨울까지 총 세 팀에게서 참여관찰 연구를 허락받았

다. 먼저 워크숍에서 만난 조사원 A와는 한강의 성산대교에서 성수대교 구간 조사에 함께 참여했다. 이후 A에게서 소개받은 조사원 C를 따라 금강호, 금강, 동림 저수지, 봉선 저수지, 유부도 조사에 참여했다. 조사원 A의 소개로 만난 다른 조사원 D와는 새만금 주변, 유부도, 옥구 저수지 조사에 함께할 수 있었다.[8]

그중에서도 C의 조사지인 금강은 많은 수의 새가 기록되어 온 장소이면서도, 다양한 환경 조건에서 실행되는 조사의 면모를 관찰하는 데 용이한 장소였다. 우선 금강은 그간 기록된 철새 개체수의 수치로 봐도 도래하는 겨울 철새의 규모 자체가 다른 장소였다. 금강은 겨울 철새 중 가장 많은 개체수가 찾아와 경이로운 군무를 선사하는 가창오리의 도래지로도 이름이 높다. C는 근래에 그 가창오리를 가장 많이 세어본 조사원 중 한 명이었다. 금강의 한 부분을 떼어내 이름을 붙인 '금강호'는 겨울 철새의 전국 개체수 조사가 실시된 이래 한국에서 가장 많은 종수와 개체수가 보고된 장소로 기록되었던 해가 있었을 만큼 오늘날까지도 손꼽히는 중요한 철새 도래지이다.

---

8   세 팀 가운데 내가 가장 여러 차례 동행해 조사의 성격을 더욱 깊이 이해하는 데 가장 큰 도움을 받은 팀은 조사원 C가 속한 팀이었다. 이 글에서는 가장 많은 현장을 함께했던 조사원 C와의 경험을 주로 서술하려 한다.

탐조, 새와 인간의 합작품

아직도 인상 깊이 남아 있는 2019년 1월 19일은 처음 전화로 조사 동행을 허락받고 C가 이끄는 팀에 합류해 이틀이 지난 추운 겨울날이었다. 우리는 아침 일찍 금강호라고 명명된 조사 지역의 시작점인 강경의 황산대교 부근으로 이동했다. 금강호는 금강 상류 부근으로 황산대교에서 금강대교까지 이어지는 구간이다. 아침 8시 즈음, 조사 시작점인 황산대교에 도착했다. 조사를 시작하기에 조금은 이른 시간에 도착하는 바람에 C는 황산대교 근처에 있는 황산근린공원을 방문했다. 이 작은 공원은 C가 종종 탐조를 위해 방문해 온 장소라고 했다. 센서스 조사에 포함되는 구역은 아니었지만 황산근린공원에서 C와 함께한 짧은 탐조는 인간인 조사원과 철새의 관계를 보다 깊이 이해하는 계기가 되었다. 현장연구는 때때로 전혀 관계없어 보이는 사건을 예상치 못한 통찰로 연결 짓는 순간을 만들어낸다. C가 제안한 갑작스러운 탐조가 그런 경우였다.

C와 함께 황산근린공원에 들어서자마자 아침 시간에 맞추어 활동을 시작한 다종다양한 새 무리가 내는 소리가 섞여 들려왔다. 그런데 이 소리는 C와 나에게 각각 다른 반응을 불러일으켰다. 새 소리는 나에게 아침의

정취를 자아내는 자연의 소리였고, C에게 그 소리는 어떤 감흥을 불러일으키는 배경음 이상이었다. 그에게 새 소리는 어떤 정보로 해석되었다.

함께 걷던 C는 갑자기 어떤 새가 내는 소리를 알아채고는 되새의 소리라고 금방 식별했다. 연이어 그는 소리가 들려왔던 방향을 향해 쌍안경을 들어올리더니 근처에서 되새 25마리를 찾아냈다. 조금 더 걷다가 다시 쌍안경으로 어딘가를 관찰하던 C는 담쟁이덩굴로 덮인 공원 담장 근처 나무들 사이에서 먹이 활동을 하던 밀화부리 7마리를 발견했다. 쌍안경 조작이 서툰 나는 옆에서 C가 가리키는 곳을 따라 밀화부리가 먹이 활동을 하는 모습을 겨우 관찰할 수 있었다. 쉼 없이 이리저리 움직이며 먹이 활동을 하는 밀화부리를 좇아 쌍안경의 초점을 맞추기가 영 쉽지 않았다. 관찰을 마치고 몇 발짝 떼기가 무섭게 C는 담장과 조금 떨어져 있던 나무에 붙어 나뭇가지를 쪼고 있던 새 한 마리를 발견했다. 이번에는 나무 쪼는 소리를 들은 것이었다. C는 그 새가 청딱따구리라고 말했다. 청딱따구리는 빠른 템포로 연속해 나무를 쪼고 있었다. C는 이 행동을 드러밍drumming이라고 부른다고 알려주었다.

〈센서스〉를 완수하는 데에는 여러 가지 능력이 필요하지만 가장 기본적으로 요구되는 것은 능숙한 식별기술이다. 식별은 새의 숫자를 가늠하기에 앞서 그 새가 어떤 종인지 파악하는 단계이다. 현장의 새를 조류 도감에 실린 종으로 식별하는 일이란 일차방정식에 숫자를 대입하면 해가 나오는 것과 같은 자명한 과정이 아니다. 식별하는 능력은 새를 식별할 줄 아는 전문가의 곁에서 그가 식별하는 방식을 지켜보고 그것을 따라 하면서 익히는 도제식 훈련을 통해 체득된다. 조류 도감에 새를 구분하는 방법이 성문화되어 있다 하더라도 그 지식을 직접 필드에서 적용하는 일은 암묵적인 지식과 비언어적 실행으로 매개된다.

두꺼운 조류 도감을 완벽하게 외운다고 해서 탐조를 할 수 없는 이유는 하나 더 있다. 탐조는 인간의 일방적인 노력으로만 완수되는 실행이 아니다. 나는 황산근린공원에서 C가 탐조를 하는 동안 새를 식별하기 위해 어떤 감각을 동원하고, 무엇에 주의를 기울이며, 언제 쌍안경을 사용하는지 그리고 이러한 전 과정이 어떻게 유기적으로 연결되어 식별이 완수되는지 바로 곁에서 목도했다. 내가 현장에서 지켜본 바에 따르면, 식별은 소리를 내거나 모습을 드러내는 새에 전적으로 달려 있었다. C의 식별은 새가 내는 소리로부터 시작됐다. 쌍안경으로 새를 확인하는 도구 조작 기술도 새가 쌍안경이 향하는 그 지점에 존재해야 성공 여부가 결정된다. 새가 날아가지

철새와 철새를 세는 사람들과 얽혀드는 인간 ♥ 성한아

않고 인간에게 시선을 허락해 그 모습을 드러내는 순간 쌍안경의 쓸모는 빛을 발하는 것이다. 나는 C가 탐조 현장에서 보여준 능숙함을 인간 중심에서 벗어나 새와의 관계를 중심으로 이해해야 한다는 사실을 깨달았다. 탐조를 새와 함께 비로소 완성되는 실행으로 그린다면 C의 능숙함은 도감에 정리된 지식을 익히는 과정에 더해 새를 직접 만나는 현장에서 비로소 획득될 수 있는 능력으로 이해할 수 있다.

　　탐조의 중요한 단계인 식별은 <센서스>에서도 중요한 단계이다. 조사원은 대개 C처럼 현장에서 새를 바로바로 식별하는 능숙한 탐조가로서의 능력을 가지고 있다. 그런데 내가 만난 조사원들은 입을 모아 탐조와 <센서스>는 차이가 있다고 말했다. 그 차이가 미묘하다는 사실을 간파한 것은 현장 조사 전에 미리 만난 조사원 A와의 가벼운 대화를 나누면서였다. 나는 A가 <센서스>에 필요한 전문 능력을 획득할 수 있었던 탐조 단체에 관해 질문했고, A는 탐조 단체 활동을 하면서 쌓은 현장 탐조의 경험을 바탕으로 <센서스> 조사원으로 참여할 수 있었다는 이야기를 들려주었다. 그러다가 대화 말미에 내가 탐조와 조사의 차이를 묻자, A는 "모니터링(조사)이 기본적으로 버드워칭bird watching(탐조)을 기록하는 거니까요. 우스개로 말하자면 … 버드워칭 할 때 새가 많으면 기분이

48

좋고요. 모니터링할 땐 새가 많으면 힘들어요. 그냥 우스개예요. (웃음)"(2018년 10월 19일 인터뷰 중)

　　〈센서스〉는 대학의 개별 실험실에서 추진하는 연구의 일환도 아니고 민간 탐조 단체에서 진행하는 탐조 프로그램과도 성격이 다른 공적 조사 프로그램이다. 조사는 환경부 산하 전문 조사 기관인 국립생물자원관이 주도하여 진행한다. 그 결과는 공식 보고서로 출간되어 매년 겨울 한국에 도래하는 철새에 관한 기록으로 활용된다. A가 모니터링이 "버드워칭을 기록하는 것"이라고 정의했던 바가 이를 가리킨다. 하지만 여전히 궁금증이 남았다. 실천 차원에서 탐조도 새를 식별한 장소와 위치를 기록하는 방식으로 이루어지기도 한다. 또 조사를 하는 이들은 대개 능숙한 탐조가이기도 하다.

　　내가 현장에서 목격한 것은 탐조와 조사는 공통적으로 실험실이 아니라 필드에서 실행되며 또한 그 내용은 현장 생물학인 조류생태학적 지식과 기법을 활용해 이루어진다는 점이다. 필드에서 실천되는 두 실행에서 야생조류와 인간이 맺는 관계는 실험동물과 연구자가 맺는 관계나 해러웨이가 반려동물인 개와 맺은 관계처럼 직접 살을 맞대거나 서로 신호를 주고받는 관계에 대입해 이해하기 어렵다. 탐조와 조사에서 인간과 동물이 맺는 관계의 특성은 새를 야생 상태 그대로 두고 조사해야 한다는 윤리적 원칙과 이 원칙을 지키기 위한 인간의 책임에서 나온다. 이러한 원칙은 탐조도, 조사도 전적으로 인간이 새의 사정에 맞추어 움직임으로써 완수된다는 점에서 잘 드러난다. 탐조가와 조사원은 새 무리가 스스로 관찰하기 쉬운 자리에, 혹은 조사하기 쉬운 형태로 자리 잡기를 기다리는 일을 기꺼이 자처한다. 이 특별한 실천에서 새는 탐조가와 조사원의 행동을 변화시키는 권위를 갖는다. 다시 말해 탐조가나 조사원의 행동을 규정하는 것은 새의 행동이다. 새와 대면하는 이 독특한 실천에서 인간은 새의 행동을 통제할 수 없기에 대신 새의 움직임에 적절히 대응하여 본인의 행동을 통제하는 것을 우선순위에 둔다.

    C가 탐조를 위해 공원을 찾은 시간은 아침이었다. 되새, 밀화부리, 청딱따구리가 아침을 맞이해 먹이 활동을 하며 그 어느 때보다 풍부한 소리를 냈다. C는 새를 식별하기 위해 우선 새가 충분히 소리를 내는 때와 그 소리를 들을 수 있는 장소를 직접 찾아가는 전문성을 발휘했다. <센서스>가 매년 겨울철에 대규모 조사로 계획된 이유도 전적으로 새의 움직임에 맞춘 것이다. 한국의 조류학자들은 그간 12월과 1월이 월동을 위해 한국을 방문하는 철새의 이동이 안정화된 시기로, 도래하는 새를 전수 조사 하는 최적기임을 밝혔다.[9] <센서스>는 이러한 대규

모 이동이라는 철새의 행동에 맞추어 고안된 조사였다.

조사원의 전문성이 빛나는 현장

공통점에도 불구하고 내가 만난 조사원들은 조사
가 탐조와 다른 일이라는 데에 입을 모았다. 흥미롭게도
그 차이를 표현할 때 '힘들다'라는 표현을 자주 사용했다.
어떤 조사원은 이를 두고 '노동'이라는 표현을 쓰기도 했
다. 탐조는 좋지만 조사는 힘들다는 A의 농담은 조사원
들의 공통된 지적을 압축적으로 보여주는 대답이다. 새
를 식별하고 기록한다는 점에서 일견 비슷해 보이는 조
사와 탐조의 차이는 조사가 일로서 조사원에게 어떤 책
임을 부과한다는 데에서 찾을 수 있다. 조사는 숙련도, 시
간, 노력을 요구하는 일종의 노동이다. 정확한 조사 결과
를 창출하기 위해 조사원은 제한된 시간 안에 새를 찾아

---

9 조류학자들은 보통 야생조류의 개체수를 파악하는 적기로 번식 시기
와 월동 시기를 활용해 왔다. 종마다 다르지만, 대체로 새들은 이 두 시기에
함께 모여 있거나, 활발하게 활동하기 때문에 개체들을 파악하기 좋은 상
태가 된다. 그중 한국에 도래하는 물새류의 생태 주기는 월동 시기로, 이 시
기에 새들은 월동을 위해 함께 모여서 생활하므로 전체 개체군을 파악하기
좋다.

내 정확하게 기록해야 한다.

나는 공원 탐조 이후 이어진 본격적인 조사에서 그 책임을 수행하는 지난한 과정을 직접 목격했다. A가 힘들다고 표현한 조사 현장에 비하면 황산근린공원에서의 짧은 탐조는 그저 몸풀기에 불과했다. C와 나는 공원 탐조를 끝내고 내려와 금강호 조사를 위해 황산대교 부근으로 향했다. 금강호는 황산대교부터 금강대교로 이어지는 긴 조사 구간으로, 두 지점을 잇는 도로 연장이 30킬로미터에 이른다. <센서스> 조사원의 임무는 자기가 맡은 조사 지역에서 발견되는 모든 새를 빠짐없이 기록하는 것이다. 조류학계에서 고안해 온 여러 조사 방법 중 하나인 '센서스'란, 조사 지역의 모든 지점을 직접 확인하면서 해당 지역에 도래한 새를 하나하나 찾아 세는 방식의 조사다. 조류생태학이나 야생동물관리학 교과서는 센서스 외에도 다양한 조사 방법을 소개한다. 조사는 나무가 우거진 숲에서 시야가 탁 트인 강까지 서로 다른 조건의 필드에서 자유로이 움직이는 새의 개체수를 정확하게 파악해 세는 방법을 채택한다. 점호하듯이 새를 불러 줄 세울 수 있었다면 조사가 힘들다는 말은 나오지 않았을지 모른다.

조사는 금강을 따라 뻗은 도로를 주행하며 시작됐다. 조사원 C는 자동차로 이동하다가 멈추기를 반복하면서 쌍안경을 활용해 조사를 진행했다. C가 쌍안경으로 강을 훑어 찾아낸 새의 종과 그 수를 세어 부르면, 조수석에 탄 보조 조사원이 조사장에 이를 기록한다. 가장 먼저 강위에 무리 지어 떠 있어 눈에 잘 띄었던 비오리, 청둥오리, 흰뺨검둥오리 무리가 조사장에 기록되었다. 동행한 나에게 C는 겨울철 강가에서 발견될 만한 새는 주로 물이 얼지 않은 장소에 모여 쉬고 있을 것이라고 설명했다.

그렇게 직선으로 이어진 강을 따라 조사를 이어가다가 운전대를 틀어 강 근처 농경지 사이로 난 좁은 길로 들어서 웅포 저수장이라는 지점에 들렀다. 웅포 저수장은 강을 위에서 내려다볼 수 있어 조사 구역을 빠짐없이 수색하기 좋은 곳이었다. C는 그곳에 있던 낮은 평상위에 망원경을 펴고 저 멀리 보이는 강 위에서 새를 찾기 시작했다. 맨눈으로는 보이지 않을 만큼 먼 거리에 있는 새들의 이름과 숫자가 불렸다.

"비오리 3마리, 가창오리 287마리, 청둥오리 310마리, 청둥오리 14마리, 큰기러기 2마리, 청오리 12마리, 비오리 2마리, 쇠오리 20마리."

도감을 펼쳐 대조하지 않아도 그는 새가 보이는 족족 종류를 식별해냈다. 빠르게 이루어지는 C의 식별과 숫자 세기를 그대로 받아 적는 것은 보조 조사원의 일이다. 망원경으로 조사를 마친 C는 어디서 새 소리가 들렸는지 쌍안경을 꺼내 조사 지점 근처에서도 노랑턱멧새 2 마리와 방울새 2마리를 즉시 찾아냈다.

다시 차에 올라 강 옆으로 난 좁은 비포장 도로를 지나는 길에 갑자기 눈앞에 여름 철새인 후투티가 나타 났다가 금세 사라졌다. 1월이었는데 말이다. 갑자기 우리 눈앞에 나타난 후투티 1마리도 조사장에 기록되었다. 조 사원이 새를 직접 목격할 때 비로소 그 새에 관한 조사는 완결된다. 대개는 조사원이 새를 찾아 나서지만 이렇게 우연히 새가 나타나 기록이 이루어지기도 한다. 조사도 새와 조사원의 합작으로 이루어지는 실행이다.

이번에는 넓은 주차 공간이 있는 지점에 차를 두 고 걸어 들어가 조사를 진행했다. 그에 따르면 강이 직선 으로 흘러 물살이 빠른 지점보다는 강이 굽이쳐 느려지 는 지점에서 새를 더 많이 발견할 수 있다고 했다. 강이 느리게 흐르는 지점이 쉬기 좋기 때문이다. 이번에 차를 세워 두고 걷기를 선택한 것은 자동차로 접근이 쉽지 않 은, 강이 굽이치는 지점을 조사하기 위해서였다. 강가에 조성해 놓은 생태 공원을 따라 걸어 들어가는 길 옆에 너 른 갈대숲이 펼쳐졌다. C는 이 평범한 생태 공원 길을 걸 으면서도 금세 노랑턱멧새, 쑥새, 참새를 발견했다. 그러 다가 갑자기 꿩 한 마리가 우리를 피해 멀리 날아갔다. 갈 대가 흔들렸다.

"아 그때 그 꿩인가 보다. 지난번에 나는 걸 봤는데, 아직 여기 있나 보네."

C가 갑자기 나타난 꿩을 보고 아는 척을 했다. 그날 처음 본 꿩이 아니었던 것이다. 알고 보니 C는 새를 조사하기 위해 겨울 내내 달마다 이 장소를 방문해 왔다고 했다. <센서스>는 보통 정확도를 위해 2~3일이라는 날짜를 고정해 놓고 여러 조사지에서 '동시에' 실시한다. 이는 한 곳에만 머물지 않고 지속적으로 장소를 옮기는 새의 습성을 고려한 것이다. 너른 지역을 제한된 시간 안에 살살이 훑기 위해서 조사원은 조사지의 지리적 조건을 새의 장소로 읽을 줄 알아야 한다. 도로, 교량, 산책로처럼 원래 조사 목적으로 마련되지 않은 시설을 조사 목적에 맞게 효과적으로 활용하는 능력이 요구되는 것이다. C가 '그' 꿩을 알아본 것은 그가 조사가 진행되는 2~3일 전에 이미 여러 번 이 지역을 방문했다는 사실을 알려준다. 어느 구간에서 차량을 활용할지, 어느 구간에서 도보를 활용할지를 결정하는 일은 조사 지역을 새의 서식지로 인식하는 조사원의 전문성이 좌우한다. 도착한 조사 지점에 다시 망원경이 세워졌다. 그의 예상대로 강 위에서 몇 종의 새 무리가 기록되었다.

다음으로 향한 조사 지점은 비포장 도로인 데다가 겨우 자동차 한 대가 지나갈 수 있을 정도로 좁은 길을 지나야 도착할 수 있는 장소였다. 정차한 지점은 그냥 지나칠 수도 있는 작은 지천이었다. 쌍안경을 든 C는 시동을 건 상태로 조사를 진행했다.

"여기는 기록할 가치가 있지."

C는 지천 부근을 관찰하기 시작했다. 차가 멈춰 선 지천 부근은 C가 몇 번은 방문해 이미 중요한 종들을 수차례 발견한 적이 있다는 장소였다. 내 눈에는 평범한 시골길 옆의 그저 작은 지천인 그곳에서 C는 백할미새 2마리, 삑삑도요 2마리, 꺅도요 1마리와 멸종위기종 2급인 흰목물떼새 1마리를 발견했다.

"삑삑도요는 꺅도요만큼 거리를 주지 않아요."

조사원들을 경계하는 새들을 보고 C가 말했다. 종류에 따라 인간에게 허락하는 거리가 다르다는 뜻이다.[10] C는 우짖는 새들을 보며 우리가 빨리 지나가기를 바랄 거라는 우스갯소리를 했다. 나는 조용히 뒷자리에 앉아서 준비해 간 사진기에 처음 보는 새들을 담아보려 애썼다. 멸종위기 2급종을 발견했으니 잠깐 시간을 할애했던 지천 조사는 성공적이었다.

---

10 조류 생태학자들은 실제로 새가 사람과의 거리를 인지하고 날아가기 시작하는 거리를 '비행 개시 거리flight initiation distance, FID'라는 용어로 개념화했다.

지천을 지나 다시 금강 옆으로 잘 닦인 도로로 나와 조사를 시작했다. 유유히 흐르는 금강이 한눈에 보였다. C는 망원경으로 강을 훑어 조사하고 금방 차에 올라탔다. 때때로 C는 우리를 차에 두고 잠시 혼자 조사를 다녀오기도 했는데, 그런 곳은 새가 몇 마리 발견되지 않을 것으로 예상되는 곳이었다.

조사는 강 주변의 농경지에서도 이루어졌다. 이번에 정차한 곳은 도롯가였다. 비상 주차를 하고서 차에서 내려선 C의 망원경이 강 반대쪽을 향했다. 도로를 하나 건너 위치한 농경지에 많은 기러기가 먹이를 먹고 있었다. 기러기는 먹이를 먹기 쉬운 농경지와 휴식을 취하기 위한 강가를 넘나들면서 생활한다. 새들의 생활 반경을 고려한 조사였다. 기러기 몇 마리가 우리가 온 걸 알아챘는지 약간 긴장한 모습을 보였다. C는 빠르게 기러기 수를 세었다.

조사원이 조사해야 하는 구역은 지도에 표시돼 조사 전 모든 조사원에게 미리 배포된다. 하지만 굵은 선으로 표시된 조사 영역의 경계는 지도 위에서만 선명할 뿐, 실제 조사지에서는 강과 강 주변 농경지를 넘나드는 새의 습성 때문에 칼같이 그어지지 않는다. 또한 실제 조사에서는 철새의 움직임을 따라 차를 정차하거나 도보를 활용하는 세부적인 지점이 변화할 수 있다. C가 제멋대로

C가 이끄는 조사팀이 2019년 1월 19일 하루 만에 방문한 다양한 조사 지점 중 일부. 왼쪽 위부터 시계방향으로 웅포 저수장, 도보로 걸어 들어간 어느 조사 지점, 유부도, 금강 조류 관찰소.

o

움직이는 새와 매일매일이 다른 변화무쌍한 자연 조건 아래에서도 빠르게 조사할 수 있는 것은 그만큼 그가 새의 습성과 새가 깃드는 장소에 익숙하기 때문이다. C가 보여주는 능숙함은 조사 동선을 보다 효과적으로 계획하게 하며, 무엇보다 새로운 변화에 민첩하게 대처하는 순발력으로 이어진다. 하지만 순발력은 변화무쌍한 필드에 잘 반응하는 데에 필요한 능력일 뿐, 아무리 경력이 오래된 조사원조차도 피할 수 없는 것은 현장 조사가 매번 너른 조사지를 꼼꼼하게 방문하기를 요구한다는 사실이다.

개체수 빠르게 세기

조사가 계속해서 이어졌다. 다음 지점은 금강 근처에 설치된 조류 관찰소였다. 차를 세우고 조사원 C가 망원경을 세웠다. 그런데 누구도 예상치 못한 흥분된 상황이 펼쳐졌다. 금강호의 진객이라 불리는 가창오리 무리를 발견한 것이다. 금강호는 매년 겨울 대규모의 가창오리가 머물러 가는 장소이다. 일전에 C는 내가 조사 현장으로 직접 방문하겠다고 했을 때 서울에서 군산까지 내려온 김에 가창오리라도 보고 가면 좋겠다고 말한 적이 있었다. 그 정도로 가창오리의 모습은 새를 보러 이곳을 찾는 사람이라면 반드시 보고 가야 하는 장관으로 손꼽힌다. 당시 망원경에 포착된 가창오리 무리는 대략 32만 마리가 넘을 정도로 방대한 수효였다. 매년 겨울 방문하는 조사지이지만, 가창오리 무리가 어느 지점에서 발견될지는 매번 달라진다. 예상치 못한 상황에서 만난 가창오리 무리를 정확하게 조사하기 위해서는 한 번 더 이 지점을 방문해야 했다. 거대한 가창오리 무리는 그야말로 통제될 수 없는 필드에 나타난 변수였다.

그날은 C가 다른 조사원을 대신해 유부도 조사까지 완수해야 하는 날이었다. 그래서 갑자기 만난 가창오리는 나중에 세기로 하고 배 시간에 맞추어 항구로 향했다. 다음 조사지인 유부도는 지리적 특성 때문에 선박으로 접근해 도보로 이동하면서 조사해야 했다. 배편 시간이 얼마 남지 않아 우리는 급하게 점심으로 라면을 간단히 먹고 항구로 향했다.

　　작은 배를 몇 분 정도 타고 들어가 도착한 유부도는 멸종위기종이자 천연기념물인 검은머리물떼새 수천 마리가 쉬어 가는 중요한 중간 기착지이다. 먼 길을 날아온 많은 수의 도요새 무리도 이곳에 머물러 간다. 유부도에서는 금강호와 다른 새로운 유형의 서식지를 볼 수 있었다. 섬을 둘러싼 갯벌을 조사하려면 물이 나가고 들어오는 시점을 예상하는 일이 중요했다. C는 4~5일 후 최대 만조가 이루어지면 이곳에 모여드는 새가 더 많아질 것이라 예상했다. 유부도 조사에서 검은머리물떼새 무리 말고도 혹부리오리 3400여 마리가 기록되었다. 그 밖에도 흰죽지, 흰뺨검둥오리, 고방오리가 기록되었다. 조사를 마치고 모래사장을 지나는 길에 갑자기 폭음기가 펑펑 터지는 소리가 들렸다. 새가 근처 김 양식장을 서리하지 못하게 쫓는 소리라고 했다. 유부도는 겨울새의 경유지이며 동시에 사시사철 인간이 살아가는 장소라는 사실을 새삼 환기하는 순간이었다. 그러고 보니 해안가에 유리 조각과 플라스틱 조각 들이 눈에 띄었다.

　　유부도 조사를 마무리하고, 다시 배를 타고 섬을

나왔다. 세워 두었던 차에 올라 가창오리 무리가 발견되었던 금강 조류 관찰소 부근으로 다시 향했다. 가창오리는 우리나라를 찾는 겨울 철새 중 가장 많은 개체수가 기록된 종이다. 영국 방송 BBC는 2006년에 상영된 자연 다큐멘터리 〈살아 있는 지구Planet Earth〉에서 한국을 찾는 가창오리의 군무를 지구상에서 한 번쯤 보아야 하는 경이로운 자연 풍경 중 하나로 뽑기도 했다. 나는 운 좋게 금강을 처음 방문한 날 가창오리 무리를 만났다. 탐조가들 사이에서는 새를 만날 수 있는 운을 '조복'이 있다고 말한다. 새와의 만남이 '복'이라고까지 표현되는 이유는 그만큼 새를 만나는 일이 보통 사람에게는 어려운 일이기 때문이 아닐까. 하지만 〈센서스〉에서는 새를 만나는 일을 우연에만 맡겨서는 안 된다. 이 때문에 새를 잘 알고 찾아내 그 수를 빠르게 세는 C와 같은 전문성을 지닌 조사원이 필수적이다.

C는 가창오리가 잘 보이는 지점을 찾아 차를 세워두고 숫자를 세기 시작했다. 나는 옆에서 처음 보는 가창오리 무리를 카메라로 찍고, 쌍안경으로 보고, 동영상으로 남기려 애썼다. 그동안 C는 열심히 셌고, 보조 조사원은 C가 부르는 숫자를 열심히 적었다. 나는 대체 그 많은 가창오리를 어떻게 세는지 궁금했다. 나중에 여러 번 조사를 따라다니고 인터뷰를 하면서 새 무리가 자리 잡은

형태에 따라 그 난이도가 달라진다는 사실을 알게 되었다. 새가 많을수록 또 빽빽하게 모여 있을수록 개체수 조사는 현장에서 새 무리를 많이 세어본 경험에 기대게 된다. 특히 다른 어떤 새보다 가창오리는 무리가 크고 빽빽하게 모이는 특성이 있어 개체수 조사 난이도가 가장 높다고 할 수 있다.

『야생동물 관리 생태학』이라는 교과서는 많은 수의 새를 한꺼번에 세는 방법을 소개한다. '소단위 계수법'이라는 방법인데, 무리 지어 있는 많은 수의 새들을 10단위, 100단위, 1000단위 등 작은 단위로 묶어 세는 방식이다. 가령 5000마리의 새 무리라면, 500단위로 묶어 셀 수 있다. 어떤 조사원이 500단위를 정확하게 가늠한다면 5000마리의 새는 500단위로 묶어 10번만 세면 된다. 사실 이 방법은 실험 생물학에서 배양한 세균을 현미경으로 셀 때 활용하는 방법이기도 하다. 하지만 실험실의 표준화된 배양 접시에 자라난 세균을 세는 것에 비해 야외에서 만난 새 무리를 정확하게 세는 일은 상대적으로 통제하기 어려운 대상인 새와 새가 존재하는 열린 자연환경을 다루어야 한다는 점에서 다른 종류의 훈련을 요구한다. 새는 평평하고 한눈에 파악이 가능한 세균 배양 접시가 아니라, 둔덕이 있어 각도가 달라지고 탁 트여 있어 언제든 쉽게 다른 곳으로 이동할 수 있는 야외의 자연에

금강호 조사 중 만난 가창오리 무리를 망원경으로 확대해 관찰한 모습. 가창오리 무리를 세는 일은 난도가 높은 조사로 손꼽힌다. (2019년 1월 19일 촬영)

서 세야 하기 때문이다.

조사원은 현장 훈련을 통해 소단위 계수법의 정확도를 높인다. 철새 도래지에서 망원경에 포착되는 무리의 숫자를 먼저 가늠해본다. 가늠한 기본 단위가 얼마나 정확한지 한 단위에 묶인 개체를 일일이 세어 확인하는 절차를 거듭한다. 다양한 거리에서 망원경을 능숙하게 사용하는 기술도 새가 있는 필드에서 훈련한다. 요컨대 <센서

스> 조사원은 망원경을 들고 전국 각지의 다양한 현장으로 찾아가 각기 다른 형태로 무리 지어 내려앉은 각기 다른 종류의 철새를 무수히 만나 온 전문가다. 흥미로운 점은 실제로 소단위 계수법을 활용할 줄 아는 조사원들이 정작 '소단위 계수법'이라는 이름을 모르는 경우가 대다수였다는 점이다. 이는 철새 개체수 조사의 전문성이 성문화된 지식이 담긴 교과서를 통해서가 아니라 현장 훈련을 통해 습득되는 경우가 많기 때문이다

충분히 훈련된 조사원이라면 한 번에 세는 단위의 정확도가 높고 이에 따라 전체 개체수의 계수 정확도도 높다. 내가 만난 조사원마다 기본 단위는 조금씩 달랐지만 소단위 계수법을 활용해서 2000마리 이상의 대규모 새 무리를 세고 있었다. 조사원 D는 한 번에 셀 수 있는 단위의 정확도를 높이는 개별적인 훈련 과정을 일종의 '영점 조정' 같다고 말했다. 검은머리물떼새나 가창오리처럼 난도가 높은 개체수 조사는 현장 경험이 매우 풍부한 사람이 맡아야 하는 전문적인 일이다. 이를 위한 훈련의 과정은 조사를 힘들게 만드는 또 다른 요인이다. 새 무리를 찾는 일, 또 세기 좋은 시점을 기다리는 일, 새를 정확하게 가늠하기 위해 새를 여러 번 세어보는 일 모두가 조사를 '힘들다'고 표현하게 만든다.

해가 지면서 드디어 가창오리 무리가 이동하기 시

작했다. 가창오리는 좋은 사진을 얻으려는 사람이 원하는 쪽으로 움직여 주지 않았다. 그럼에도 수십만 마리의 새가 한꺼번에 움직이는 모습은 정말이지 장관이 아닐 수 없었다. 가창오리 무리는 우리가 서 있던 장소로부터 반대 방향을 향해 날아올랐다. 해가 지니 사진기가 잘 작동하지 않았다. 아침 일찍 시작해 하루를 꽉 채웠던 그날 하루의 조사는 어둑한 저녁이 돼서야 마무리되었다.

빠르고 정확한 조사에 가려진 시간

　하루를 꽉 채워 진행된 <센서스>를 끝마친 후 약 두 쪽 분량의 조사표가 완성되었다. 그날 금강호에서는 48종 355,499개체가 기록되었다.[11] 19일 하루 만에 기록된 숫자였다. 새를 빠짐없이 정확하게 기록하기 위해 쉴 새 없이 몸을 움직인 결과이다. 조사원에게 요구되는 정확한 조사의 책임은 조사 결과로 나온 표가 지닌 사회적 의미와 밀접하게 연계되어 있다. 전국 철새 도래지의 현황을 매년 기록한 <센서스>는 철새 보호와 관리에 관한

11　국립생물자원관 (2020), 『2019-2020년도 겨울철조류동시센서스』.

각종 행사를 비롯해 줄곧 한국 사회에서 철새를 대변하는 수치로 활용되어 왔다. 대학의 연구자가 이 데이터를 활용해 논문을 쓰기도 하고, 때로 환경 단체에서 어떤 지역의 보호 가치를 뒷받침하는 데에 조사 결과를 인용하기도 한다. 그러니까 〈센서스〉는 한국 사회에서 철새의 현황을 알려주는 지식 인프라로 기능한다.

실제로 환경부는 1999년부터 나온 〈센서스〉 조사 자료를 근거로 야생조류의 서식지 중에서도 '농경지'에 주목해 이를 어떻게 관리할 것인가라는 새로운 문제를 다루었다. 이는 철새를 농작물에 피해를 입히는 해로운 동물이 아니라 공존 관계로 인식하는 일이었다. 원래 인간이 경작하기 위해 조성한 농경지를 야생조류 서식지로 관리하는 일은 종전에 보호 지역을 지정해 인간의 접근을 차단하는 보전 방식으로는 한계가 있었다. 〈센서스〉의 결과는 이후 농경의 때와 방식에서 새를 고려하도록 장려하는 〈생물다양성 관리 계약〉이라는 정책을 수립하는 근거가 되었다. 〈생물다양성 관리 계약〉은 새가 즐겨찾는 농경지에서 먹이를 먹을 수 있도록 보호하고, 경작인에게는 줄어든 수확량에 대한 경제적 보상을 제공한다. 〈생물다양성 관리 계약〉 제도는 C가 방문했던 금강호가 위치한 군산시와 또 다른 주요 서식지인 해남군 고천암호 주변에서 처음 시작되어 2019년에는 전국 25개시군에서 실시되는 대규모 사업으로 확장되었다.

    <센서스> 현장의 조사원은 철새와 물리적으로 접촉하지 않고 그의 총체적인 지식과 감각을 동원해 조사를 수행한다. 현장 생물학으로서 <센서스>는 어떤 변화를 일으키기 위해 연구 대상에 인위적인 조작이나 자극을 가하지 않겠다는 원칙을 고수한다. 이러한 조사 윤리 혹은 제약으로 인해 필드를 주도하는 건 연구 대상이다. 조사원은 연구 대상이 머물만 한 곳을 수색해 찾아가야 하며, 연구 대상이 장소를 이동해버리면 그 지점에선 더 이상 할 수 있는 게 없다. 그렇다고 해서 현장 생물학자가 전적으로 피동적이고 부차적인 위치에만 머물지도 않는다. <센서스>의 베테랑 조사원 C를 상기해보자. 그가 철새를 찾는 방식은 매우 노련하고 효율적이다. 철새의 습성과 생태, 도래지의 자연환경을 꿰뚫고 있을 뿐만 아니라 그런 지식은 거듭되는 현장 조사로 해마다 갱신되어 최신 상태를 유지한다.

    현장에서는 C가 축적한 방대한 정보가 적재적소에 활용된다. 예컨대 청둥오리나 흰뺨검둥오리는 수면성 오리류로 분류되는 종들로, 물이 얕은 곳에서 머리와 목만 움직여 식물의 뿌리나 작은 곤충을 섭취한다. 따라서 수면성 오리류의 경우, 수면 위에 모여서 간간이 쉬면서 먹이 활동을 할 때가 가장 수를 세기 좋은 시점이 된다.

강가의 유속이 느려지는 유역은 먹이 활동을 수월하게 할 수 있는 장소로 반드시 조사해야 하는 지점이다. 한편 유부도에서 만났던 다른 철새인 검은머리물떼새는 갯벌에서 쉬는 때를 노려 수를 센다. 이때 조사원에게는 물이 들어오고 빠져나가는 시점이 조사 계획을 정할 때 기준이 된다. 물이 너무 과도하게 빠지면 새가 넓은 장소에 퍼져 있게 되므로 조사가 힘들어진다. 적당히 물 빠진 갯벌에 새가 적당히 모여 있을 때가 새를 정확하게 세기에 가장 좋은 때이다.

　　<센서스> 조사원의 해박한 지식과 단련된 신체 감각을 해러웨이가 개념화한 '응답 능력'으로 해석할 수 있다. 해러웨이가 처음 제안한 응답 능력이라는 개념은 반려동물과 인간의 관계로부터 도출되었다. 야생조류는 인간의 조련을 받지 않을 뿐더러 <센서스>라는 조사의 원칙상 친밀한 물리적 접촉이 배제됨에도 '응답 능력'이 매개되어 있음을 목격한다. <센서스>에서 인간 조사원과 철새의 관계란 일대일의 관계를 맺지 않기를 지향한다. 마치 조사원이 필드에 존재하지 않는 것과 같은 상태로 조사를 진행하기 위해 조사원은 많은 것을 알아야 한다. 조사원은 철새에 관한 전문 지식뿐 아니라 철새가 도래한 서식지의 생태 조건 전체를 세세하게 읽을 줄 알아야 한다. <센서스>에서 조사원을 '지역 전문가'라고 지칭하

며 그 이름을 보고서에 싣는 것은 그들이 모두 학위를 보유하고 있다는 인증도 아니고, 시민과학을 치켜세우려는 호의는 더더욱 아니다. 관계라는 말에 본래 전제된 상호성이나 호혜성이 새와 조사원의 관계에는 들어 있지 않기에 그 관계는 더욱 독특하고 특별해진다.

　　<센서스> 조사원의 전문성을 조사를 제한하는 조건을 통해 더 깊이 이해해볼 수 있다. 해러웨이가 개의 권위에 따라야 했던 가장 큰 이유는 어질리티 경기를 성공적으로 완수하기 위해 충족해야 하는 정해진 조건에 있었다. 해러웨이는 카옌과 함께 경기를 구성하는 여러 유형의 장애물을 넘고 달리는 연습을 반복해야 했다. <센서스> 조사원의 경우 목적은 정확한 데이터를 획득하는 것이다. 이를 위해 조사원에게 주어진 조건은 2~3일이라는 한정된 조사 기간이다. 이 때문에 너른 조사지에서 가장 효과적으로 새를 찾아 재빨리 셀 수 있는 능력은 더욱 중요해진다. <센서스>에서 발휘되는 조사원의 전문성은 제한된 시간 내에 조사를 완수하기 위해 시간 '외'의 훈련을 거쳐 이미 체득된 것이다.

　　내가 만난 모든 조사원들이 조사를 위해 할애하는 시간은 2~3일의 <센서스> 기간에만 한정되지 않았다. C가 갈대 숲에서 '그' 꿩을 알아본 장면에서 알 수 있듯 대개 조사원은 정기 조사 일정 외에도 새들이 한국에 도래

하기 시작하는 시기를 포함해 일 년 내내 지속적으로 그 지역의 새들에 관심을 갖고 조사하는 경우가 많았다. 한강 유역 일부를 담당했던 A는 그가 몸 담았던 탐조 단체에서 처음 한강 조사를 시작한 후 10여 년 동안 한강을 방문해 탐조와 조사를 진행해 왔다. 만경강 하구와 옥구 저수지를 조사했던 다른 조사원 D도 해당 지역에 자주 탐조를 나가 조사한 데이터를 따로 모으며 지역의 변화를 파악하고 있었다. C는 20년이 넘는 경력의 베테랑 조사원으로, 전국의 철새 도래지를 거의 모두 방문했을 정도로 풍부한 경험을 가지고 있다. <센서스>에서 각 조사 지역을 담당하는 조사원은 반드시 <센서스> 기간이 아니더라도 다양한 경로로 해당 지역을 조사하며 지역을 익혀 온 것이다. <센서스>가 성공적으로 이루어질 수 있는 것은 조사원이 오랜 시간에 걸쳐 훈련을 거듭해 온 이들이기 때문이다. <센서스>에서 조사하는 강과 그 일대 저수지, 지천, 갯벌, 섬 등 다양한 지리 조건은 조사원에 의해 새의 장소로 해석된다. 사람이 자전거를 타고 농사를 짓고 낚시를 하는 장소가 조사원의 실천에서는 새가 모여서 쉬고 먹이를 취하고 추위를 피하는 장소로 읽힌다. 다양한 장소의 특징을 새의 서식지로 읽을 줄 알 때 조사는 가능해진다. 이러한 이유로 <센서스> 조사원은 대부분 조사해 온 지역을 연속해서 맡는다. 조사원의 전문성은 지리적 조건이 천차만별인 조사 지역을 얼마나 속속들이 파악하는가를 포함하는 능력이다. <센서스> 조사원을 '지역 전문가'라고 이를 때 '지역'이란 사람의 지역이 아니라 새의 지역을 의미한다.

해러웨이가 개념화한 응답 능력은 언어로 매개하기 힘든 개의 신호에 응답하는 기예만이 아니었다. 해러웨이는 응답 능력의 원래 영어 단어를 response-ability로 분절해 표기함으로써 개의 신호에 응답해야 하는 훈련자에게 부과되는 윤리적 책임도 담고자 했다. 동물과 인간의 관계를 지배와 사육이라는 낡은 관념으로부터 벗어나 애써 대응해야 하는 문제로 인식을 전환하려는 것이었다. 긴 시간에 걸쳐 새와 관계를 쌓아 발휘되는 조사원의 전문성인 응답 능력도 기술적 능숙함을 넘어서는 함의를 갖는다. 실제 조사 기간은 물론 정확한 조사를 위해 지속적으로 현장을 방문하는 실천 전체가 곧 자연에 대한 인간의 책임을 다하는 문제와 직결되기 때문이다. 하지만 조사 결과를 담은 건조한 표에는 조류들의 학명과 숫자가 적힐 뿐이다. 올 겨울에도 철새는 때에 맞춰 도래할 것이며, 조사원은 응답 능력을 발휘하여 다시 그들을 맞이하러 나갈 것이다.

금강호에서 30만 마리 이상의 가창오리를 처음 보았던 2019년 1월 19일의 조사 이후 나는 그해 12월과 이듬해까지 <센서스> 현장을 몇 차례 더 찾았다. 매번 C를 따라 금강호를 찾았지만 탐조 초심자로 쳐줄 만큼의 실력을 쌓는 일도 쉽지 않았다. 탐조가로 혹은 조사원으로 거듭나는 일은 또 다른 종류의 훈련을 요한다.

    대신 수차례 동행하는 동안 목격한 경험으로부터 내가 알게 된 새로운 사실은 조사라는 실행을 통해 현대 사회에서 인간과 철새가 지속적으로 특정한 관계를 맺어왔다는 것이다. 전국 곳곳에서 철새를 조사할 줄 아는 특별한 전문성을 지닌 사람들이 '지역 전문가'로 묶인 것은 <센서스>가 시작된 1999년부터다. 당시 환경부 주도로 처음 시작한 <센서스>는 한국의 조류학자들이 주축이 되어 대한민국 영토에 존재하는 자연의 일원인 겨울 철새를 기록하기 위한 조사로 기획된 것이었다.[12] 1999년 전후로 한국 정부는 철새뿐 아니라 식물부터 곤충까지 영토에 서식하는 다양한 생물종을 기록하는 일을 국가의 책임으로 규정했다. 나는 철새를 조사하는 현장에 국한

---

12 한국에서는 국가의 자연을 기록하는 공적 성격의 조사를 특별히 '자연환경조사'라고 부른다. 자연환경조사는 인구 센서스처럼 국가에 포함된 자연을 대상으로 진행되는 총조사를 지칭한다. <센서스>도 자연환경조사의 한 종류이다.

하여 연구했지만,[13] 오늘날 이런 공공 조사의 대상인 생물종은 철새만이 아니다. 국가가 자연을 기록해야 한다는 책임은 <센서스> 조사원과 같은 현장 조사 전문성을 지닌 이들에 의해 실행된다.

나는 이 글을 마친 후에도 비인간인 철새와 인간인 조사원의 관계의 양상을 보다 다양한 조건에서 이해하기 위해 새를 세는 현장을 찾아갈 계획이다. 최근에는 다른 현장으로 오대산을 방문했다. 시야가 탁 트인 강 하구와 달리 숲이 우거진 산에서 새를 만나는 일은 완전히 다른 실천 속에 이루어진다. 나는 현장연구의 경험 이후 하늘을 날아가거나 지천에서 휴식을 취하는 새를 인간 사회와 무관한 자연으로 바라보지 않게 되었다. 그 새들은 응답 능력을 지닌 누군가에 의해 지속적으로 사회와 관계를 맺고 있다. <센서스> 현장에서 내가 목격한 것은 자연과 사회가 맺고 있는 복잡한 관계의 단면이었다.

---

13 나는 이 현장연구의 기록을 담은 장을 포함해 2021년 8월에 박사 논문을 완결했다. 성한아 (2021), 『자연의 지표(指標)에서 생명의 경보(警報)로: 철새 센서스와 인간 너머의 생명정치』 서울대학교 박사학위 논문.

경락을 연구하는
실험실에
연루되다

김
연
화

과학에 연루되다

　　과학자가 되고 싶었다. 과학자가 내가 살고 있는 세계의 원리를 설명해주는 게 좋았다. 과학을 공부할수록 세상이 달리 보였다. 눈부시게 하얀 백사장의 아름다움에는 바다와 바람, 달의 작용이 숨어 있었다. 과학을 알기 전에는 무심하게 지나친 자연물이 과학을 알고 나자 저마다의 이야기를 갖기 시작했다. 작은 생물만 보아도 그 안에 세포를 구성하는 물질이 활발하게 움직이는 모습이 눈앞에 떠올랐다. 내가 매료되었던 건 분자였다. 우리가 살아가는 세상을 이루는 수많은 화학물질, 그중에도 우리 몸속에 있는 분자가 특히 흥미로웠다.

　　생물 시간에 DNA가 복제되는 원리를 배우면서 알게 된 '오카자키 절편Okazaki fragment'은 가히 최고였다. DNA 복제는 상보적으로 결합된 두 개의 가닥이 풀리면서 시작된다. 풀린 두 개의 가닥을 원본으로 삼아 새로운 가닥이 합성되는데, 문제는 DNA 합성이 한 방향으로만 이루어진다는 것이다. 두 가닥 중 하나는 이중나선이 풀려감에 따라 연달아 합성이 진행되며 복제가 일어나지만(이때의 원본 가닥을 선도가닥leading strand이라 한다), 다른 가닥은 나선이 풀리는 방향으로 DNA 합성이 일어나지 못한다. 세포는 이를 어떻게 해결할까? 일본의 생물학자 오

77

카자키 레이지Okazaki Reiji와 오카자키 츠네코Okazaki Tsuneko 는 DNA 합성 방향과 반대로 위치한 이 두 번째 원본 가닥 (이를 지연가닥lagging strand이라 한다)이 짧게 끊겨서 복제된 다는 것을 알아냈다. 복제된 짧은 가닥에는 발견자의 이름을 따서 오카자키 절편이라는 이름이 붙었다. 미스터리물에서의 추리보다 더 짜릿한 설명, 그걸 밝혀낸 과학자들의 실험, 발견이 이루어진 실험실. 모든 것이 내 마음을 두근거리게 했다.

실험실에 들어가고 싶었다. 일상의 공간과는 확연히 다른 그 공간이 좋았다. 교과서에서 배운 이론이 실험을 하면 그대로 확인되는 게 즐거웠다. 모든 문제에는 정답이 있다 여겨졌고 세상을 과학 이론으로 설명할 수 있으리라 기대했다. 실험실에만 들어가면 세상 어떤 문제도 풀 수 있을 것 같았다. 이는 나의 대학 선택의 기준으로 작동했다. 학부 과정부터 연구를 중시하는 대학, 과학 공부를 하는 데 있어서 실제로 실험 실습을 많이 한다고 알려진 대학을 선택해 화학과에 입학했다. 학기마다 한개 이상의 실험 수업을 들었고, 방학 때마다 연구참여를 신청해 대학 연구실에서 시간을 보냈다.

자연스럽게 대학원에 진학했다. 화학과 소속의 단백질 구조생물학 실험실 한 켠에 나의 책상이 있었고 내전용 실험 테이블과 서랍도 받았다. 이제 말 그대로 실험실에서 먹고 자고 할 수 있는 공식적인 지위를 획득했다. 다른 과학자의 실험 내용이 담긴 논문을 읽으며 내 연구에 적용할 생각에 마음이 부풀었다. DNA를 RNA로 전사하는 단백질 구조를 연구 주제로 잡고, 실험을 계획하고, 그 실험에 사용할 시약을 주문했다. DNA와 RNA에 단백질이 결합되어 있는 삼중 구조를 풀어내면 생명의 신비에 한 발짝 더 다가갈 수 있을 터였다. 그러나 실험실에서 세상의 문제를 해결하기는커녕 당장 매주 다가오는 랩미팅에서 발표할 결과를 생산하는 것도 쉽지 않았다. 이론에 따르면 아주 간단하게 진행될 것 같은 실험도 실제로 시작하면 막히기 일쑤였고 같은 과정을 일주일에도 몇 번씩 반복해야 했다. 꼬박 이틀 밤을 새서 얻은 결과, 실험은 '망했다'. 엄지가 뻐근할 정도로 파이펫을 눌러 댔지만 실험은 또 '망했다'. 매주 랩미팅에서 나는 항상 망한 결과를 발표해야 했다. 실험 설계를 보여주고, 실험 방식을 보여주고, 망한 실험 결과를 보여주면서. 실험이 망할수록 연구자로서 나의 인생도 점점 망해 가는 것 같았다. 나와 어울리지 않는 곳에 있는 기분이었다. 실험실에서 어서 나가고 싶었다.

전공을 바꿔 다시 대학원에 진학했을 때, 생각지도 못했던 곳에서 과학자가 실험실에서 수행하는 실험의 의미를 찾을 수 있었다. 과학기술학자라고 불리는 일련의 학자들이 실험실 연구를 해놓은 것이다. 과학기술학자 브뤼노 라투르는 과학자 집단이 거주하는 실험실 공간에 들어가서 그들의 실행을 분석했다. 그가 실험실 안에서 과학자들과 함께 생활하며 관찰한 결과는 과학자들이 실험실에서 다양한 도구를 사용하여 눈에 보이지 않는 무언가에 대해 표, 그래프, 도식과 같은 기록물들을 끊임없이 생산해낸다는 것이다. 과학자들은 그 기록물을 함께 보며 토론하고 마치 그 기록물이 자신들이 연구하는 대상인 것처럼 행동했다. 라투르가 보기에 실험실은 그 자체가 기록물을 만들어내는 거대한 기록 장치로 그 안에서 과학자를 비롯한 실험 도구, 눈에 보이지 않는 단백질 분자가 함께 기록물을 생산했다. 그렇게 생산된 기록물은 실험실 벽을 넘어 다른 실험실이나 사회로 들어가 새로운 질서를 만들어내기도 하고 다른 행동들을 유도하기도 한다. 라투르는 다름 아닌 실험실이 세상을 바꾼다고 주장했다.

갑자기 실험실이 다시 보였다. 심지어 숱하게 망했던 나의 시간도 의미 있게 느껴져 가슴이 벅찼다. 실험실에서 좌절하고 힘들어 했던 과거의 나에게, 지금도 축 쳐진 어깨를 하고 실험실 의자에 앉아 있을 대학원생들에게 이 소식을 전하고 싶었다. 그러나 라투르가 묘사한 현장은 내가 경험한 실험실과는 달리 매끈하고 완벽해 보였다. 미국의 깔끔하고 완벽해 보이는 실험실이 아닌, 대학원생들이 종종 자괴감을 느끼는 한국의 실험실을 연구하고 싶어졌다. 한국의 실험실을 연구해서 의미를 찾아낸다면 실험의 '지저분함'에 힘들어 했던 나를 위로할 수 있을 것 같았다.

　　그때 마침 실험실 연구를 함께할 사람을 구한다는 소식을 들었다. 나의 지도교수가 물리학과 실험실에 들어가 '참여관찰'을 할 학생을 찾는다고 했다. 내가 대학원 입학 초기부터 실험실 연구에 관심이 있다는 것을 알고 있던 친구가 내게 소식을 전해주었다. 그곳은 물리학과 연구실이지만 특이하게도 경락을 연구한다고 했다. 물리학과에서 왜 경락을 연구하는 걸까? 그곳에 있는 사람들은 어떤 사람들일까? 물리학 이론들로 한의학을 설명하는 걸까? 질문이 마구 생겨났다. 물리학과의 경락 연구실에 가면 '한의학이 활용하는 침의 원리에 대한 과학적인 설명을 알게 되지 않을까' 하고 막연히 기대했다.

　　지도교수의 실험실 연구 계획이 무엇인지 정확히는 알지 못했지만, 함께한다면 연구 문제를 설정하고 관련 연구 자료를 찾아 읽고 연구의 틀을 세우고 주장을 다듬고 근거 자료를 멋지게 제시하는 일련의 과정을 세세하게 배울 수 있을 거라 기대했다. 마침 내게 소식을 전해줬던 친구도 지도교수와 다른 프로젝트를 함께하면서 배

경락을 연구하는 실험실에 연루되다 ∨ 김연화

운 점이 많았다며 나에게 그의 연구에 참여하는 것을 적극 추천했다. 대학원에 들어온 지 얼마 되지 않아 나의 지도교수와 프로젝트를 진행할 수 있다는 생각에 기분도 한껏 좋아졌다. 그러나 내가 실험실을 참여관찰 하면서 학위논문까지 쓰고 싶다는 의견을 피력하자 그는 나에게 실험실을 소개해주고 연구에서는 손을 떼셨다. 대신 타대학 A 교수가 해당 실험실의 참여관찰 연구를 계획하고 있다며 소개를 해주셨다. 신진 연구자로 한의학의 과학화에 대한 연구를 하고 계셨던 A 교수는 내게 본인의 프로젝트에 연구원으로 참여하면서 실험실 구성원 인터뷰를 같이 하자고 제안했다. 참여관찰 논문은 많이 읽었지만 실제로 해본 적이 없었기에, 참여관찰 연구 경력이 있는 연구자와 함께한다면 많은 배움을 얻을 거라 생각하며 그의 제안을 수락했다. 그렇게 의도치 않게 지도교수의 연구 프로젝트까지 빼앗아 가며 A 교수의 연구보조로 실험실 연구를 시작하게 되었다.

한의학물리연구실에 연루되다

먼저 내가 들어갈 '한의학물리연구실'에 대해 좀 알아야 했다. 물리 앞에 붙은 한의학이라는 단어가 왠지 낯설었다. 어려서 친척 어른이 하는 한약방에서 약을 두어 번 받아 먹어본 적은 있었지만 그외 나는 한의원에 한 번도 가본 적이 없었다. 어려서부터 과학자를 꿈꿨던 나에게 한의학은 완전히 동떨어져 있던 세상이었고, 과학적 설명으로 뒷받침되지 않는 무언가였다. 그러나 물리학은 소위 자연과학의 정수라고 불리는 학문이 아닌가. 생물학의 근본에는 화학이, 화학의 근본에는 물리학이 있다는 말도 종종 들었다. 실험실에서 이 둘이 대체 어떻게 엮여 있는 것일까? 게다가 경락을 연구하는 곳이라니.

      그런데 경락이 뭐지? 한의원에 가본 적은 없지만 한의원에서 침을 놓는다는 건 알고 있었다. 언젠가 무술 영화에서 상대방의 혈자리를 '촵촵' 누르자 사지를 움직이지 못하게 되는 걸 본 기억도 나고, 경락을 잘 눌러주면 얼굴이 작아지고 몸이 날씬해진다고 선전하던 광고도 떠올랐다. 자주 체했던 나는 소화가 되지 않을 때 엄지와 손바닥 사이 혈자리를 지긋이 눌러주거나 증상이 심한 경우 엄마가 손톱 아래를 바늘로 찔러 피를 내주시곤 했다. 엄마가 혈자리를 알고 바늘로 찌른 것 같지는 않지만. 경락을 연구한다면 이런 현상을 과학으로 설명한다는 것일까? 막연하게 마법의 세계를 과학과 기술로 설명하거나 구현하던 '해리포터의 과학'이 떠오르기도 했다. 한의학 물리연구실은 어떻게 생겼을까? 경락이라 하면 떠오르는 가장 대표적인 이미지는 촘촘하게 찍힌 점과 그 점을 이어 놓은 선이 그려진 인체 모형이었다. 그런 인형들이 잔뜩 있을까? 너무 궁금했다.

실험실에 들어가기 전에 할 일이 하나 더 있었다. 바로 연구 방법론에 대한 공부였다. 인류학 연구에서 흔히 이용하는 방법론을 사용해서 도출된 연구 논문은 여러 편 읽었지만, 해당 논문들에는 방법론이 자세하게 설명되어 있지 않았다. 내가 생각한 방법론은 크게 두 가지였다. 하나는 흔히 참여관찰이라고 부르는 방법론으로 해당 집단에 들어가 함께 지내며 구성원의 행동을 관찰함으로써 집단을 이해하고자 하는 방법이다. 또 하나는 구조적 인터뷰였다. 연구 질문을 향한 다양한 질문을 조직적으로 계획하여 약 2시간 정도 심도 깊은 면담을 수행한다. 이를 위해서는 피면담자에 대한 사전 조사 및 이해가 있어야 하며 피면담자와 연구와의 관계성을 미리 파악해야 했다. 그래야 사안에 대한 이해를 넓혀주는 긴 답변을 끌어낼 수 있다. 방법론을 공부하면서 책에 있는 내용을 머리로 이해하기는 비교적 쉬웠다. 하지만 실전에서 잘할 수 있을지는 해보지 않고는 모르는 일이었다. 한편으로는 별거 아닌 것 같기도 했고 다른 한편으로는 과연 잘할 수 있을까 불안했다. 면담 기법을 사용한 논문도 몇 편 읽었지만 여전히 확신이 없었다. 내가 할 수 있는 일은 일단 부딪혀보는 것이었다.

　　드디어 실험실에 들어가는 날, 나는 지도교수와 A 교수를 만나 참여관찰 할 실험실을 이끄는 소광섭 교수의 연구실로 향했다. 서울대 자연대학 56동 물리학과 건물 3층에 자리한 교수 연구실에서 소광섭 교수가 우리를 반갑게 맞이했다. 소 교수는 작은 체구에 인자한 인상으로 단정한 정장 차림이었고 이후에 뵐 때마다 항상 유사한 느낌의 갈색 계열 옷을 입으셨다. 연구실 문을 열면 자리에 앉아서 무언가를 읽거나 쓰고 계실 것 같은 학자의 본보기를 보는 것 같았다. 인사를 하고 연구실에 들어가 우리 셋은 탁자 한쪽에 앉았고 이내 소 교수는 빔프로젝터를 켜서 우리에게 당신의 연구를 개괄하는 발표를 했다. 현대 물리학이 부딪힌 거대한 벽으로 시작된 발표는 이내 물리학에 새로운 방법론이 필요하며, 그 돌파구를 경락에서 찾고 있다는 이야기로 이어졌다. 설명에 의하면 "경락의 발견은 신대륙 발견"에 비견되는 것으로 경락을 통해 과학은 완전히 새로운 패러다임을 맞이할 수 있다. 이를 바탕으로 한의학물리연구실에서 지난 십여 년의 시간 동안 연구를 진행해 온 결과라며 신체의 다양한 부분에서 발견한 경락의 사진을 보여주었다. 불이 꺼져 어두운 연구실 한쪽 벽면에 환하게 경락 사진이 비쳤다. 사진 속의 유약해 보이는 반투명의 실끈 같이 생긴 관은

'프리모관' 혹은 '봉한관'으로 불렸다.[1] 한 시간가량의 발표와 질의응답이 끝나자 나의 지도교수는 떠나고, 나와 A 교수는 한의학물리실험실로 인도되었다.

실험실은 교수 연구실이 있는 56동이 아닌 자연대 22동 건물에 있었고 두 건물은 2층의 구름다리로 연결되어 있었다.[2] 교수 연구실과 학생 연구실이 서로 다른 건물에 위치해 있는 것이 내게는 특이해 보였다. 내가 다녔던 화학과 대학원은 교수 연구실과 학생 연구실이 바로 붙어 있었는데, 심지어 교수 연구실이 실험실 안쪽에 위치해 있어 교수 연구실에 가려면 반드시 실험실을 지

---

[1] 이 글에서 나는 한의학물리연구실에서 발견했다고 주장하는 경락의 실체를 지칭하는 용어로 봉한관과 프리모관을 혼용했다. 김봉한은 첫 논문에서 경혈 위치에서 발견한 관 구조물을 '경락의 실체'라는 용어로 표현했으나 이후 논문에서는 '봉한관'이라는 용어를 사용했다. 소광섭 교수의 한의학물리연구실에서도 초기에는 동물 해부를 통해 발견한 관 구조물을 '봉한관'으로 지칭했지만 연구가 점차 진행되면서 '프리모관'이라고 달리 부르기 시작했다. 명칭의 변화에 대해서는 글의 후반부에서 자세히 다룰 것이다. 이 글에서는 가능하면 한의학물리연구실의 구성원들이 실제 사용한 용어를 그대로 사용하되, 김봉한의 봉한학설과 연관성을 나타낼 때에는 봉한관으로, 한의학물리연구실의 독자성을 나타낼 때에는 프리모관으로 표현했다.

[2] 일반적으로 연구실과 실험실이라는 단어는 혼용되나, 이 글에서는 장소를 명확히 하기 위해 실험 장비가 있는 공간은 실험실로, 책상이 있는 공간은 연구실로 지칭한다. 한의학물리연구실의 연구자들은 실험을 할 때를 제외한 대부분의 시간을 연구실에서 보냈다.

나야 했다. 실험실에 있으면 교수님을 불쑥 마주치기 일쑤였으며 교수님은 실험실에 누가 없는지 바로 알아차렸다. 교수 연구실과 멀리 떨어진 실험실의 장점을 떠올리며 구름다리를 지났다. 22동 건물의 3층 복도를 걸어 생물물리연구실을 지나자 왼쪽에 한의학물리실험실이 있었다. 그 맞은편에는 한의학물리연구실 소속의 학생 연구실이 두 개 있었는데, 소 교수는 첫 번째 연구실을 지나 두 번째 학생 연구실로 우리를 데려갔다. 학생 연구실은 한가운데를 비워 두고 대략 여덟 명 정도가 앉을 수 있는 책상이 사방의 벽을 바라보며 늘어서 있었다. 우리가 들어가자 방에 있던 학생들이 목례를 했고, 그중 한 명이 우리에게 다가왔다. 인상 좋아 보이는 그는 한의학물리연구실의 랩장으로 박사과정생이었다.[3] 소 교수는 우리를 한의학물리연구실에 대한 사회과학적 연구를 하기 위해 방문한 사람들이고, 나는 가리켜서는 분자생물학 전공자로 실험에 조언을 해줄 수 있는 사람이라고 소개했다. 그러곤 소 교수는 랩장에게 실험실 소개를 부탁하고 당신의 연구실로 돌아갔다.

---

3 랩장은 실험실 운영 전반을 총괄해 관리하는 보직으로, 주로 연구실의 고연차 박사과정이 맡는다.

랩장이 A 교수와 나를 데리고 학생 연구실 맞은편에 있는 실험실로 들어갔다. 문을 들어서자마자 마주친 건 검은색 두꺼운 상판이 덮인 실험 테이블이었다. 문 앞에서 창문까지 길게 놓인 실험 테이블의 가운데에는 2미터 정도 높이의 진열장이 있어 다양한 도구와 초자, 시약, 일회용품 등이 놓여 있었다. 진열장 왼쪽의 테이블 위에는 검은색 상자로 덮인 현미경이 있었고 반대편에는 수조 같이 생긴 실험 장비와 중학교 과학실에서 볼 수 있을 법한 간단한 광학현미경이 있었다. 입구 왼쪽은 까만 암막 커튼에 가려 있었는데 커튼 뒤에 작은 수술대가 놓인 탁자가 있었고 수술대 바로 위에는 조명이 문어발처럼 달린 광학현미경이 있었다. 현미경 옆으로는 커다란 모니터가 보였다. 다시 입구로 돌아와 오른쪽에 위치한 실험실 절반 정도에 해당하는 공간에는 각종 장비와 도구들이 쌓여 있어 마치 창고처럼 보였다. 그 뒤로 보이는 안쪽 벽을 따라 다양한 현미경이 줄지어 놓여 있었고 그 끝의 한쪽 구석에는 배양실이, 반대편에는 암실이 있었다.

실험실의 첫인상에서 가장 특징적인 것은 학부 실험실에서 봤던 간단한 광학현미경에서부터 비교적 복잡해 보이는 광학현미경, 편광현미경까지 다양한 종류의 현미경이 있다는 점이었다. 즉 실험실에는 '보는' 장치가 많았다. 실험실을 한 번 둘러보고는 실험실에 들어오기

전 내가 실험실에 대해 상상했던 것을 수정해야 한다는 점을 깨달았다. 경락을 연구한다는 말을 들었을 때 머릿속에 가장 먼저 떠오른 것은 경락이 그려진 인체 모형이었다. 소광섭 교수를 소개하는 기사에도 항상 등장하는 그림이었다. 하지만 실험실 어느 곳에서도 경락이 그려진 인체 모형은커녕 경락도와 비슷한 것도 찾을 수 없었다. 실험실 공간만 봐서는 경락이나 한의학 그 비슷한 무엇도 연상할 수 없었다. 내 머릿속에 있는 상상도는 지우고 매일 이곳에 와서 다시 실험실 모습을 그려야 했다.

랩장은 처음 보는 사람에게도 먼저 말을 걸고 가벼운 농담도 툭툭 던져서 새로 온 사람이 무리에 잘 어울릴 수 있도록 배려하는 사람이었다. 덕분에 나는 비교적 쉽게 한의학물리연구실에 적응할 수 있었다. 나는 랩장이 있는 학생 연구실에 자리 하나를 배정받았다. 그 방은 랩장을 비롯한 석사과정생 한 명, 중국에서 온 교환학생 두 명, 테크니션 두 명이 공유하는 공간이었다. 나는 처음엔 어색하게 한 자리를 차지했지만, 같은 공간을 사용하면서 학교에 대한 이야기, 뉴스에서 보았던 이야기, 그 외 사소한 이야기들에 자연스럽게 한마디씩 얹으면서 같은 방 사람들과 조금씩 친해졌다. 그러나 그들이 연구실 사람들의 전부는 아니었다. 학생 연구실이 바로 옆에 하나 더 있었고 그곳에도 석사과정생 두 명과 학부생 한 명, 행정원이 한 명 있었다. 같은 공간에 있으면서 자주 만나는 것이 친해지기에 가장 좋은 방법이라 기회가 될 때마다 학생들이 있는 옆 연구실에 들렀다. 대학원생의 고충은 대학원생이 잘 안다고 비록 분야는 달랐지만 우리는 서로의 고충을 쉽게 이해했다. 또한 같은 학교 자연대학 대학원 소속 아닌가. 덕분에 때로는 이유 없이 그냥 치대며 친한 척할 수 있었다. 그중에서도 랩장은 쾌활한 성격으로 가끔은 시덥지 않은 농담을 던지며 먼저 친한 척해주었기 때문에 지내기가 수월했다. 한의학물리연구실의 석사과정생들은 내가 화학과에서 대학원 생활을 할 때 조교를 맡았던 과목의 수강생들과 나이가 같았다. 실험실의 석사생들이 나를 어떻게 보았는지 추측할 수 없지만 나에게는 그들이 내 후배 같았다. 그래서 매일 망하던 실험을 하면서도 석사학위를 받은 경험과 과학기술학자들의 실험실 연구를 읽고 고무되었던 경험을 떠올리며 그들의 기운을 북돋아주려고 애썼다.

　　한의학물리연구실에는 박사후연구원도 여럿 있었는데 이들은 두 사람이 연구실 하나를 공유했다. 연구를 위해 이들과도 친분을 형성해야 하는데, 학생들과 다른 방식의 접근법이 필요했다. 공간이 분리되어 있어 마주칠 기회가 적기도 했고, 상대가 박사여서인지 가벼운 이야기로 말을 걸기에는 내가 쑥스럽기도 했기 때문이다. 학생들과 식사를 같이 하는 박사와는 식당에서 함께 밥을 먹으면서, 다른 박사들과는 랩미팅 시간에 마주치거나 실험을 할 때 옆에서 보조를 자청하거나 연구와 실험에 대한 질문을 하면서 천천히 친근감을 형성하려 노력했다.

　　구성원들과 친밀해진 결정적인 계기는 국제학회를 함께 치르면서였다. 내가 실험실에 들어간 지 얼마 지나지 않은 2010년 9월에 연구실에서 주관하는 국제학회가 예정되어 있었다. '봉한학국제심포지엄International Symposium on Primo-Vascular System'이라고 이름이 붙은 이 행사는 당시 제천에서 개최된 '제천 국제한방바이오엑스포'의 일환으로 치러진 학술 행사로, 프리모관 연구에 관심이 있는 연구자들과 혈관 및 암 연구자들이 함께한 거대 행사였다. 미국, 독일, 싱가포르 등 세계 여러 나라에서 많은 연사를 초청하는 행사이다 보니 일손이 많이 필요했고, 나도 자연스럽게 행사를 돕게 되었다. 준비할 때에 소소한 일을 도왔고 행사가 진행되는 2박 3일 동안 행사장에 온 초청 연사들을 안내하기도 하고, 등록 데스크를 돕거나 행사 중간에 연사를 챙기는 일도 거들었다. 큰일을 함께 치르면서 동료애가 싹텄다. 게다가 박사 한 분이 구성원을 위해 준비한 노란색 티셔츠를 나눠 입으니 한의학물리연구실에의 소속감, 구성원과의 동질감이 더 커졌다. 행사 기간 내내 사람들과 노동하며 몸을 부딪치고 같은 숙소에서 먹고 자며 평소 이야기를 거의 나누지 않았던 행정원, 박사후연구원들과도 친해질 수 있었다. 특히 세 명의 여자 박사와 친해졌고, 다른 학교에서 박사후연구원을 하고 있는 박사 졸업생과도 안면을 트고 이야기를 하게 되었다. 이후로 나는 더욱 편하게 그들의 연구에 대해 질문을 하고 설명을 듣고, 심지어 그들이 실험하는 것을 옆에서 관찰할 수 있었다.

그렇다고 실험실의 모든 구성원들과 친해진 것은 아니었다. 박사 한 명은 경락 연구를 사회과학적으로 분석한다며 찾아온 외부인을 매우 경계했는데 나와 거의 마주치지도 않았고, 기회를 살피다 질문을 던진 내게 나와는 연구에 대한 이야기를 하고 싶지 않다며 선을 그었다. 그후 그 박사와는 랩미팅에서만 볼 수 있었다. 실험실에는 평소에는 나와 거의 대화를 하지 않다가 연구 관련된 얘기를 할 때에는 답변을 해주는 사람, 무슨 내용이든 관계없이 미주알고주알 나와 이야기를 나누는 사람, 좀처럼 만나기 어렵지만 만날 때마다 정말 반갑게 맞이하며 친절하게 대답해주는 사람, 열정적으로 연구에 대해 이야기를 하며 관련 자료를 잔뜩 안겨주는 사람, 연구 관련 이야기는 거의 나누지 않지만 내가 불편한 점은 없는지 친절히 물어봐주는 사람 등 다양한 사람들이 있었다.

나는 그들에게 동료가, 고통을 함께하는 동료 대학원생이, 때로는 의심스러운 첩자가, 그들의 연구를 객관적으로 판단할 수 있는 제삼자가 되어 그들의 공간 속에 자리하게 되었다.

실험실에 들어가기 전에는 대체 경락을 연구하는 사람들은 어떤 사람들일까, 물리학과가 아닌 다른 학과 전공자들일까, 혹은 한의학 전공자들일까, 과학보다 조금은 신비한 무엇을 연구하고 싶어 하는 이들일까 궁금했다. 그러나 내가 알게 된 그들은 그동안 내가 만나 왔던 이공계인들과 다름이 없었다. 대부분이 물리학과 출신이었고, 물리학을 기반으로 생명 연구를 하고 싶어서 실험실에 합류한 지극히 평범한 이공계인들이었다. 실험을 잘해서 랩미팅에서 좋은 결과를 발표하고 논문을 쓰는 사람도 있었고, 예전 대학원생일 때의 나처럼 매일 실험이 안 되어 고민을 토로하는 사람도 있었다.

한번은 점심 식사를 하면서 나누던 대화에서 진화론에 대한 이야기가 나온 적이 있었다. 물리학 학부를 졸업한 한 대학원생이 진화론에 대해 회의적인 입장을 취했는데, 그가 볼 때 진화론은 경성과학hard science이 아니라는 것이었다. 물리학처럼 실험을 통해 명확하게 이론이 입증되는 것이 아니기 때문에 이론을 의미하는 진화론이 아니라 가설을 의미하는 진화설이라 불러야 하는 것 아니냐고 주장했다. 사실 물리학, 화학, 생물학 순서로 이어지는 과학의 위계질서는 자연과학 전공자는 익히 알고 있는 것이었다. 진화론에 대한 그의 태도는 그런 면에서 물리학자의 그것이었다. 그 이야기를 들으면서 나는 한의학이나 경락에 대한 그 무엇도 떠올릴 수 없었다. 내가 보기에 그는 물리학자였다. 실험실과 마찬가지로 사람들에 대해서도 내가 막연히 가졌던 이미지는 현장에서 산산이 부서졌다.

그런데 실험실에 조금 특이한 구성원이 하나 있었다. 평소 실험실에서 실험을 할 때에는 전혀 모습을 드러내지 않다가, 랩미팅 때에 종종 언급되고 실험이 잘되지 않을 때에만 소환되는 사람. 실험실에는 존재하지 않지만 가끔 연구 전반에 있어 강한 영향력을 행사하는 사람. 논문 저자 이름에 한 번도 올라가지 않지만, 오히려 실험실 외부에서 더 주목하는 사람. 경락의 실체를 발견했다고 주장한 북한의 생리학자 김봉한이었다.

김봉한을 만나다

내가 김봉한을 처음 만난 건 실험실에 들어가기 전, 한의학물리연구실에 대한 사전 조사로 읽은 책에서였다.[4] 물리학자 소광섭이 한의학물리를 시작하게 된 과정과 그가 발표한 경락 연구의 내용을 알기 쉽게 설명한 책으로 비교적 쉽고 경쾌하게 쓰여 있었다. 책에는 한의학을 연구하는 물리학자가 발견한 경락의 물리적 실체가 찍힌 사진이 실려 있었고 이를 '봉한관'이라고 불렀다. '봉한관'이라니, 다소 촌스러운 이름이네. 한의학과 관련된 용어일까' 하는 생각이 들던 차에 김봉한이라는 이름을 발견했다. 최초 발견자의 이름을 따서 김봉한이 발견한 경락에 봉한관이라는 이름이 주어진 것이다. 발견물에 최초 발견자의 이름을 붙이는 것은 과학계에서 낯설지 않은 관습이다. 이는 과학적 발견이라는 업적을 기리며 영예를 발견자에게 돌려주는 일종의 보상이자, 명예를 중시하는 과학의 가치를 보여주는 것이다. 글의 초반부에 언급했던 오카자키 절편이 대표적인 사례다. 그런데 북한의 과학자라니, 갑자기 낯설어 보였다.

한국전쟁 이래로 남북이 분단되어 있다는 것, 전쟁은 아직 끝나지 않았으며 그저 휴전상태일 뿐이라는 것은 익히 잘 알고 있었다. 어릴 적 해마다 "우리의 소원은 통일"을 주제로 포스터를 그려내는 숙제를 하며 자랐

---

4 김훈기 (2008), 『물리학자와 함께 떠나는 몸속 기 여행』, 동아일보사.

다. 그럼에도 북한은 내게 너무나도 먼 곳이었고, 나는 살면서 그곳에 대해 거의 생각해본 적이 없었다. 특히 과학을 전공하면서 흔히 접한 건 영미권과 유럽의 과학자들이었다. 이름을 들은 일본 과학자도 소수였다. 그런데 갑자기 북한의 과학자라니. 경락이라는 말에 나는『동의보감』을 떠올렸는데 갑자기 김봉한이라니. 내게 있어 북한의 김봉한은 조선의 허준보다도 더 먼 존재였다. 경락 연구가 그전까지 내가 접했던 첨단 과학과는 뭔가 다를 것이라 예감하기는 했지만, 이건 너무나도 당황스러운 전개였다.

　더 당황스러운 건, 이렇게 알게 된 김봉한이 한의학물리실험실에서보다 그 밖에서 더 자주 불쑥불쑥 튀어나오곤 했다는 점이다. 당시 나는 참여관찰을 위해 한의학물리연구실에서 일과 시간 대부분을 보내고 수업 시간이나 일과 후 시간에는 내가 속한 과학사 및 과학철학 협동과정이 있는 24동 연구실에 머물렀다. 그런데 24동에 김봉한이 출몰하기 시작한 것이다. 아니, 어쩌면 이미 그곳에 있었는데 내가 알아차리지 못했던 것일 수도 있다. 내가 한의학물리실험실에서 참여관찰을 한다는 얘기를 전해 들은 협동과정의 동료들은 나를 볼 때마다 봉한관에 대해 물어 왔다. 때로는 나의 연구에 대해 조언을 해준다며 김봉한에 대해 자신들이 아는 것을 늘어놓기도 했다. 나를 제외한 다수가 북한의 생리학자를 이미 알고 있다는 점은 다소 충격적이었다. 내 연구 현장은 몰라도 김봉한은 아는 사람들과 나만 모르는 내 연구 현장의 유령 같은 구성원 김봉한. 내가 얼뜬 표정을 짓자 몇 명은 내게 논문을 추천해주었다.[5]

김봉한은 1960년대에 경락의 물리적 실체인 봉한관을 발견했다고 주장했다. 서울대학교의 전신인 경성제국대학 의학부를 졸업한 김봉한은 고려대학교 의과대학의 전신인 경성여자의학전문학교 생리학 교실 조교수 시절 북한을 방문했다가 한국전쟁 발발로 북한에 남았다. 북한에서 평양의학대학 교수로 지내던 그가 어떻게 경락 연구를 시작하게 되었는지는 불분명하나 그는 혈자리에서 해부학적으로 특이한 구조물을 발견했다. 반투명한 소포체가 가느다란 관으로 연결된 형상으로 기존에 알려진 혈관이나 림프관, 신경관과는 구분되는 해부학적 구조물이라는 것이다. 이후 연구에서 그는 피부 아래에서뿐만 아니라 혈관 내, 림프관 내, 장기 표면은 물론 뇌를 포함한 인체 곳곳에서 이 구조물을 발견했다고 발표했

5 김근배 (1999), 「과학과 이데올로기의 사이에서: 북한 '봉한학설'의 부침」, 『한국과학사학회지』 21 (2): 194-220.

다. 김봉한은 이 구조물이 경락의 물리적 실체라 주장하며 과학에서 일반적으로 하는 것처럼 발견자인 자신의 이름을 따 봉한관, 봉한소체라 명명했다. 김봉한은 이 발견을 계기로 김일성의 전폭적인 지원을 받아 경락연구소를 창설하고 소장 자리를 맡아 대규모 연구를 진행했다.

　　김봉한은 봉한관의 발견에서 더 나아가 새로운 생물학을 쓰고자 했다. 그는 신체 곳곳에서 발견되는 봉한소체는 봉한관으로 연결되어 있으며 내부에는 히알루론산이 풍부한 액체가 흐른다고 주장했다. 그의 연구에 의하면 봉한관 내에서 일반적인 다른 세포보다 크기는 다소 작지만 핵의 비율이 높은 세포가 봉한관을 따라 신체를 순환한다. 김봉한은 이 세포를 '살아 있는 알'이라는 의미로 '산알'이라 부르며, 산알이 경락인 봉한관을 따라 신체를 순환하며 신체 조직의 재생을 돕는다고 주장했다. 그는 경락 구조물을 토대로 한 봉한학설에 이어 봉한관이 신체 재생에 기여한다는 산알학설을 발표하며 세포분열에 기반한 기존의 생물발생학을 뒤집는 과감한 학설을 연이어 제안했다. 김봉한의 연구를 적극적으로 후원했던 북한 정부는 그의 연구를 영어와 러시아어 등의 외국어로 번역하여 책으로 발간하고 전 세계 도서관에 배포했다. 그러나 그렇게 승승장구하던 김봉한은 어느 순간 사라져버렸고 경락연구소도 폐쇄되었다. 이에 대해 그가 남한 출신이어서 정치적으로 숙청되었다거나, 그의 연구가 날조여서 정권의 처벌을 받았다거나, 인체 실험을 해서 처벌을 받았다는 둥 여러 소문이 나돌았다. 신데렐라의 성공 이야기보다 사람들이 더 관심을 갖는 건 잘나가던 이의 급작스러운 추락이다. 아마도 이러한 이유에서『김봉한』이라는 소설까지 등장했을 것이다.[6] 그러나 정확한 이야기를 아는 이는 아무도 없었다. 경락연구소에서 짧게 근무했던 경험이 있는 탈북자도 자서전에서 김봉한을 언급했으나 그도 정확한 사실은 알지 못하는 것처럼 보였다.[7]

김봉한에 대해 내게 얘기해준 협동과정 사람들은 김봉한의 연구가 날조였는지 진짜였는지를 궁금해했다. 그래서 내게 종종 김봉한이 주장한 과학적 사실이 서울대 물리학과에서 정말로 재현되고 있는지 물어 왔다. 나도 김봉한이 비운의 천재 과학자인지 희대의 사기꾼인지 궁금했지만 내가 볼 수 있는 것은 김봉한의 실험실이 아닌 소광섭의 실험실이라 봉한학설이 날조인지 아닌지는 나로서는 알 방법이 없었다. 그럼에도 그런 질문을 여러

6   공동철 (1999), 『김봉한: 부활하는 봉한학설과 동서의학의 대역전』, 학민사.

7   김소연 (2000), 『죽을 문이 하나면 살 문은 아홉』, 정신세계사.

번 받자 오히려 그것이 내 연구와 무슨 관련이 있을까를 생각하게 되었다. 봉한학설이 날조인지 아닌지를 확실하게 알아낸다면 김봉한의 연구를 재평가해서 1960년대 북한 과학에 대해 새로운 서사를 쓸 수 있는 걸까? 그래서 나에게 봉한관이 재현되었는지를 묻는 걸까? 그러나 이런 것들은 지금 내가 수행하는 실험실 연구와는 관계가 적어 보였다. 나는 봉한관이 한의학물리연구실에서 재현되었는지 아닌지보다 한의학물리연구실이 봉한관을 어떻게 재현하고 있는지가 더 궁금했다. 대체 1960년대에 북한에서 진행되었던 경락 연구가 어쩌다가 2000년대에 남한에서 다시 재현된 것일까? 봉한관은 어떻게 서울대 물리학과 연구실로 들어왔을까? 김봉한은 무엇 때문에 이 근처를 배회하고 있는 걸까?

소광섭 교수는 미국에서 유학하던 시절에 대학 도서관에서 우연히 김봉한의 책을 발견했다고 했다. 앞서 1960년대 북한 정권이 각국에 배포한 그 책들 중 한 권이 미국 대학 도서관에 소장되었던 것이다. 소광섭 교수는 처음에는 한국인 저자의 이름을 보고 너무 반가운 마음에 책을 읽었는데 남한이 아닌 북한에서 출판된 연구여서 놀란 동시에 흥미롭다고 생각했다고 한다. 그러나 그는 이내 그 책에 대해서는 잊어버렸다. 물리학자 소광섭과 생리학자 김봉한의 첫 만남은 그렇게 짧게 끝났다.

소광섭 교수는 이론물리를 전공한 과학자로 세부적으로는 입자물리를 연구했다. 과학적 세계관에서 우리는 세계를 이루는 객관적 실체가 원자이며 세상의 모든 것을 원자가 이루는 화합물로 이해할 수 있다고 믿는다. 세상을 물리화학적 실재로서의 입자의 구성으로 보는 환원주의는 기계론적 세계관에서는 세상을 성공적으로 설명하는 듯했으나 기계보다 복잡한 생명 현상을 설명하는 데에는 어려움이 있었다. 에르빈 슈뢰딩거Erwin Schrödinger를 비롯, 데이비드 봄David Bohm, 일리야 프리고진Ilya Prigogine, 제임스 러브록James Lovelock 등 여러 과학자가 생명과 지구를 설명하는 방식을 내놓았다. 그러나 소광섭은 이러한 설명들이 과학적으로 만족스럽지 못한 수준이라 평했다.[8] 그는 물질로 세상을 설명하려는 과학적 세계관을 물리주의라 명명하고 과학이 단순히 뇌나 신체를 넘어서 의식과 생명현상에 대한 설명을 하기 위해서는 환원주의적인 물리주의를 벗어나야만 한다고 보았다.

그는 방법론의 관점에서도 환원주의를 벗어나야 한다고 생각했다. 물리주의의 관점에서 보면 세계를 설명하고 예측하기 위해서는 더 이상 분해되지 않는 궁극의 입자를 필요로 한다. 그러나 더 작은 입자를 찾기 위해 장비는 더 커져야만 했다. 한때 입자를 계속 쪼개기 위해서 미국과 유럽은 경쟁하듯이 더 큰 입자가속기 설치를 추진했다. 입자가속기의 크기는 실로 어마어마해서 현재 세계에서 가장 큰 대형강입자충돌기Large Hadron Collider, LHC 의 경우에는 스위스와 프랑스 국경에 걸쳐 설립되었다. 거대한 규모만큼 설립 비용도 많이 들었기 때문에 유럽 각국이 함께 투자했음에도 불구하고 재정 문제로 중간에 건설이 중단되기도 했다. 미국의 경우 의회에서 브레이크를 걸었다. 결과를 확신할 수 없는 연구를 지속하기 위해 공적 자금을 얼마나 더 투입해야 하느냐며 사람들이 의문을 제기한 것이다. 결국 미의회는 1990년대에 건설 중이던 초전도 슈퍼충돌기Superconducting Super Collider, SSC 프로젝트의 폐기를 결정했다. 궁극의 입자를 찾기 위해 가속기는 어디까지 커져야 할까. 어쩌면 우주에 건설해야 할 수도 있는데 이것이 답이 될 수 있을까. 소광섭 교수는 이에 회의적이었다. 방법론 측면에 있어서도 물리주의가 한계에 도달했다고 본 것이다.

　　이론적으로나 방법론적으로나 한계에 부딪힌 현재 정상과학의 패러다임을 벗어난 과학 연구는 어떻게 수행할 수 있을까? 소광섭 교수가 주목한 것은 현상으로서의 '기氣'였다. 그는 뉴턴물리학이 자연철학을 과학으로 변모시키며 과학의 위상을 굳건하게 만들던 시기에 상대적으로 주변화되고 외면받았던 전기와 자석에 대한 연구가 19세기 전자기학 연구로 거듭난 후 다시 물리학의 영역으로 들어가 아인슈타인의 상대성이론으로 나오면서 고전물리학의 패러다임을 전환한 사례를 언급하며, 오히려 비과학적인 것으로 치부되어 온 것에서 그 돌파구를 찾을 수 있다고 역설했다. 게다가 동양의 '기'는 서양 과학의 에너지와 물질에 비견되며 전자기적 현상과도 연계성이 있었다. 무엇보다 아인슈타인이 상대성이론을 통해 관찰자를 과학의 영역으로 들여온 이상, 그는 관찰자의 인식이 제거될 수 없다고 보았다. 비록 과학적이고 합리적으로 탐구된 것은 아니나 동양철학에서는 이미 기를 수행의 관점에서 바라보며 수행자의 인식과 연계하여 이야기하고 있으니 이를 과학적 영역으로 가져와서 탐구를 해보면 장벽에 부딪힌 현대물리학의 패러다임을 전환하는 데에 실마리를 찾을 수 있지 않겠냐는 것이었다. 그는 이를 물리주의를 벗어난 새로운 물리학인 '기리학'으로 명명했다. 그렇다면 이를 과학적으로 어떻게 탐구할 수 있을까. 소광섭이 제시한 방법론은 한의학이었다. 한의학은 이미 한국을 비롯한 동양에서 오랜 기간 동안 의술로 사용되며 수많은 경험이 축적되어 있다. 동양철학에서 기 수행이 일종의 이론적 가설과 연결된다면 한의학은 기의 실행과 연결되었다. 그는 아직 과학적으로 설명되지 않았으나 관찰되고 경험되는 한의학적 현상들을 물리학적으로 탐구하면 물리학에 새로운 패러다임을 가져올 수도 있을 것이라고 생각했다.

소광섭의 한의학물리는 평생 이론물리학을 연구한 물리학자가 그간의 연구 경험에서, 물리학의 이론적 토대에서, 그리고 물리학이 마주한 거대한 벽 앞에서 도출된 지극히 합리적인 선택이었다. 처음에 그는 시론적인 성격으로 기리학을 제시했다. 그러다 1999년에 학과 개편이 이루어지면서 그는 사범대 물리교육과에서 자연대 천체물리학과로 자리를 옮겼고, 실험을 할 수 있는 정도의 연구비를 받았다. 연구비를 받아든 그는 자신이 제시한 기리학을 직접 연구하기로 결심하고 한의학의 현상을 물리학적으로 실험하기 시작했다. 이론물리학자가 정년을 십여 년 남기고 완전히 새로운 주제로 실험물리학, 그것도 생물학과 접목된 연구를 시작한 것이다. 초기에는 경혈에서 방출되는 생체 초미약광자를 측정하는 연구를 진행하며 결과를 논문으로 출판했다. 그러던 중 그는 봉한관을 다시 만났다. 만약 경락의 물리적 실체인 봉한관을 찾을 수 있다면 신체에 있는 기를 과학적으로 탐구할 수 있을 것이라 기대했다. 1960년대 북한에서 한창 이름을 날리다 사라진 김봉한은 그렇게 2000년대에 서울대의 한의학물리연구실로 들어왔다.

봉한관을 찾다

그래서 많은 사람들이 내게 물었던 질문처럼 봉한관은 진짜 있었을까? 김봉한이 발표한 논문에서 봉한관은 명료해 보였다. 논문에는 일반적으로 실험 방법이 명기되어 있는데, 서술도 간단했다. 경혈 자리에서 푸른 염료로 염색되는 봉한관과 소체를 찾았다는 것이다. 게다가 봉한관은 작은 소관이 모여 관다발을 이루는 특이한 모습으로 관찰된다고 했다. 간단한 서술과 선명한 사진은 당장 동물을 해부하면 바로 봉한관을 찾을 수 있을 것이란 기대를 갖게 했다. 그러나 동물 해부 실험을 아무리 거듭해도 동물의 장기 표면에서 김봉한이 논문에서 보여준 봉한관, 봉한소체, 관다발 어느 것도 발견할 수 없었다. 게다가 막상 실험을 시작하니 간단하게 서술된 실험 방법도 문제였다. 푸른 염료라고 적힌 시약의 정체가 무엇인지 어디에도 나오지 않았던 것이다.

과학은 한 사람의 과학자가 혼자 연구한 결과를 발표한다고 해서 당장 지식으로 인정되지 않는다. 발표된 연구 결과가 다른 동료 과학자의 면밀한 검토에 의해서 승인될 때 논문으로 출판되며, 동료 과학자들의 인정을 받아야 비로소 과학 지식으로 받아들여진다. 이를 동료평가(피어리뷰)라 부른다. 논문 출판에서 동료평가는 주로 문서상으로만 이루어지는데, 같은 분야의 과학자들이 공유하는 패러다임 하에서 논문을 쓴 과학자의 실험 설계와 결과가 그럴듯하게 여겨지면 받아들여지는 것이다. 그렇기에 출판된 논문이라 하더라도 다른 과학자들이 논문을 보고 해당 실험을 재현할 수 없다면 연구에 대한 의문이 제기되고 논문을 출판한 과학자는 자신의 연구를 입증할 의무를 지니게 된다. 과학적으로 고립되어 있던 북한에서 출판된 김봉한의 논문은 이러한 동료평가의 과정을 거치지 못했기에 기본적으로 그 타당성에 대한 의심이 깔려 있었다. 북한 사회의 폐쇄성 또한 봉한관 연구를 불투명하게 만드는 요소였다. 실험실에서 재현되지 않는 김봉한의 연구로 또다시 봉한학설에 대해, 연구자로서의 김봉한에 대해 의문이 시작되었다.

이때 의외의 곳에서 가능성이 발견되었다. 김봉한의 연구가 1970년대에 일본에서 재현되었다는 것이다.[9]

—— 9 등원지 등 지음, 생활의학연구회 옮김 (2001), 『경락의 대발견: 김봉한 학설의 경이와 지압법 대계』, 일월서각.

일본 오사카 시립대학의 해부학 조교수였던 후지와라 사토루가 의술로서의 경락에 관심을 두고 있던 터에 김봉한의 연구를 접하고 실험실에서 봉한관 연구를 했다. 그가 동물의 체내에서 봉한관을 찾아내는 과정이 일본의 한 방송국 다큐멘터리로 방송된 것이다. 소광섭 연구팀은 일본으로 찾아가 후지와라 사토루를 만나 실험에 대한 조언을 구하고 해당 다큐멘터리 영상을 국내로 가져왔다. 흥미로운 건 그전까지 아무리 들여다보아도 안 보이던 것이 후지와라가 토끼의 장기 표면에서 봉한관을 집어내자 보였다는 점이다. 게다가 실험실 구성원 대여섯 명이 영상을 함께 보고는 동물 해부 실험을 하니 바로 봉한관이 보였다는 것이다. "보면 보여요. 이상하게 그전엔 안 보이는 게 그다음에는 보이는 거예요." 소광섭 교수는 그때를 이렇게 회상했다.[10] 그전까지는 보이지 않던 것이 어느 순간 보였다는 점은 언뜻 이상하거나 놀라워 보일 수 있다. 하지만 본다는 것이 경험이나 일종의 훈련 과정을 통해 습득되는 비문자적 지식이라는 점을 생각하면 그리 놀랄 일은 아니다. 연구팀은 김봉한의 논문을 통해 신체에서 떼어낸 봉한관의 사진은 보았으나 떼어내는

---

[10] 소광섭 교수 인터뷰 (2010. 8. 4

과정은 글로만 접했고, 후지와라의 영상에서 해부 과정과 봉한관을 찾아내는 과정을 보고 난 후에야 해부를 할 때에 정확히 무엇을 봐야 하는지를 알게 된 것이다. 2002년 여름에 시작한 봉한관 찾기는 1년이 넘도록 성과를 보지 못하다가 사토루의 영상을 보고 나서야 처음으로 성공했다.

　　　하지만 절반의 성공이었다. 크게 두 가지 문제가 있었는데 정말 새로운 구조물인가에 대한 논란과 실험 재현성reproducibility의 문제였다. 우선 후지와라가 토끼의 혈관에서 봉한관을 꺼냈을 때 일본의 의사들은 그것이 새로운 해부학적 구조물이 아니라 실험 중 생겨난 2차 구조물이라고 비판했다. 혈액이 공기 중에 노출되면 혈액 속 피브리노겐fibrinogen이 반응을 시작하여 피브린fibrin을 형성한다. 피브린은 상처가 났을 때 피를 굳게 하여 피가 계속 흘러나오는 것을 방지하는 역할을 하지만, 이처럼 해부 실험을 할 때에는 혈액을 응고시켜 방해자로 작동하기도 한다. 피브린을 현미경으로 살펴보면 얇은 그물망처럼 보이기 때문에 혈액섬유소라고 부르기도 한다. 혈관에서 찾은 관 모양의 구조물은 피브린과 구분하기 어려워 이 비판은 합당해 보였다. 한의학물리연구실에서 가장 오랜 기간 봉한관 연구를 수행한 B 박사도 이에 동의했다. 연구 초기에 물리학을 전공한 실험실 구성원들이 혈관에서 뭔가를 발견했다고 가져온 것들은 약리학 박사인 그가 보기에는 대개 피브린이었다고 말한다. 하지만 그는 어느 순간 피브린에 엉겨붙어 있는 것들 중에 봉한관이 있지 않을까 생각했다. 혈관에서 분리한 관에 응고된 피브린을 녹이는 약품 처리를 해서 피브린을 해체한 후에도 관 구조물이 유지되는 것을 관찰하기도 하고, DNA를 염색하는 아크리딘 오렌지를 사용하여 관 구조물이 염색된다는 것을 보여주기도 했다. 관 구조물이 만약 단백질 덩어리인 피브린이라면 아크리딘 오렌지에 의해 염색되지 않을 것이라는 생각이었다.

외부에서는 봉한관인지 2차 구조물인지에 대한 논쟁이 더 컸지만, 사실 실험을 진행하는 사람들의 입장에서는 실험 재현성이 더 큰 문제였다. 일단 한 번 찾고 나니 이후 실험에서도 봉한관을 찾는 경우가 많아졌다. 문제는 매 실험이 성공적이지는 않다는 점이었다. 봉한관이 생물체의 해부학적 조직이라면, 모든 개체는 이를 지니고 있어야 하고, 해부를 할 때마다 반드시 보여야 한다. 그러나 실제로는 해부를 하면 봉한관을 발견할 때도 있었지만 그렇지 못할 때도 많았다. 심지어 동일한 연구자가 여러 번 해부를 반복해도 같은 문제가 발생했다. 안정적으로 봉한관을 관찰할 수 있도록 재현성을 높일 방법이 필요했다. 이를 위해 연구팀은 다양한 조직학적 연

경락을 연구하는 실험실에 연루되다 ♡ 김연화

109

구 기법을 습득하면서 동시에 김봉한이 논문에서 언급한 봉한관을 특이적으로 염색하는 "푸른 염료"를 찾기 시작했다. 연구팀은 김봉한이 별다른 설명 없이 푸른 염료라고만 언급했다면, 아마도 해당 염료는 생리학 실험실에서 쉽게 볼 수 있는 물질일 것이라 가정했다. 그리고 일반적으로 사용되는 많은 염색약들을 시험해보았다. 한국어의 '푸르다'는 중의적인 단어라 파란색을 의미하면서 동시에 초록색을 의미하기도 한다. 그렇기에 파란 염색약과 녹색 염색약이 후보 물질로 선정되었다. 야누스 그린 B, 알시안 블루 등의 염색약을 시험해보았다. 이 중 알시안 블루는 히알루론산을 특이적으로 파랗게 염색시키는 염료로 김봉한이 말한 대로 봉한관에 히알루론산이 많다면 관 내부에 알시안 블루를 흘려주었을 때 파랗게 염색이 될 것이라고 예상했다. 한참 알시안 블루를 이용한 실험이 많이 진행되었으나 관에 염료를 흘려주어야 하는 단점이 있었다.

이후 연구팀이 최종적으로 선택한 염색약은 트리판 블루였다. 그러나 조금 의아한 것은 트리판 블루는 살아 있는 세포가 아니라 죽은 세포를 염색하는 시약이었던 것이다. 트리판 블루가 세포에 들어갔을 때 살아 있는 세포는 세포막에 붙은 펌프를 작동하여 트리판 블루를 세포 밖으로 뿜어내지만 죽은 세포는 그러지 못한다. 그렇다면 경락은 죽은 세포로 이루어져 있다는 말인가. 연구원들은 이 현상을 봉한관의 독특한 구조로 설명했다. 채취한 봉한관을 전자현미경으로 관찰해보면 관의 표면에 수많은 구멍이 뚫려 있는 것이 관찰된다. 봉한관이 죽은 세포로 이루어진 것이 아니라 아마도 트리판 블루가 이 다공성 관막에 끼어 들어가서 파랗게 염색되는 것이라 보았다.[11] 정확한 원인이 밝혀지지 않은 상황에서는 가장 그럴싸한 설명을 선택하는 것도 과학에서는 한시적으로 받아들여진다. 당장 실험을 계속해 나가는 것이 중요하기 때문이다.

　　염료의 발견은 봉한관 찾기의 재현성을 높이는 데 한 역할을 했지만 다시 2차 구조물에 대한 비판을 불러왔다. B 박사는 봉한관이 경맥에서 유래했음을 상기하며 신경전달과 관계가 있을 것이라는 가정하에 신경세포를 염색하는 야누스 그린 B로 림프관 염색을 시도했고 투명한 림프관에 염료를 흘려 녹색으로 염색되는 관 구조물을 발견할 수 있었다. 그는 이것이 봉한관이라고 주장했지만, 다른 연구진은 염료에 의해 손상된 2차 구조물이라

11　이에 대해 B 박사는 조금 다르게 생각했다. 그는 트리판 블루에 염색된 봉한관을 씻어내도 염료는 씻기지 않는 이유가 관을 구성하는 특정한 섬유(fiber)를 염색하기 때문이라고 설명했다.

비판했다. 그는 다시 염료 없이 봉한관을 찾는 실험을 수행했다. 그는 자신이 찾은 봉한관이 염료에 의해 생겨난 2차 구조물이 아니라 봉한관이라면 투명한 림프관 안에 있는 투명한 봉한관이 빛의 굴절 현상에 의해 육안으로도 발견될 것이라 생각했다. 피브린 형성을 최대한 억제하면서 림프관의 양 끝을 클램프로 묶어 관 안의 림프액을 고정시켰다. 그렇게 채취한 림프관을 붉은 조명 아래에서 요리조리 관찰하다가 림프관 내 투명한 액체 속에서 가느다란 얇은 관이 있는 것을 발견했다.

김봉한이 연구에서 제시한 혈관 내 봉한관, 림프관 내 봉한관, 장기 표면 봉한관도 찾았고, 봉한관을 파랗게 염색하는 푸른 염료도 명확하진 않지만 가능성이 높은 물질을 찾았다. 김봉한의 논문은 한의학물리 연구팀에게 일종의 가이드라인을 제시하면서 동시에 한의학물리 연구팀에 의해 하나하나 검증되고 있었다. 연구팀은 연구를 계속했다. 김봉한의 논문에 의하면 봉한관은 경혈이 위치한 피부 밑을 넘어 몸속 장기 표면, 림프관, 뇌의 척수 등 신체 곳곳에서 발견된다고 주장하며 봉한체계 모델을 제시했다. 한의학물리연구실에서도 김봉한이 제시한 위치에서 봉한관 찾기를 계속했다. 이후 연구실에 방문연구자로 온 뇌과학자가 뇌 해부 실험을 통해 척수액이 흐르는 뇌관에서도 중간중간 둥근 소체가 달린

봉한관을 발견했다.

　　앞서 이야기했듯이 일반적으로 과학 논문은 동료평가를 거치면서 과학자 집단에 의해 과학 지식으로 받아들여진다. 그렇기에 출판된 논문은 재현성이 있을 것이라 암묵적으로 기대되고, 과학자들은 기출판 논문에 실린 연구를 동일하게 수행하기보다는 해당 논문의 결과를 기반으로 방법을 조금 변경하거나 응용하여 연구를 수행한다. 그러나 김봉한의 논문은 그 자체가 동료평가를 거치지 못했으며, 다른 과학자에 의해 재현 연구가 진행되지도 않았다. 봉한학설에 사이비 과학이라는 딱지가 붙은 것은 바로 이 때문이다. 과학자가 수행했지만 다른 과학자의 동료평가도, 교차 확인도 되지 않은 봉한학설은 과학시민권을 획득하지 못했다. 한의학물리연구실의 연구자들은 이를 다양한 방식으로 재현하며 김봉한의 연구와 유사한 결과물을 생산했다. 한의학물리연구실이 봉한학 재현 연구를 하면서 동시에 일종의 동료평가를 진행해 나간 것이다. 그러나 한의학물리연구실이 김봉한 연구와 유사한 결과물을 낼수록 봉한학설을 향했던 비판은 사그라들지 않았고 오히려 한의학물리연구실로 향했다.

실험에 연루되다

실험실에 들어갈 때에 나는 실험 장면을 바로 옆에서 볼 수 있기를 기대했다. 일반적으로 과학에서 가장 중요한 것이 과학 지식이라고 생각하지만, 이는 사람의 신체보다 사고가 더 중요하다는 과거의 기계철학적 관점에 기반을 둔 것이다. 과학은 교과서 속의 지식만으로 이루어지지 않는다. 어쩌면 더 중요한 것이 과학 이론을 검증하고 지식을 공고하게 하는 절차인 실험일 것이다. 일군의 과학기술학자들이 실험실 연구를 수행한 이유도 바로 이 점에 있었다. 출판물로 발표되는 정제된 과학 지식으로 과학이 무엇인지를 연구하는 것이 아니라, 바로 과학이 만들어지는 장소에서 과학자들의 행위를 봐야 한다고, 수행을 보라고 한 것이 과학기술학이었다. 과학자들의 말도 중요하지만 그들의 행동을 통해, 그들이 실험실에서 다양한 실험 장비와 실험 재료에 연결되는 방식을 탐구함으로써 우리는 과학에 대한 더 많은 이해를 할 수 있게 된다. 나도 바로 그 이유에서 실험실 연구를 선택한 것이었는데, 연구실에 들어온 지 한참이 지나도록 실험 장면을 볼 수 없었다.

우선은 시기가 문제였다. 내가 한의학물리연구실에 들어간 2010년 여름은 소광섭 교수가 은퇴를 한 학기남기고 있던 시점이었다. 연구 책임자가 은퇴를 하고 문을 곧 닫을 실험실에서 실험이 활발하게 진행되기는 어려웠다. 연구실에는 여전히 많은 구성원이 있었지만 대다수가 10여 년간 진행된 한의학물리 연구를 종합하는 국제학회를 준비하고 있었다. 두 번째는 일반적인 통념과는 달리 실험이 매우 사적인 활동에 가깝다는 것이었다. 과학은 일반적으로 과학자 집단 내에서 지식을 투명하고 활발하게 공유하는 활동으로 인식된다. 과학자들은 더 나은 연구를 위해 각자의 관점을 공유하고 의견을 교류하며 공동연구를 하거나 다른 이의 연구실에 가서 실험을 하기도 한다. 때로는 시연 실험을 시행하기도 한다. 한 연구실 내에서도 실험하면서 발생하는 다양한 문제점과 이의 해결을 위한 조언을 적극적으로 공유한다. 그러나 이들도 실험을 할 때에는 비교적 닫힌 공간에서 집중하여 실험을 수행한다. 여기에는 여러 가지 이유가 있는데, 가장 큰 이유는 실험 중에 발생할 수 있는 오염과 실수를 줄이기 위해서이다. 내가 실험실 연구를 위해 그곳에 와 있다는 것은 모두가 알고 있었지만, 그들이 어디까지 나를 환영해줄지는 알 수 없었다. 대뜸 실험하는 걸 보고 싶다고 말할 수도 없었다. 보고서 작성을 위해 컴퓨터 앞에 앉아서 타자를 열심히 치고 있는데 누군가가 옆에서 그걸 지켜보고 있다고 생각해보라. 여간 신경 쓰이는 일이 아닐 것이다. 어쩌면 손가락이 자판을 계속 잘못 치거나 글을 쓰는 데에 집중하지 못할 수도 있다.

사람들과 시간을 보내면서 지속적으로 친해지기를 시도하면서 동시에 봉한관에 대한 논문을 공부하는 시간이 길어졌다. 그 과정에서 여러 연구원들을 인터뷰하면서 연구실과 봉한관 연구에 대한 이해도 높였다. 그러나 여전히 내가 접한 봉한관은 논문 속의 활자와 사진, 연구원들의 말과 발표 자료 속에 존재하는 무엇이었다. 연구 논문들은 내가 알고 있는 과학적 지식들과 연결되면서 내 속에 들어왔다. 논문이 비교적 건조한 방식으로 각각의 실험을 설명하고 결과를 보이며 봉한관이 있음을 주장하는 반면, 인터뷰에서 연구자들의 말을 통해 재현된 봉한관의 발견은 기승전결이 있으며 마지막은 극적이었다. 연구 재현성을 높이기 위해 시도한 다양한 실험 방법, 우여곡절 끝에 발견한 봉한관, 그럼에도 다른 과학자로부터 듣는 봉한관의 존재에 대한 여러 반론들. 연구자들은 감정이 없는 이들이 아니었다. 논문에 활자로 표출되지 못한 그들의 감정은 인터뷰에서 그대로 드러났다. 그리고 그 감정은 그들과 함께 공간을 공유하고, 그들의 시간을 공유한 내게 전이되었다. 나에게 봉한관 연구는 더 이상 그저 글로만 이해되는 무미건조한 지식이 아니었다. 이 모든 것들이 한의학물리연구실을 이해하는 데에 분명히 도움을 주었지만 나는 다른 이의 언어가 아닌 나의 감각으로 실험을 보고 접하고 싶었다. 틈틈이 기회를 엿보던 중에 국제학회가 끝난 어느 날 기회가 찾아왔다. 국제학회를 함께 치르면서 친해지게 된 C 박사가 나를 흔쾌히 자신의 실험에 초대한 것이다.

당시 한의학물리연구실에서는 실험용 쥐에서 봉한관을 찾는 실험이 수행됐다. 쥐 해부는 실험실 한 구석에 있는 암막 커튼 뒤 작은 공간에서 이루어졌다. 실험대 위에 놓인 현미경의 대물렌즈 아래에 문어발 조명 여러 개가 비추는 작은 수술대가 있었다. 그 위에 마취된 쥐를 두고 해부가 시작된다. 쥐에는 암의 일종인 흑색종 세포가 주입되어 피부 표면에 불룩하게 암세포가 자라나 있었고 해부는 이 부위를 중심으로 이루어졌다. 실험자는 수술용 메스로 표피를 도려낸 후 드러난 장기 표면에 식염수를 살짝 뿌려 혈액과 미세한 먼지들을 닦아냈다. 암세포가 자라 있는 장기 표면은 투명한 장간막이 덮고 있는데 여기에 푸른색의 트리판 블루 용액을 얇게 도포하고 식염수로 씻어내며 세심하게 관찰한다. 이 과정을 반복하다 보면 장간막에서 파랗게 염색된 얇은 관을 찾을 수 있다. 마이크로 핀셋으로 이 관을 들어 올려 장기 표면에서 떼어내고 이후 실험을 위해 수집한다.

이 과정은 현미경에 부착된 카메라와 전선을 통해

옆에 놓인 모니터로 전송된다. 덕분에 관찰자인 나도 해부 과정 중 현미경을 통해 연구자가 들여다보는 것과 거의 같은 영상을 볼 수 있었다. 그렇다고 두 영상이 완전히 동일한 것은 아니다. 현미경의 접안렌즈를 통해 보이는 대물렌즈 아래의 사물은 입체적으로 보이는 반면 모니터의 영상은 평면적으로 보인다. 이 때문에 현미경을 직접 들여다보는 것과 모니터로 보는 영상에는 감각적인 차이가 발생한다. 그러나 두 영상의 감각적 차이는 논문의 증거로 활용될 때에는 다시 제거된다. 그렇기에 현미경으로 보이는 장면들은 컴퓨터 프로그램을 이용하여 사진으로 촬영되거나 필요할 때에는 동영상으로 녹화되고, 이렇게 수집된 자료는 다른 연구자들에게 자신의 실험을 보고할 때 사용되며 학술 논문에 활용되기도 한다.

실험자 옆에서 화면을 통해 보는 실험은 간단하고 명백해 보였다. 장기 표면에서 푸른색으로 염색되어 모습을 드러낸 봉한관도 선명하게 눈에 들어왔다. 한의학 물리연구실에서 이전에 발표된 논문들에 수록된 사진 속 프리모관의 모습과도 동일하고, 김봉한의 논문에 수록된 봉한관 모식도와도 같아 보였다. 이렇게 간단하게 보이는 관을 찾는 데에 왜 연구자들은 프리모관을 발견하지 못할까 봐 조바심을 내며 실험을 하는 걸까. 그리고 이렇게 쉽게 찾을 수 있는데 왜 이후의 연구를 진행하지 않는

코 쉽지 않으며 고도의 집중력과 세심한 손길을 요구한
다고 말했다. 메스가 지나간 자리에서 스며 나오는 혈액
은 공기 중에 노출되면 즉각적으로 반응을 시작한다. 응
고가 일어나는 것이다. 우리는 이 덕에 큰 위험에 빠지지
않고 살아갈 수 있지만 해부의 과정에서 혈액의 응고는
골치 아픈 일이다. 장기 표면에서 먼지들과 엉겨 붙어 몸
속에 존재하지 않던 구조물들을 만들어낼 수 있기 때문
이다. 이 때문에 앞서 이야기한 것처럼 피브린 논쟁이 생
긴다.

　　　그러나 C 박사는 정작 피브린은 큰 문제가 아니라
고 말했다. 오히려 장기 표면의 장간막이 잘리며 도르르
말려 관처럼 보이는 경우가 있는데 본인에게는 이것을
구분해내는 게 더 큰일이라는 것이다. 간혹 프리모관이
라고 채취해 후속 실험을 진행하던 중에 프리모관이 아
님을 깨닫게 되는 경우도 있다고 했다. 그렇기에 해부할
때에 그에게 중요한 것은 시각보다 촉각이다. 포셉
forcep(흔히 핀셋이라고 불리는 집게의 하나)을 매개로 손끝에
느껴지는 감촉, 살며시 잡아당길 때 느껴지는 구조물의
탄성, 잡아 올릴 때에 느껴지는 저항과 같은 촉각은 연구
발표나 논문에서 언급되지는 않지만 실험을 할 때에 연
구자가 가장 의지하는 감각이다. 이러한 감각은 연구자

의 수많은 경험을 통해서 연구자의 몸에 체화된다. 모니터를 통해 옆에서 보는 입장에서는 염색약이 프리모관을 드러내주는 것 같지만, 실은 연구자가 염색약과 자신의 촉각을 이용해 프리모관을 드러내는 것이다.

　　　연구실의 모든 연구원들이 같은 감각을 유사한 정도로 체화하고 있지는 않다. 경험에 따라 다르게 체화된 이러한 감각은 전문성과도 연결된다. 실험실에서 프리모관을 가장 잘 "찾는다"고 이야기되는 B 박사는 앞서 손끝의 섬세한 감각을 이야기한 C 박사와는 달리 동물을 열고 보면 눈에 보인다고 했다. 그는 오히려 자신의 눈에 선명하게 보이는 봉한관을 다른 사람들에게도 보여주기 위해서 다양한 염료를 시험해서 그 존재를 선명하게 드러내도록 노력했다. 그에게는 프리모관을 보는 시각의 전문성이 더 많이 체화되어 있는 것이다. 그렇다고 해서 그가 촉각을 중시하지 않는 것은 아니다. 그는 프리모관 연구에서 가장 어려운 점이 직접 실험해보지 않은 사람들의 선입견을 없애는 것이라고 했다. 그는 "실험자 외에는 모른다"며 "(동물의) 흉부를 열고 대동맥을 자기가 직접 조심스럽게 열었을 때만 느낌이 와 닿는다"고 말했다.[12] 과

———　　**12**　　B 박사 인터뷰 (2010. 8. 12)

학 실험에서의 전문성은 감각의 체화와 연결되는데 연구자는 이 감각을 숙련하기 위해 실험을 반복적으로 수행해서 몸에 익혀야 한다. 다시 말하자면 전문성을 기르는 데에는 연구자의 시간과 노력뿐만 아니라 실험 장비와 실험 재료 등의 실험 자원이 소모되는 것이다. 이렇게 소모되는 자원에는 생명체가 포함되기도 한다. 프리모관 연구에서 실험 전문성을 체득하기 위해 쥐나 다른 동물을 반복적으로 해부해야 하는 것처럼. 자원의 소모를 통해 연구자는 실험 감각을 체화하고 그렇게 연구자의 몸에 새겨진 전문성은 다시 연구에 투입된다.

실험실에서 참여관찰을 하면서 실험 과정을 옆에서 지켜보고, 실험실에서 출판된 논문을 읽고 랩미팅에 참석하고 연구자들과 인터뷰를 하고, 실험실에서 함께 생활하면서 나는 점차 연구자들이 무엇을 보려 하는지를 알게 되었다. 그들과 동일한 눈을 습득한 것은 아니지만, 실험을 통해 무엇을 얻고자 하는지, 실험 결과에서 무엇에 주목해야 하는지를 알게 되었다. 그때까지 발표 자료에 있는 시각 자료를 연구원들과 같은 눈으로 보고 있다고 생각했는데 그건 내 착각이라는 걸 깨달았다. 참여관찰을 진행하며 연구원들과 함께 시간을 보내고 그들이 실험하는 것을 옆에서 지켜보고 그들이 나누는 대화를 들으면서 이들이 사진에서 무엇에 집중하는지 알게 되었다. 그제야 나는 그들이 보는 방식으로 보게 된 것이다.

　　여기서 본다는 의미는 단순히 시각적 감각만을 의미하는 것이 아니다. B 박사의 수많은 염료 탐색의 여정을 듣고 난 후에는 프리모관을 찍은 사진을 보면서 해당 염료들이 떠올랐고 관 안과 밖에서 염료를 잡고 있는 물질이 그려졌다. C 박사의 손끝 감각 이야기를 듣고 난 후에는 프리모관을 보면 내 손끝에도 상상된 탄력이 느껴졌다. 연구자들은 실험을 하면서 눈으로 관찰한 것, 손에 느껴진 촉각, 실험실의 공기, 소리 등을 몸으로 경험하면서 다양한 감각들을 체화하고 그렇게 체화된 몸으로 실험 결과를 본다. 실험은 일종의 개인의 경험이자 체화 과정으로 그 감각과 경험은 개인이 같을 수 없다. 그렇기 때문에 실험 결과를 감각하는 방식 또한 모두 다르다. 그럼에도 연구자들은 서로가 같은 방식으로 연구 결과를 본다고 기대하는데, 과학은 연구자 개인의 감각을 지운 채로 합리적 객관성을 추구할 것을 종용하기 때문이다. 투명한 림프액 속에서 흔들리는 가느다란 관을 보는 눈, 포셉으로 프리모관을 집어 올리며 탄성을 느끼는 손, 장기 표면에 염색약을 뿌리는 손과 파랗게 염색되는 관을 바라보는 눈은 논문에서는 모두 지워지고 "염색약에 의해 파랗게 염색되는 프리모관을 찾을 수 있었다"라는 문장과 반투명한 가느다란 관이 찍힌 사진만이 남는다. 감각

122

이 지워진 글과 사진으로 다른 연구자를 설득할 수 있을 때에만 연구 결과는 과학적 지식으로 인정받는다.

한의학물리연구실의 연구원 각자가 프리모관을 발견한 몸을 습득한 것처럼 나도 관찰자로서의 나의 몸을 습득했다. 하지만 이때 습득된 나의 몸이 그들과 같을 수는 없는데 내가 실험하는 그들을 옆에서 지켜보면서, 대화를 하면서 실험의 감각들을 간접적으로 경험했을 뿐, 직접 실험을 하지는 않았기 때문이다. 앞서 말했듯이 실험을 한다는 것은 실험 자원을 소모하는 일이다. 관찰자로서 실험자의 몸과 같은 몸을 만들기 위해 수많은 쥐들을 소모해야 한다면 굳이 그런 선택을 해야 할까. 그러나 만약 내게 실험이 허락되었다 하더라도, 실험 자원을 소모하면서 얻어낸 몸이 실험자들과 같을 수는 없을 것이다. 연구를 통해 얻고자 하는 것이 실험자들과 다르기 때문이다. 같은 연구실에 있지만 실험자들은 봉한관 연구를 통해 얻고자 하는 목표가 각자 달랐다. 봉한관 자체를 규명하여 경락의 실체를 보여주려 하거나, 한의학물리라는 융합학문을 연구하고 싶거나, 한의학의 경험적 의료에 이론적 토대를 갖추길 원하거나, 새로운 물질을 발견하여 과학에 기여하거나, 자신의 대학원 과정을 무사히 마치거나, 연구자로 인정받아 커리어를 발전시키거나, 물질을 탐구하는 새로운 방법을 고안하고 싶거나, 암의 발생 및 전이 기전을 밝히고 싶거나, 암 치료에 혁신을 가져오거나 하는 등 다양한 목적을 가지고 있었다. 이 때문에 연구자들은 저마다 봉한관에 대해 연구하는 초점이 조금씩 다르며 실험 방법도 조금씩 달랐다. 누군가는 시각에, 누군가는 촉각에 주의를 기울이는 것도 이러한 상황에서 이해할 수 있다. 실험자들조차 서로 다른 몸을 가지고 있는 것이다. 그렇기에 내가 실험을 한다고 하더라도 실험자들의 몸과 같아지고 싶다는 나의 목표는 역설적으로 나의 몸을 그들과 다르게 만들 것이다.

　　　보는 시각 외의 감각은 옆에서 지켜보는 것만으로는 체득될 수 없는 것이었다. 연구자들과 대화를 통해, 그들과 함께 생활하면서 그들이 느끼는 감각을 어렴풋하게 짐작할 수 있을 뿐이었다. 대신 나는 그들과 같은 공기를 마시는 사람이 되었다. 이는 나에게 실험적 전문성이 아닌 또 다른 무엇을 가져다주었다. 프리모관에, 한의학물리연구실에 연루된 내 몸은 실험실 안과 밖의 분위기를 감각하게 된 것이다. 당시 나는 나의 연구 현장인 한의학물리연구실에 주로 머물면서도 수업을 듣거나 세미나에 참석하기 위해 하루에도 몇 번씩 과학사 및 과학철학 협동과정의 공간으로 돌아와야 했다. 그리고 그때마다 만나는 사람들은 프리모관 연구자에서 과학학 연구자로 달라졌다. 나는 물리적으로 이동하면서, 서로 다른 사람들을 마주치면서 보이지 않는 실험실의 경계를 몸으로 느낄 수 있었다.

봉한관이 있다고 생각해?

나는 학부와 대학원 과정에서 화학과 생명과학을 공부하면서 과학 분야의 용어와 개념, 이를 기반으로 생각하는 방식에 익숙했다. 게다가 연구 중심 대학에서 학부와 석사과정을 보내면서 경험한 다양한 실험실 생활에도 익숙했고, 실험에서 발생하는 수많은 구질구질함과 그럼에도 깔끔한 데이터를 얻기 위해 치러야 하는 지난한 과정을 이미 경험했기에 실험실이라는 현장에 다시 돌아갔을 때, 실험실에서 느껴지는 감정과 감각 들이 다시 나에게 바로 전이되었다. 비록 봉한관을 처음 접했을 때는 낯설었지만 소광섭의 기리학과 연구원들의 인터뷰, 실험의 참여관찰을 통해 이들이 얘기하는 것과 보여주는 것들의 표면 아래를 함께 보고 들을 수 있게 되었다. 거기에 과학기술학은 실험실이라는 공간을 이전에 내가 경험했던 것과 다른 방식으로 바라볼 수 있게 해주었다. 선배학자들의 실험실 연구와 인류학의 논문들은 내게 새로운 시선으로 경험한 것들을 표현할 수 있는 언어를 제공했

125

다. 그런데 문제는 의외의 곳에서 발생했다. 실험실의 벽을 넘어 다시 나의 전공 공간으로 돌아왔을 때, 나의 참여관찰에 관심을 갖고 묻는 이들에게 현장을, 나의 연구를 설명하기가 쉽지 않았다. 이러한 어려움은 협동과정 내에서도 다른 세부 전공자들을 만날 때 더해졌다. 당시 과정에는 크게 과학사, 과학철학, 과학기술학의 세 전공이 있었는데 그중 과학기술학 전공자들은 비교적 적었으며 특히 현장연구를 해본 사람은 손에 꼽았다. 현장에서 몸으로 느껴지는 것들, 현장에서 새롭게 습득되는 현장연구자의 몸에 대해 함께 공감해줄 사람은 몇 되지 않았다.

　　내 연구에 관심을 보이는 이들은 가장 먼저 내게 봉한관이 진짜냐, 김봉한의 주장이 사실이었냐를 물었다. 앞에서도 얘기했듯이 이는 내가 대답할 수 없는 질문이었다. 이내 사람들은 내게 달리 질문하기 시작했다. "그래서 봉한관이 있다고 생각해?" 한의학물리연구실이 정말로 봉한관을 발견했느냐고 물었다. 우선 나는 봉한관에 대해 알고 있는 사람이 의외로 많다는 데에 놀랐다. 그런데 이들은 대체로 봉한관을 의심의 눈초리로 바라봤다. 내가 실험실 연구를 하고 있다고 했을 때 왜 정상과학을 하고 있는 연구실을 관찰하지 않는지를 내게 묻기도 했다. 어떤 분은 적극적으로 내게 더 좋은 실험실을 소개해주겠다고 나서기도 했다. 비과학이 아닌 과학을 연구

해야 한다고 하면서…. 이들과 이야기할 때에는 한의학
물리연구실보다는 북한의 김봉한이 더 가까이 있는 것처
럼 느껴졌다. 봉한관이 있냐는 질문이 마치 함정처럼 느
껴졌다. 답이 정해져 있는 것 같았다. 내가 그들의 기대와
다른 말을 하자, 그들은 내가 현장과 거리를 두고 객관성
을 지켜야 한다고 충고했다. 내가 현장과 연결된, 현장에
서 습득된 나의 몸과 거리두기를 한다는 게 가능한 걸까?
답답했다.

그런데 나를 더욱 당혹스럽게 한 것은 실험실 내
에서도 내가 같은 질문을 받았다는 것이다. 한 연구자가
내게 물었다. "봉한관이 진짜 있는 것 같아?" 아니, 봉한
관을 연구하는 당사자가 이런 질문을 하면 나는 어떤 반
응을 해야 하는 거지? 이 질문은 연구실 밖에 있는 사람
들이 내게 물어본 것과 동일한 것을 요구하는 것처럼 보
였다. 그러니까 한의학물리연구실과 이해관계가 없는 제
삼자인 내가, 과학을 전공하고 과학기술학을 전공 중인,
과학 지식을 어느 정도 갖춘 내가 중립적인 입장에서 보
았을 때, 봉한관이라는 물질이 존재한다고 말할 수 있는
지 판단해 달라는 것이었다. 처음엔 실험자의 이러한 질
문이 적잖이 당황스러웠다. 그러나 이내 이 질문이 실험
실 밖의 사람들이 하는 질문과 전혀 다른 것을 묻고 있다
는 걸 알 수 있었다.

전자의 질문은 봉한관에 대한 의구심 혹은 김봉한에 대한 의심을 내포한다. 이러한 의심은 크게 두 가지에 기인하는데, 하나는 봉한관이 북한에서 연구되었다는 점이고 다른 하나는 경락의 실체라고 주장되었다는 점이다. 김봉한의 갑작스러운 몰락은 흔히 소련의 리센코주의의 몰락과 비교되곤 한다. 1920년대 소련의 유전학자 이반 블라디미로비치 미추린Ivan Vladimirovich Michurin은 멘델의 유전학에 반해 획득형질의 유전을 주장했다. 그의 주장을 소련의 또 다른 생물학자 트로핌 리센코Trofim Lysenko가 계승하여 이에 기반한 농업정책을 폈다. 문제는 정치적 권력을 획득한 리센코가 멘델의 유전학을 지지하는 반대파 과학자들을 제거하면서 발생했다. 소련 내 학자들의 반대를 잠재운 리센코주의는 서구의 멘델 유전학에 대항해 소련 과학의 우월함을 보여주는 상징이 되었다. 그러나 스탈린이 사망하고 리센코가 정치적 지지 세력을 잃게 되면서 다시 그에 대한 비판이 제기되기 시작했고, 결국 리센코주의는 과학적으로 틀렸다고 결론지어지며 폐기되었다. 과학사학자들은 리센코주의를 공산주의 정권에 의해 주창된 잘못된 과학의 전형적인 사례로 평가한다. 이러한 판단에는 리센코주의가 과학의 독립성이 유지되지 못하고 정치적 선동에 동원된 과학이라는 전제가 깔려 있는데, 이 틀은 정권의 힘이 강력한 국가나 시대의 과학을 볼 때 더 강하게 작동한다. 이는 북한의 과학에도 유사하게 적용됐다. 기존 서구 생물학의 통념을 뒤집는 연구 결과, 북한의 전폭적인 지원 뒤 갑작스럽게 사라진 연구자, 이 모든 것은 김봉한의 연구에 의심을 갖기에 충분한 조건을 제공한 것이다.

　　더 큰 의심은 경락에서 기원한다. 적어도 2000년대 대한민국에서 봉한관이 다시 연구되는 상황은 북한이나 공산주의 과학과는 동떨어져 있기 때문이다. 대신 경락의 실체를 발견했다는 주장이 즉각적으로 반발을 가져왔다. 비과학적 영역에 머물고 있던 경락을 과학적 영역으로 가져온 것에 대한 반발이기도 하다. 일부는 봉한관 연구를 비과학이 과학의 권위에 도전하는 것처럼 느끼는 것 같았다. 나의 연구에 대해 얘기하다가 종종 진화론에 반대하는 창조과학을 언급하는 사람들이 있었기 때문이다. 한의학에 비판적인 입장을 고수하는 한 의사는 소광섭 교수가 사기를 치고 있다며 자신의 블로그에서 공개적으로 비난하기도 했다. 그렇다고 봉한관이 한의학계에서 환영받는 것도 아니었다. 한의학의 정신은 과학으로 설명할 수 있는 것이 아니라는 목소리가 나왔다. 그들에게 기는 신체는 물론 정신적 영역까지 포함하는 개념으로 기의 통로인 경락은 물질로 환원될 수 있는 것이 아니었다.

이러한 의심들을 다시 하나로 묶어보자면 결국 과학의 경계에 대한 것으로 볼 수 있다. 과학과 정치의 경계, 과학과 비과학의경계. 사람들은 내게 끊임없이 봉한관 연구에서 드러나는 과학의 경계에 대해 묻고 있다. 만약 과학의 경계를 벗어난다면 내가 그것을 지적해주길 바라는 것 같았다. 하지만 그 경계는 어디에서 기인할까. 봉한관이 북한이 아닌 미국에서 발견되었던 것이라면, 경락의 실체가 아니라 해부학 교과서에서 소개되지 않았던 새로운 구조를 발견한 것이었다면 여전히 내게 이런 질문을 했을까? 만약 내가 새로운 유전자나 단백질을 연구하는 실험실에 있었다면, 발견이 사실이냐는 질문 대신 발견의 과정에 대한 질문을 받지 않았을까? 국가과학자의 연구실에 있었다면, 나는 좋은 성과를 내는 비결이 무엇인지를 설명해야 했을 수도 있다.

　　나에게도 느껴지는 이러한 의심의 감정들을 실험실 내의 연구자들이라고 모를 리 없었다. 그들이 이에 대해 직접적으로 이야기하는 경우는 거의 없었지만, 내게 자신의 연구에 대해 이야기할 때 다소 방어적으로 이야기하는 것이 느껴졌다. 실험실 구성원들은 봉한관을 재현하는 연구를 시작하고 10년 가까이 실험을 반복하고 논문을 써 왔음에도 봉한관에 대해 이야기할 때마다 여전히 자신의 발견이 진짜라는 것부터 강조했다. 그간 출판된 논문의 다수가 봉한관의 발견에 대한 것으로 각각의 논문은 서로 다른 방법으로, 신체의 서로 다른 곳에서 봉한관이 발견됨을 보여준다. 봉한관을 찾는 해부 실험을 시연할 때에도 혹시라도 봉한관을 발견하지 못하면 어쩌나 걱정하는 모습을 보이기도 했다.[13] 이미 김봉한의 연구를 재현하고 검증하는 과정을 반복적으로 수행하고 성공했음에도 여전히 봉한관의 발견에 대한 입증을 시도하는 것처럼 보였다. 그러다 보니 신문이나 방송 인터뷰에서도 계속 같은 내용이 반복됐다. "경락의 실체를 발견했다." 처음 보도가 난 후로도 여러 해에 걸쳐 몇 번 더 언론의 보도가 있었지만 보도 제목은 여전히 그대로였다. 이러한 반복은 오히려 사람들의 의구심을 키우는 것처럼 보이기도 했다.

반면 후자의 질문은 적어도 연구실 내에서 진행되는 실험에 대해서는 의심하지 않는다. 오히려 연구자들이 다양한 위치에서 봉한관을 발견하고 다양한 방식으로 봉한관을 가시화하면서 김봉한의 연구를 단편적으로나

---

13 "[워싱턴 의대에서 진행한 데모 실험에서] 재현이 됐죠. 잠 한 잠도 못 잤어요, 그때는. 재현이 안 되면 완전 국가 망신 아냐. 사기꾼이 되는 거지. 쥐(rat) 한 마리 주고 "빨리 꺼내봐라" 이러는데…." (2010. 8. 12. B 박사 인터뷰 중)

마 재현하고 있는데, 생화학을 전공한 내가 보기에 연구가 뭔가 놓치고 있는 것이 보이지는 않는지, 물리학 실험실에서 이해한 봉한관이 생물학적으로 이해되는 수준인 것인지를 묻는 것이었다. 물론 이 질문은 전자의 질문과 완전히 분리된 것은 아니었다. 한의학물리연구실에서는 계속해서 봉한관을 발견하고 있는데 여전히 밖에서는 의심의 꼬리표가 떼어지지 않는 상황에 대한 답답함을 내포하고 있기 때문이다. 그리고 이러한 답답함에는 한의학물리연구실 내에서 진행되는 해부 실험에서 종종 봉한관을 발견하지 못할 때가 있기 때문이기도 했다. 실험자마다 봉한관 재현 실험 성공률은 상이했는데 이는 앞서 이야기한 전문성의 체화와 연계된다. 그러다 보니 아직 전문성을 충분히 쌓지 못한 대학원생(특히 석사과정)과 학부생은 실험 성공률이 매우 낮았고, 일부는 봉한관 연구에 회의적인 모습을 보였다. 나는 이들에게서 과거의 나의 모습을 보았다. 거대한 장벽을 만난 물리학에 혁명을 가져다줄 연구를 한다는 생각에 잔뜩 기대를 품었는데 실험실 생활은 실험 실패만이 기록되고 어쩌다 작은 성공을 해도 이 작은 성공이 물리학의 패러다임을 바꾸기는커녕 물결이나 일렁이게 할 수 있을지, 아니 당장 졸업이나 할 수 있을지가 더 걱정되며 점점 거대한 포부는 멀어진다.

같은 문장이지만 전혀 다른 의문을 품은 질문에서 나는 안타까움과 우울함을 동시에 느꼈다. 가끔은 화가 나기도 했다. 나의 연구에 중요한 조언이랍시고 해주는 말들이 어느새 한의학물리연구실에 깊게 연루되어버린 나에겐 상처가 되었다. 현장 사람들의 말을 그대로 믿으면 안 된다고, 객관적인 관찰자의 입장을 유지하라고, 나의 연구를 걱정하며 내게 하는 주문들은 나를 무력하게 할 뿐이었다. 내가 경험한 한의학물리연구실은 너무나도 전형적인 대학 연구실이면서 동시에 매우 한국적이었다. 이 연구실을 잘 분석하면 한국 대학의 실험실 모습을 아주 잘 보여줄 수 있을 것 같았다. 나에게 자꾸 질문되는 "진짜냐, 가짜냐"에서 벗어나고 싶었다. 차라리 브뤼노 라투르가 와서 이 실험실을 연구해주면 어떨까 하는 망상도 해보고, 실험실 연구를 하기에는 내가 능력이 너무 부족한 걸까 끊임없이 자기 회의에 빠지기도 했다.

　　내가 만난 다수의 이론물리학 전공자들은 박사학위를 받고도 자신의 분야에서는 더 이상 연구할 것이 없어서 해당 분야를 지속하기 어렵다고 푸념하곤 했다. 20세기 초반 눈부신 발전을 한 물리학이 어느새 한계에 봉착했음에 많은 물리학자들이 동의하는 것 같았다. 이에 소광섭 교수는 비과학적이라고 치부되었던 것에서 돌파구를 찾고자 하였으나 그 점이 '사이비 과학' 혹은 '유사과학'이라는 비판을 몰고 왔다. 방법론의 측면에서 봉한관으로부터 기의 통로라는 물리적 실체를 찾을 수 있을 것이라 기대했으나 김봉한은 봉한관과 함께 그를 둘러싼 수많은 의구심을 데리고 실험실로 들어왔다. 가끔은 한의학물리연구실 안과 밖을 떠도는 김봉한에게 묻고 싶기도 했다. '대체 당신은 무엇을 한 건가요? 자신의 연구를 책임지지 않고 어디로 사라져버린 거예요?' 나의 질문에 텅빈 메아리만 울렸다.

내게 과학은 신비의 영역에 쌓여 있던 자연이라는 세계의 작동 원리를 깔끔하게 설명할 수 있는 도구였다. 어렸을 때 자주 보던 과학 잡지에는 한때 지구에 살았으나 지금은 멸종된 공룡과 우주 멀리 떨어져 존재하는 블랙홀에 대한 특집이 실리곤 했다. 그리고 가끔씩 이집트의 피라미드, 나스카의 거대 그림과 같은 비밀스러운 고대문명 특집도 나왔다. 특집이 보여주는 것은 고대 혹은 자연의 신비함이며 동시에 이러한 미스터리를 과학적으로 설명하고자 하는 과학의 노력이었다. 봉한관 연구를 시작하기 전 한의학물리연구실은 생명체의 전자기학 혹은 생체 광자에 대한 연구를 주로 했다고 한다. 랩장은 당시를 아주 재미있던 시절로 기억했다. 당시 했던 실험 중 하나는 나뭇잎 흔적 촬영인데, 나뭇잎이 가지로부터 떨어진 직후 나뭇잎이 붙어 있던 나뭇가지를 찍어보면 나뭇잎 모양이 흐릿하게 찍힌다는 것이다. 이것을 생체 광자로 설명할 수 있다고 했다. 내게는 우리가 알지 못하는 미지의 것에 대해 현대의 방식으로 이해하고자 끊임없이 노력하는 태도가 바로 과학이었다. 신기하고 때로는 신비로운 현상을 과학의 언어로 설명할 때 머릿속에 퍼지는 명쾌한 울림. 그것은 한참 실패하던 실험을 성공했을 때, 난제를 풀어냈을 때, 과학 연구를 하면서 느낄 수 있는 쾌감이었다. 처음에는 물리학과의 경락 연구도 그런 연장선에 있을 것이라 막연히 생각했다. 그러나 실험실에 깊이 연루될수록 실험실 밖에서 들려오는 의심의 목소리에 경쾌했던 처음의 기분은 무거워졌고 색이 바래고 낡아지는 느낌이 들었다.

프리모관으로 변화

모든 것이 깔끔하게 설명되지도 않고 봉한관 재현 실험은 부침이 있을 때도 있었지만 어쨌든 연구는 계속되었다. 오늘날 과학을 수행하기 위해서는 당연하게도 돈이 필요하다. 현대과학은 수많은 실험을 수행하기 때문에 실험실이라는 공간은 물론이고 실험 장비, 실험 재료, 그리고 실험을 수행할 인력이 필요하며 이는 모두 연구비로 충당한다. 연구를 지속하기 위해서는 대학, 연구 재단 혹은 민간 기업으로부터 연구비를 따내야 한다. 기초연구 분야는 이 중에서도 정부에서 지원하는 공공자금에 많은 부분을 의존한다. 응용의 가능성이 크지 않고 비교적 장기적으로 연구를 진행해야 하며 그만큼 위험 부담이 커서 민간 자금이 투자되는 경우가 드물기 때문이다. 한국의 연구비는 대부분 경쟁 연구 자금으로, 연구비 공모가 발표되면 해당 공모에 지원하고 선정되어야 연구비를 지급받을 수 있다. 이 과정에서 전문가 평가가 진행되다 보니 아무래도 더 많은 연구자가 관심을 갖고 있는 연구, 해외의 유명 과학 잡지에 출판될 확률이 높은 유행하는 연구 주제가 선정될 확률이 높다. 한의학물리연구실도 봉한관 연구를 계속하기 위해서 연구비를 지속적으로 유치해야 했으며 연구비를 주는 기관에 연구가 좀 더 매력적으로 보이도록 해야 했다.

당시에 위험성이 높은 기초연구에 과감한 투자가 필요하다는 사회적 합의하에 프론티어 연구 등 기초연구를 크게 지원하는 연구비들이 생겨나기 시작했다. 기존의 경쟁 펀딩에서 사실 경쟁력이 적었던 봉한관 연구는 대형 국책연구사업인 '글로벌 프론티어' 사업에 도전했다. 연구진은 봉한관 연구가 기존 생물학 연구와 차별성을 지니면서 성공한다면 김봉한이 제시한 것처럼 생물학을 새롭게 쓸 수도, 소광섭이 제시한 것처럼 물리학의 대변혁을 가져올 수도 있는 연구라고 보았다. 연구비 공모에 지원하는 과정에서 봉한관이라는 이름이 낡은 느낌을 준다는 의견이 제시되었다. 이름은 프런티어 연구인데, 봉한이라는 이름은 현대과학의 최전선에 있다는 느낌보다는 과거를 떠올리게 한다는 것이었다. 연구비 공모에 함께 지원한 공동연구자들은 봉한관이라는 이름을 변경하기를 원했다. 그 과정에서 프리모관이라는 이름이 제시되었다.

　　김봉한은 경락의 실체인 봉한관을 발견하고 이것이 신체의 구석구석에 네트워크처럼 위치하며 그 안에 산알이 순환하며 신체 재생을 돕는다고 주장했다. 봉한학설에 의하면 혈관이나 림프관에 이어 봉한관이 제3순환계라는 것이다. 그러나 발견의 순서상 제3순환계이지 혈관이나 림프관보다 먼저 발생하여 생명의 현상을 관장하는 역할을 담당하는 원순환계라고 주장했다. 원순환계를 영어로 번역한 것이 프리모관계Primo Vascular System이고 이를 토대로 연구진은 봉한관을 프리모관Primo Vessel이라 부르기로 의견을 모았다. 연구자 중 일부는 봉한이라는 이름이 끌고 오는 부정적인 이미지와 불필요한 의심을 제거할 필요가 있다고 주장하며 변화를 반기기도 했다. 소광섭 교수는 발견자의 이름을 제거하는 것을 마뜩잖게 여겼지만 프리모관이라는 용어가 발견물의 기능을 보여 준다는 점에 대해서는 긍정적이었다. 명칭은 변경했지만 그는 프리모관이 김봉한의 연구에서 연유한다는 것을 보이기 위해 논문에 항상 김봉한의 논문을 주요 참고문헌으로 언급했다.

　　내가 참여관찰을 시작했을 때에만 해도 실험실 내에서는 봉한관이라는 용어가 더 자주 사용되었으나 국제학회를 치르면서 일반적으로 사용되는 용어가 프리모관으로 변경되었다. 제천시에서 열리는 '한방바이오엑스포'의 일환으로 국제학술행사를 개최해 달라는 요청을 받았을 때 소광섭 교수는 미국에서 열린 '국제산소전달학회International Society on Oxygen Transport to Tissue'의 학술대회에 참여하고 있었다. 당시 소광섭 연구에 큰 관심을 보였던 미국 루이빌 대학교의 강경애 교수는 제천 엑스포에서 열리는 학회 이야기를 듣자마자 바로 국제학술행사를 개최해야 한다고 주장하며 산소학회에 참여했던 학자들과 주변의 학자들에게 학회 참석을 제안했다. 그렇게 시작된 국제학술대회는 프리모관에 관심 있는 학자들을 모으는 계기가 되었고 '프리모관계학회International Society on Primo-Vascular System'의 창립으로 이어졌다.[14]

　　프리모관은 여러 연구자의 관심을 받았다. 적어도 국제학회에는 적지 않은 수의 연구자가 참여했다. 국제학회에 참석한 학자들의 면면을 보면 다양한 분야에서 연구를 수행하는 연구자들이었다. 이 중 다수가 암 연구자들로 이들은 프리모관이 암 조직 표면에서 자주 관찰된다는 점에 관심을 보였다. 연구자들이 암세포가 전이되는 과정을 궁금해하던 중에 미세혈관과 유사한 관이 암조직 주변에 생성되어 암세포의 전이가 일어난다는 혈관의태vascular mimicry 현상이 보고되었는데, 소광섭은 혈관은 아니지만 혈관과 유사한 모습을 한 프리모관이 관련이 있지 않을까 하는 의문을 제기했다. 암 연구에서 보고된 최신 연구결 과와의 연계성 제시는 암 연구자들의 관심을 끌었다.

프리모관에 관심을 보인 두 번째 그룹은 생체 내 물질들을 가시화하고 영상화하는 방법을 연구하는 학자들로 이들은 자신들이 가진 전문성으로 프리모관을 가시화하고자 했다. 이들은 프리모관에만 들어가는 조영제를 개발할 수 있다면 암세포가 생성될 때 프리모관의 역할을 연구할 수 있을 테고 암세포의 초기 발생 혹은 전이에 대한 이해를 높일 수 있을 거라 기대했다. 한의학물리 연구팀도 이러한 연구를 반겼는데 가시화 작업을 통해 프

---

14   학회 웹사이트는 http://ispvs.org(2021. 6. 27 유효함 확인).

리모관이 순환계임을 보일 수도 있을 거라 생각했기 때문이다. 여러 연구자들 중에 미국 워싱턴 의대 맥클린톡 방사선 연구소의 영상화학 전문가인 새뮤얼 아칠레푸 Samuel Achilefu 교수가 연구를 시작했다. 특이하게도 그는 동물의 눈 점막에서 프리모관을 찾는 실험을 진행했고, 자신이 수행한 파일럿 연구 결과를 학회에서 발표했다. 발표 당시 그는 자신의 실험이 어느 정도 성과를 보이고 있다고 자신했다.

또 다른 그룹은 줄기세포 연구자들이었다. 초기에 배아세포를 중심으로 진행되던 줄기세포 연구는 윤리적 문제에 봉착해 있었다. 그러나 성체 줄기세포처럼 배아 외에서도 다양한 형태의 줄기세포가 발견됨에 따라 윤리적 문제에서 자유로워지면서 연구가 활성화되었다. 그런데 성체 줄기세포의 일부는 다른 일반 세포에 비해 작은 크기임에도 세포핵은 커서 핵산의 비중이 매우 높은 특징을 보였다. 이는 김봉한이 묘사한 산알의 특성과 정확하게 일치했다. 소광섭은 산알이 조직의 재생에 관련되어 있다는 김봉한의 연구를 현대의 줄기세포와 관련한 언어로 해석했고, 이에 줄기세포 및 재생의학 연구자들이 관심을 보였다.

이들 연구자들은 프리모관의 전신이 봉한관이라는 것이나, 북한의 생리학자 김봉한이 발견한 물질이라는 것, 한의학의 경락의 실체라는 것에 흥미를 느끼기는 했지만 큰 의미를 두지는 않는 듯했다. 그들에겐 기존에 알고 있던 것과는 다른 새로운 해부학적 구조물이 발견되었고 그것이 암이나 줄기세포와 관련이 있을 가능성이 있다는 것이 가장 중요한 것처럼 보였다. 새로운 연구를 할 수 있는 가능성 앞에서 김봉한은 큰 문제가 되지 않았다. 게다가 한의학물리연구실에서 수년간 발표된 논문들이 이미 있지 않은가. 아칠레푸 교수는 한의학물리연구실의 박사 두 명을 자신의 연구실로 초청하여 쥐에서 프리모관을 채취하는 시연 실험까지 주문해서 프리모관을 확인한 상태였다. 그의 실험실에서는 이미 프리모관을 찾아 가시화하는 실험이 시행되고 있었다. 가능성이 더 보인다면 연구를 지속할 것이고, 그렇지 않다면 연구를 그대로 멈출 것이었다. 그러나 나는 여기서 실험이 멈췄다고 해서 가능성이 없다고 단정하면 안 된다는 얘기를 덧붙이고 싶다. 연구는 연구가 시행되는 시점까지 발전해 온 이론과 실험 방법, 장비를 사용하여 진행된다. 가능성이 보이는 연구라고 하더라도 연구를 진행할 수 있는 도구가 없거나 시료를 채취할 수 있는 방법이 없다면 연구는 당장 진행되지 않고 멈춘다. 그 멈춤은 일시적일 수도, 영원할 수도 있다.

학술대회에 모인 연구자들은 모두 자신의 분야에

서 권위를 획득한 전문가들이었다. 이들은 학회에 모여 자신의 연구를 소개하기도 하고 일부는 프리모관에 대해 직접 실험을 진행한 내용을 발표하기도 했다. 흥미로운 점은 학회 마지막 날 이들 전문가들도 내가 받았던 것과 동일한 질문을 받았다는 것이다. 전문가가 보기에 프리모관이 진짜인 것 같냐는 그 질문 말이다. 학회 끝에 진행된 종합 토론에서 이들은 프리모관 연구가 어때 보이는지에 대해 전문가로서 답해 달라는 요청을 받았다. 이에 전문가들은 거의 비슷한 대답을 했다. 새로운 무언가가 있으며 그에 대한 연구를 더 진행해볼 만하다는 데에 다수가 동의했다. 그러나 그들은 프리모관 연구를 최근에 알게 되었거나 연구를 시작한 지 얼마 되지 않았다며, 프리모관 연구에 있어서 가장 큰 전문성은 한의학물리연구실 구성원이 지니고 있다는 것이었다. 결국 프리모관은 더 많은 연구자들을 연루시키기는 했지만 가장 강력하게 포섭되어 있는 한의학물리연구실에서 책임져야 하는 연구 대상인 것이다.

한의학물리연구실의 책임자인 소광섭은 분명히 자신의 연구에 대한 책임을 보였다. 연구 초기 재현 실험이 되지 않을 때에 그는 김봉한의 거짓 연구에 속고 있는 것이 아닌가 끊임없이 고민했다. 프리모관을 찾을 때마다 피브린, 장간막이 말린 것, 염료 혹은 마취제에 의해 발생한 2차 구조물을 잘못 보고 있다는 다양한 반론을 받았는데 그때마다 반론을 확인하기 위한 실험을 수행했다. 비과학을 하고 있다는 비난을 받기도 했으나 그는 프리모관 연구에 대한 비판적인 의견들에 대해서도 열린 자세를 취했다. 이는 국제학회가 진행된 후 출판된 책에서도 확인할 수 있다.[15] 책에는 한의학물리 연구진이 쓴 프리모관에 대한 역사나 의의, 그간의 실험 결과와 학회 참석자들이 수행한 프리모관 연구 결과가 실려 있는데 한의학물리연구실에서 발견한 프리모관이 해부 시 사용한 마취제로 인해 생성된 2차 구조물일 가능성이 있다는 연구 결과와 피브린 생성을 억제하는 헤파린 처리를 했을 때에는 프리모관을 발견할 수 없었다는 연구 결과도 책에 실려 있었다. 소광섭은 그간 한의학물리연구실에서 진행한 연구를 비난하는 의견에는 동의하지 않았지만, 연구 결과에 대해 과학적으로 합리적인 의심이 있다면 그러한 비판은 언제든지 수용하겠다는 태도를 보였다. 그는 후에 잘못된 것으로 판명이 나더라도 연구를 진행하면서 얻은 지식들과 연구 과정이 과학에 도움이 될 것

15 Soh, K.-S., Kang, K. A., Harrison, D. K.(2012) The Primo Vascular System: Its Role in Cancer and Regeneration, New York: Springer.

이라 믿었다. 그렇기에 비난을 의식해 숨기기보다는 오히려 연구 결과를 최대한 투명하게 공개하고 연구에 부정적인 연구자도 함께하면서 오류를 지적하고 개선해주기를 바랐다.

　　'국제프리모학회'가 결성되고 세계의 많은 연구자들이 프리모 연구에 포섭되었지만 프리모관 연구를 시작하고 진행해 왔던 한의학물리연구실은 몇 개월 지나지 않아 문을 닫았다. 그러나 연구는 끝나지 않았다. 서울대학교를 은퇴한 소광섭 교수가 서울대 융합기술원에 연구실을 얻은 것이다. 한의학물리연구실 대신 프리모 시스템 연구실이 열렸다. 프리모관은 서울대학교의 낡은 건물에 위치했던 좁고 어두운 실험실 대신, 한쪽 벽 전체가 유리창인 밝고 넓은 실험실로 자리를 옮겼다. 융합기술원에서 연구를 계속하기 위해 소광섭 교수는 다시 연구비 공모에 도전했다. 이번에는 파이오니어 연구 과제였다. 이는 하나의 연구실에서 진행되는 연구가 아니라 여러 개의 연구실과 공동으로 진행되는 거대 연구에 연구비를 지급하는 사업이었다. 파이오니어 과제에 도전하기 위해 국립암센터, 서울삼성병원의 교수들과 연구진이 참여했다. 1차 심사를 통과하고 소액의 연구비를 받았다. 이 연구비를 이용해서 2차 심사 전까지 가능성을 보이는 연구 결과를 얻어야 했다.

연구 제안서에서 소광섭 교수는 프리모 시스템의 순환 네트워크를 생체 내에서 가시화하는 연구를, 국립암센터는 프리모관을 통해 암세포의 발달과 전이의 메커니즘을 밝히는 연구를, 서울삼성병원은 태반에서 프리모관을 찾아 재생의료의 가능성을 찾는 연구를 진행하겠다고 했다. 그리고 초기 연구로 소광섭 교수는 형광 나노입자를 이용한 생체 조직 속 프리모관 내 물질 이동 실험을, 국립암센터에서는 간암세포에서 프리모관 표지 인자를 찾는 실험을, 서울삼성병원에서는 태반에서 프리모관의 표지 인자를 찾는 실험을 수행했다. 주기적으로 모여 서로의 연구 경과를 발표하고 실험 결과를 두고 함께 논의를 하며 실험을 어떻게 개선하고 다음으로 나아가야 할지를 정하는 회의를 진행했다. 나는 한의학물리실험실이 문을 닫으면서 참여관찰을 마쳤지만 이 회의에 매번 참석했는데, 그때 보았던 국립암센터 연구원의 반응의 변화가 인상적이었다. 그는 실험 초반에 프리모관에 대해 매우 회의적인 입장을 보이다가, 실험이 잘 진행되지 않자 부정적인 반응은 더 커졌다. 그러나 몇 번째 회의였는지 그가 다소 고무적인 실험 결과를 들고 왔던 날, 그는 프리모관 실험에 확신이 생겼다며 밝은 표정으로 말했다. 직접 연구를 수행하는 연구자들에게는 실험에 진척이 있는지 없는지가 다른 무엇보다 중요했다.

내가 참여관찰 연구를 완전히 종료한 후, 안타깝게도 프리모관 연구팀은 파이오니어 사업에서 최종적으로 연구비를 획득하지는 못했다는 소식을 들었다. 하지만 공동연구에 참여했던 연구진들은 이후에도 프리모관 연구를 계속 진행했고 그 결과를 논문으로 발표하고 있다. 당시에 공동연구에 참여하지 않았지만 독자적으로 프리모관 연구를 계속해 오는 연구자들도 있다. 여기서 마지막으로 한 가지를 언급하고 싶다. 봉한관 연구를 수행했던 이들 중에는 한의학 연구자도 있었지만 프리모관 연구를 지속적으로 수행하는 이들은 과학자, 의학자, 수의학자와 같은 과학계의 연구자라는 점이다. 프리모관(봉한관) 연구는 종종 "한의학의 과학화"로 이야기되곤 한다. 그렇기에 언뜻 보면 서로 모순적으로 보이는 두 가지 비판을 동시에 받는데, 하나는 비과학적인 한의학이 과학의 권위를 차지하려고 한다는 (주로 의학계에서 나오는) 비판이고, 다른 하나는 전통적인 뿌리가 있는 한의학을 과학에 종속시키려고 한다는 (한의학계의) 비판이다. 내가 참여관찰을 할 당시에 한의학물리연구실에 있던 한 연구원은 한의학에서 말하는 경락의 의미는 프리모관과 전혀 맞지 않다며 비판했다. 그러나 내가 앞서 설명한 것처럼 한의학물리연구실에서 프리모관 연구는 한 번도 "한의학의 과학화"를 목표로 이루어지지 않았다. 국제프리모관학회에 모여든 연구자들도 한의학의 과학화에는 전혀 관심이 없었다. 프리모관 연구는 과학의 영역 밖에 있다고 치부되었던 대상을 과학적 연구 대상으로 만들어 가는 과정이었다. 연구자들은 자신의 자리에서 자신의 관심사에 따라 각자의 연구를 진행했다. 하나로 합의되지 않은 채로 진행되는 다양한 연구는 역설적으로 한의학물리연구실이 문을 닫고, 공동 연구를 진행하지 못하는 상황에서도 각 연구자들이 개별적으로 프리모관 연구를 지속하게 하는 힘이 되었다.[16]

현장을 나오다

실험실 연구를 위해 한의학물리연구실에 들어갈 때, 나는 한의학과 물리학이라는 이질적인 이름을 동시에 달고 있는 그곳이 내가 알고 있는 실험실과 얼마나 다

---

16 나는 한의학물리연구실의 참여관찰을 바탕으로 작성한 석사학위 논문에서 심지어 한의학물리연구실에서 다양한 구성원에 의해 수행된 연구조차도 프리모관에 대한 완벽한 합의 없이 진행되었으며 구성원의 연구 목적과 방법에 따라 연구 대상인 프리모관이 다중적으로 구성되었음을 보였다. 김연화 (2015), 『봉한관에서 프리모관으로: 과학적 연구대상의 동역학』, 서울대학교, 이학 석사학위 논문.

147

를지, 그 공간에 거주하는 연구자는 얼마나 독특한 사람일지 기대했다. 그러나 그곳에서 발견한 것은 내가 겪어본 다른 실험실과 마찬가지로 장비와 실험 도구가 여기저기 놓여 있고 깨끗하다고 보기는 어렵지만 나름의 규칙에 따라 물건이 배열되어 있는 실험실이었다. 그 안에서 만난 연구자들도 평범해서 특징을 기술하기 어려운, 그간 내가 많이 봐왔던 이공계인들과 다름이 없었다. 그들은 그저 연구를 할 뿐이었다. 봉한관을 찾기 위해 김봉한의 논문을 읽고, 실험 방법을 유추하고, 가능한 시약과 방법을 모두 동원했다. 좋은 결과를 얻기 위해, 실험 방법을 개선하기 위해 노력했고, 결과에 대한 반론을 받으면 실험 방법을 수정하거나 반론이 틀렸음을 보일 실험을 추가로 진행했다. 그들은 재현성이 떨어지는 실험을 수행하면서 고민했고, 자기 회의에 빠지기도 했으며 때로는 연구 대상을 의심하기도 했다.

연구를 위해 추가 실험을 한다며 들여온 실험 장비들이 들어차 좁아진 공간, 정리한 것 같아 보이면서도 여기저기 쌓여 있는 실험 재료들, 연구자가 자주 찾지 않아 먼지 쌓인 선반과 장비가 있는 실험실에서 연구자들은 사물들과 부딪히고 부대끼며 실험을 진행한다. 그리고 망하는 실험의 횟수가 줄어들면서 전문성을 습득한다. 그 과정에서 실험자는 머리가 아니라 몸으로 실험과 관련된 모든 것들과 접하면서 여러 사물과 감정적 교류를 한다. 특히 동물 실험을 하는 경우에 그 교감은 더 커지기도 한다. 화학과 대학원생이었던 시절 나는 연구하는 단백질을 대량 생산하기 위해 일주일에 한 번씩 대장균을 대량으로 키워야 했는데, 배지가 들어 있는 페트리접시에 작은 점처럼 존재하는 대장균 콜로니를 파이펫 끝에 묻혀 액체 배지가 들어 있는 대량 배양용 대형 플라스크에 넣을 때마다 무럭무럭 자라 달라고 소리 내어 말하곤 했다. 그 '아이들'이 대량으로 증식하면서 내가 연구할 단백질을 많이 만들어주길 바라며. 한의학물리연구실의 연구자들도 쥐에게 암세포를 주입할 때, 커진 종양 덩어리를 달고 있는 쥐를 해부할 때, 마음속으로 쥐들에게 무언가 말을 하지 않았을까.

연구 대상과 나누는 과학자의 감정적 교류는 비단 생명체에만 국한되지 않는다. 생명체가 아닌 단백질과, 프리모관과 연구자는 정동을 나눈다. 실험이 거듭될수록 과학자와 연구 대상과의 애증은 쌓여 간다. 사실 실험실에서 수행되는 실험의 대부분은 실패로 이어지는데 연구라는 것이 다른 이가 아직 가보지 않은 부분을 탐색하고 아직 입증되지 않은 부분을 설명해내는 것을 목표로 하기 때문이다. 게다가 실험은 과학자 혼자 하는 작업이 아니다. 과학자는 자신이 설계한 실험에 연구 대상, 연구 장비, 실험 재료 등 다양한 물질을 동원한다. 그렇기에 실험의 성패는 과학자가 저항하는 물질들을 얼마나 설득해서 협조를 이끌어내는지에 달려 있다고도 볼 수 있다. 실험이 잘되지 않을 때 과학자는 실험 계획부터 실험에 사용된 물질들과 실험 방법을 다시 한번 분석하고 어디서 잘못되었는지를 찾는다. 이 과정에서 때로는 장비를 의심하고, 자신을 의심하고, 연구 대상을 의심하기도 한다. 그러다 실험이 성공하면 과학자는 다시 자신감을 회복하고 연구 대상에의 애정이 커지기도 한다.

한의학물리실험실에서 보내는 시간이 길어지면서 나는 현장에 있는 연구자들과 더 많은 대화를 나누고 때로는 연구와 전혀 관계없는 개인적인 이야기를 하기도 했고 한참 어린 석사생들이 동생처럼 느껴지기도 했다. 소광섭 교수는 또 어떠한가. 프리모관 재현 결과를 여러 번 확인하면서 신중하게 연구를 살핀 후에야 확신하고 논문으로 출판하는 연구자였고, 연구에 집중하는 학자였으며, 프리모관 연구로 박사학위를 받은 제자들이 연구실에서 독립했을 때 위험성이 큰 프리모관 연구를 권하지는 못하겠다고 말하는 스승이었다. 나는 한의학물리실험실을 연구하면서 기대에 부풀어 신나기도 했고, 물리학을 이해해보겠다고 머리가 아프기도 했고, 사람들과 친해지면서 즐겁기도 했고, 김봉한에 쫓겨 괴롭기도 했

150

고, 논문에서나 보던 국제적으로 유명한 연구자들을 만나서 기쁘기도 했으며, 프리모관 연구가 부딪히지 않아도 될 장애물을 더 많이 만나는 것 같아서 속상하기도 했다. 그러면서 보는 방식도 듣는 방식도 전과 달라졌다. 연구자들이 말했던 감각이 내 손끝에서도 느껴지는 것 같았다. 연구자들이 지속적으로 실험을 하면서 물질들과 관계를 맺고 감각들을 체득하며 몸이 변한 것처럼 내 몸도 변했고 현장과 보이지 않는 끈으로 단단하게 묶였다. 그리고 한 번 변한 몸은 현장을 나와도 이전으로 돌아가지 못했다.

　　나는 실험실이라는 현장에서 인간과 비인간이 때로는 두텁게 때로는 얇게 어떤 식으로든 관계를 맺는 것을 관찰했다. 그리고 나도 그 관계 속에 들어 있음을 발견했다. 내가 실험실에 들어서는 순간 이미 현장을 위에서 내려다보는 엄정하고 객관적인 관찰자의 지위를 잃었다. 이해관계는 없었지만 나는 이미 깊이 연루되어 있었다. 한의학물리연구실이 봉한관을 정말로 발견했는지를 제삼자의 관점에서 말해주길 기대했던 이들에게 나는 만족스러운 답을 줄 수 없었다. 현장에서 동떨어져 존재하는 관찰자가 된다는 건 불가능했기 때문이다. 대신 현장과 깊이 연루되어 있는 목격자의 이야기를 담은 이 글이 읽는 사람에게 한의학물리연구실과, 나아가 실험실이라는 현장과 새로운 관계를 맺을 수 있는 계기를 제공하길 바란다.

자폐증과
자폐증을 공부하는 엄마들에
연루되다

장
하
원

연구 주제를 찾기까지: 엄마 X 연구자

나는 공부하는 엄마다. 엄마가 되기 전에도 공부를 꽤나 오래 했는데, 어쩌다 보니 대학원을 두 개나 다녔다. 하나는 대학 졸업 학기에 큰 고민 없이 들어간 같은 대학의 고분자화학 연구실이었다. 2년 동안 실험을 하고 논문을 쓰며 이공계 대학원생으로 살았다. 당시 나의 연구 주제는 정수처리용 분리막의 성능을 개선하는 것이었는데, 오랫동안 사용해도 표면이 쉽게 오염되지 않도록 분리막에 코팅을 입히면서도 그 코팅 때문에 물이 막을 통과하는 속도가 지나치게 줄어들지 않는 코팅제와 코팅 방식을 개발해야 했다. 이공계 대학의 석사 연구로는 상당히 응용과학적인 주제였지만, 결국 상용화될 수 없는 제품을 개발하고 있다는 것을 나도, 지도교수도, 선배들도 모두 알고 있었다. 좀 더 쓸모 있는 '과학'을 하고 싶었다.

무용한 논문 말고 세상에서 사용되는 무언가를 만드는 일을 하고 싶어서 석사를 마친 뒤 대기업 산하의 연구소에 들어갔다. 신규 화학 제품을 개발하는 일은 분명히 이전보다는 훨씬 세속적이었지만, 나의 일상은 대학원 생활과 크게 다르지 않았다. 매일 그날 해야 할 실험의 계획을 세우고, 실험 장비를 준비하고, 시료장의 화학 물질들을 꺼내 저울에 무게를 달고, 각종 물질들이 적당한 온도에서 적당한 속도로 섞일 수 있도록 교반기와 가열 장치를 설치해 놓은 플라스크 안에 때맞춰 정확한 용량의 물질을 순서대로 넣었다. 수분에서 수시간 동안 물질들을 끓이고, 식히고, 분리해서 하얗거나 노란 덩어리를 얻어냈다. 이것을 다시 빻거나 또 다른 용매에 녹인 뒤 성분 분석기에 넣으면 모니터 화면에 몇 개의 피크가 나타났다. 피크의 위치나 높이는 그날 내가 만든 물질이 갖는 특성이나 양을 보여주는 데이터로, 이것을 연구팀의 상사에게 보고하면 그날의 성과가 평가되고 다음 날 해야할 새로운 실험이 결정되었다. 실험은 내가 설계하는 것이었지만, 내 마음대로 할 수 있는 것은 아니었다. 내가 알고 있는 화학 지식과 나보다 더 아는 상사의 의견, 내가 쓰는 물질들의 가격, 경쟁사의 유사 제품과 거기에 걸려 있는 특허, 중국과 한국의 생산 공장들, 이 모든 상황과 조건을 고려하여 실현 가능한 공정을 만들어내야 했다. 특허 침해 없이 경쟁력 있는 가격과 품질을 갖춘 제품을 생산하는 공정이 완성되기까지, 나는 대전의 한 연구실에서 조금씩 다른 실험들을 수백 번 연출했다. 그날그날의 실험 또한 나의 일상을 지휘했는데, 나는 플라스크 안의 물질들이 반응하는 속도와 간격에 맞춰 식사를 하고 화장실에 가고 보고서를 썼다. 지식과 시장과 실험이 얽혀 있는 복잡한 세계에서 실험의 쳇바퀴를 돌던 나는, 쳇

바퀴 밖에서 과학을 보고 싶었다.

이러한 갈증 속에서 과학기술학이라는 분야에 발을 들였다. 처음 읽은 과학기술학 연구자들의 주장은 충격적이었다. 과학 지식이 단지 관찰과 실험이라는 과학적 방법에 입각하여 자연에 대해 알아낸 것이라기보다는, 온갖 정치적 이해관계와 사회적 협상이 덧붙여지면서 만들어지는 결과물이라는 것이다. '순수한' 과학 지식이란 없다! 또 다른 과학기술학 연구자들은 실험실이라는 공간에서 과학자들이 행하는 다채로운 작업을 따라가 보면서 과학 활동과 과학 지식의 실체를 드러냈다. 과학자의 일상이 심오한 이성적 활동이라기보다는 그때그때 부딪히는 문제들을 해결해 나가는 땜질 작업들로 가득 차 있다는 어느 사회학자의 해석은, 지난날 실험과 여러 상황들에 매인 채 고군분투하던 나의 모습을 이해할 수 있게 해주었다. 이러한 과학기술학 연구들은 과학 지식이 만들어지는 과정을 드러내고 그것을 통해 과학자의 삶에 대해 새롭게 해석해준다는 점에서 그간의 의문과 답답함을 해소해주었다.[1]

1 당시 가장 흥미롭게 읽었던 과학기술학 연구들을 몇 개만 꼽으면 다음과 같다. Collins, H. M. (1974). *Changing order: Replication and induction in scientific practice*. University of Chicago Press; Latour,

이렇게 대학원에 다니며 박사 연구를 준비하던 와중에 임신을 했고, 출산과 육아를 거치며 나의 연구 주제는 자연스럽게 아동과 관련된 과학 지식으로 초점이 옮겨 갔다. 첫 아이를 낳고 키우면서 나는 무엇보다도 엄마로서 알아야 할 (과학) 지식과 정보가 너무나 많다는 사실에 압도되었다. 갓 태어난 아이를 먹이고 재우고 씻기고 입히는 데 필요한 지식과 능력은 본능적으로 주어지는 '모성'도, 자연스럽게 습득되는 노하우도 아니었다. 새로운 생명체의 생존과 건강을 유지하는 일은 그야말로 '배워야' 할 수 있는 것이었다. 적어도 나의 경우에는, 별다른 정보나 지식 없이 대충 알아서 해낼 수 있는 것이 거의 없었다. 아이의 월령에 맞춰 분유의 양, 잠자는 간격과 시간까지 조절해줘야 한다는 것도 처음 알았다. 씻기는 것도, 입히는 것도 신경 쓰이는 것투성이였고, 관심을 갖고 찾아보면 무궁무진한 정보에 맞닥뜨렸다. 아이가 깨어 있는 시간에는 먹이고 씻기고 달래고 재우는 데 온몸과

B., and Woolgar, S. (1979). *Laboratory life: The construction of scientific facts*. Sage; Knorr-Cetina, K. D. (1981). *The manufacture of knowledge: An essay on the constructivist and contextual nature of science*. Elsevier; Lynch, M., and Woolgar, S., eds. (1990). *Representation in scientific practice*. MIT Press.

마음을 바치고, 아이가 잠들고 나면 어떻게 키워야 하는지 배우기 위해 정보의 세계를 헤맸다. 아이가 태어나기 전에 이런 것들을 '미리' 공부하지 못한 '나쁜' 엄마라고 자책하면서.

어느 정도 시간이 지나고 엄마라는 역할에 적응해 가면서 마음의 여유가 생겼지만, 그럼에도 불구하고 '좋은' 엄마가 되기 위해 알고 행해야 할 것들에 대한 끝없는 지식과 정보는 나를 압박했다. 시시각각 바뀌는 아이에게 맞춰, 아이가 시기별로 보이는 행동들에 대해, 새로 먹여야 할 것들에 대해, 초보 엄마를 도와주는 육아 상식과 '국민 아이템'에 대해, 훈육의 시기와 구체적인 방법에 대해, 엄마로서 배워야 할 것들은 끝이 없었다. 이렇게 아이를 키우는 방법을 체득해 가는 과정을 '공부'라고 느끼고 또 '공부'를 통해 해결하려고 한 것은 공부만 하면서 살아온 엄마로서의 직업병이었을지도 모른다. 하지만 '공부하는' 엄마가 나 혼자인 건 아니어서 육아 관련 인터넷 커뮤니티에서 나와 비슷한 엄마들을 어렵지 않게 만날 수 있었다. 나와 이들 엄마들은 육아라는 실전에 임하는 가운데 아이 양육과 관련된 온갖 지식과 정보에 붙잡혀 있었다. 이런 지식과 정보는 어디에서 어떻게 만들어지는 걸까? 어떻게 나에게 닿는 걸까? 아동 발달에 관한 과학적 지식과 인터넷에 도는 이야기에는 어떤 차이가 있을

159

까? 나는, 우리는 왜 이렇게 열심히 공부하고 있는 걸까? 이게 정말 나를 위한 것일까? 무엇보다도 이게 정말 아이를 위한 것이기는 할까? 이렇게 육아를 책과 인터넷으로 배워 가며 생겨난 질문들과 고민들 때문에 나의 연구 주제는 자연히 아동에 관한 과학 지식과 각종 정보, 그리고 그것들이 만들어내는 엄마들의 일상으로 초점이 맞춰지고 있었다.

한편으로는, 엄마 노릇과 함께 박사 연구와 강의 등을 병행해야 했는데, 이 과정에서 생겨난 엄마로서의 고민은 모–아 애착 이론과 발달심리학의 역사에 대한 관심으로 이어졌다. 대학원 생활을 다시 시작하면서 '내 공부'에 할애하는 시간이 늘어갈수록 엄마로서 '아이에게' 쏟아야 할 시간과 노력을 온전히 쏟아붓지 못하고 있다는 죄책감이 들었다. 연구나 강의가 많아서 늦게 집에 돌아온 날에는 아이에게 한층 미안했고, 그럴 때면 아이가 잠든 뒤 모–아 관계나 애착에 대해 찾아보곤 했다. 아이가 생애 초기에 양육자와 맺는 관계와 애착 행동에 관한 그간의 과학 연구들을 살펴보다가 자폐스펙트럼장애라는 발달장애에 대해서도 알게 되었다.

자폐증[2]이라는 단어는 가끔 들어봤지만 나에게 전혀 와닿지 않았던 용어였는데, 임신을 한 뒤부터 어떤 '효력'을 발휘하기 시작했다. 한번은 임산부가 타이레놀을

복용하면 아동이 자폐증을 지니게 될 위험이 높아진다는 연구 결과를 뉴스로 보고는 그것도 모르고 타이레놀을 먹은 나를 자책했다. 또 한번은 임신 중 미세먼지에 노출되는 정도와 아동이 자폐증을 지닐 확률 사이의 상관관계가 보고되었다는 뉴스를 봤는데, 이후 미세먼지가 심한 날에는 태중 아기의 건강을 위해 외출을 하지 않았다. 아이가 태어난 뒤에 자폐증은 더 자주, 더 의미심장한 단어로 다가왔다. 육아 베스트셀러를 읽으면서, 또 육아 관련 인터넷 커뮤니티의 여러 글들을 보면서, 일정 월령에 눈맞춤이나 사회적 미소 등이 나타나지 않으면 자폐증을 포함하는 몇몇 발달장애를 의심해야 한다는 점을 알게 되었다. 처음으로 엄마가 되어 아이라는 새로운 존재와 일상을 함께하는 나에게, 자폐증을 비롯한 여러 종류의 발달장애는 무엇인지 잘 알지도 못하면서 무조건 피해야 하는 것, 그러기 위해 계속해서 우려해야 하는 어떤 것이었다.

2 자폐증은 다양한 용어로 불린다. 현재 의학적 범주로는 '자폐스펙트럼장애autism spectrum disorder, ASD' 또는 'ASD'라는 영문 줄임말이 주로 사용되며, 특수교육이나 장애인 관련 법령에서는 '자폐성 장애'라는 용어가 더 빈번히 사용된다. 대중적으로는 '자폐스펙트럼장애'나 그것의 줄임말인 '자스', '자폐' 등이 사용되지만, '자폐'라는 표현에 대한 거부감 때문에 직접적인 언급을 생략하는 경우가 많다. 이 글에서는 자폐 과학의 자폐증과 의

결국 일반적인 육아와 관련된 정보에서 시작하여 애착과 발달장애에 대해 '공부'하느라 애썼던 엄마로서의 경험은 그간 크게 관심을 둔 적 없었던 자폐증이라는 것을 둘러싼 과학적, 일상적 실행들을 돌아보게 만들었다. 초보 엄마로서 나 역시 아이를 잘 키우기 위해 이러저러한 '공부'를 했지만, 만약 자녀를 돌보기 위해 훨씬 강도 높은 배움이 필요하다면 어떨까? 아이에게 어떤 문제가 있으면 보호자인 부모는 그 문제를 이해하고 해결하기 위해서 많은 것을 익히고 실천해야 한다. 예컨대, 아이가 아프면 부모는 그 병에 관해 찾아보고 그에 맞춰 약을 먹이고 치료법을 쓰고 다 나을 때까지 정성껏 돌보기 마련이다. 아이의 아픔이나 문제가 내가 겪어본 것일 때, 예를 들어 감기라든지 무릎이 까진 것이라면 특별한 배움이 필요하지 않다. 며칠 잘 먹고 잘 자면 낫는다는 것도 알고, 먹어야 할 약이나 발라야 할 연고도 대충 알고 있다. 하지만 내가 잘 모르는 문제일수록 그에 대해 의사나

___

사들의 자폐증, 그리고 엄마들의 자폐증을 공평하게 다루기 위해 의학적 명칭 대신 일상적 표현에 가까운 '자폐증'을 택해 부르기로 했다. 하지만 상당수의 현지인이 꺼려 하는 '자폐'라는 표현이 들어갔다는 점에서 여전히 아쉬움이 있으며, 이 글에 기록한 다양한 자폐증에 대한 이야기들이 그러한 아쉬움을 희석시킬 수 있길 바란다.

전문가, 경험자로부터 조언을 구하며 배워야 하고 시행착오를 겪으며 해결해야 한다. 그런데 이런 문제들 중에 생소하면서도 잘 끝나지 않는 문제도 있는데, 자폐증을 비롯한 발달장애가 그렇다. 아이가 아주 어린 시기에는 미묘한 증상으로 시작되어, 아이가 커갈수록 새롭게 생겨나는 문제들에 대처해야 한다. 일반 아동과는 '다른' 자녀에 대해 알기 위해, 그 다름을 이해하고 인정하고 그에 개입하기 위해, 부모는 상당히 오랫동안 인터넷을 검색하고 책을 찾아 읽고 병원에 가고 치료실을 방문하고 그 과정에서 배운 것들로 아이와의 일상을 꾸리게 된다. 나는 자녀에 대해, 자녀와 자신의 관계 맺음에 대해 긴 시간과 노력을 들여 배워 가는 엄마들의 여정이 궁금하기 시작했다.

막상 자폐증의 세계에 발을 들이고 나니 도처에서 '공부하는 엄마들'을 만날 수 있었다. 우리 사회에서 아이를 돌보는 주 양육자의 역할은 주로 엄마가 주축이 되는 경우가 많아서, 내가 연구 과정에서 만난 아이의 보호자는 거의 모두 엄마였다. 자신의 아이에 대해, 또 발달장애에 대해 이들의 공부는 끝이 없었다. 자폐증이라는 생소한 장애의 증상과 특징에 관해 공부하고, 다양한 치료 방법과 양육 방식을 공부하고, 또 그에 맞춰 아이의 모든 행동을 점검하고, 하루 종일 아이와 눈을 맞추려고 노력하고, 아이의 발달에 도움이 된다는 온갖 '과학적', '비과학적' 방법을 시도해보는 엄마들. 아이가 어릴 때는 '엄마표' 치료를 만들어 시간이 날 때마다 실천하고, 어느 정도의 월령이 되면 발달장애 치료 기관을 전전하며 아이의 치료와 훈련에 전념하는 엄마들. 이들이 자녀를 '잘' 키우기 위해 하고 있는 모든 일이 나의 경험을 넘어서는 것들이었음에도 불구하고, 이상하게도 너무나 공감이 갔다. 지금 돌이켜보면 내가 아이를 키우는 것에 대한 공부를 집중적으로 했던 1~2년 남짓의 한정된 경험에 비추어 다른 이들의 삶을 성급하게 재단했다는 생각이 들긴 하지만, 당시 나로서는 이들 엄마들이 하는 공부나 양육이 내가 해야 했던 것들과 크게 다르지 않아 보였다. 소위 '집중적인 어머니 노릇'이라고 불릴 수 있는, 자녀를 양육하는 데 내가 가진 자원과 시간을 최대한 쏟음으로써 '좋은' 엄마가 되려고 노력하던 내 모습을 발견했던 것이다. 이들 엄마들의 일상에 주목하는 것은 우리 사회에서 점점 중요한 문제로 부상하고 있는 자폐증이라는 장애를 과학기술학적으로 이해하는 방편이기도 했지만, 한편으로는 나 자신에게도 상당히 생소했던 엄마로서의 나의 일상을 이해하기 위한 것이기도 했다.

자녀의 발달장애를 완화하고 발달 속도를 끌어올리기 위해 노력하는 엄마들의 다양한 행위를 살피는 가운데, 내가 주목한 점은 우리 사회에 엄마들의 이와 같은 실천에 대해 상반된 평가가 공존한다는 것이었다. 예를 들어, 두 돌이 되기 전부터 아이의 발달장애를 알아채고 그야말로 조기 개입을 시작한 엄마는 전문가들과 발달장애를 지닌 아동을 키우는 대다수의 엄마들에게 아주 모범적인 주 양육자로 평가되었지만, 그 엄마의 부모 세대나 어린이집 선생님에게는 아이의 이모저모를 지나치게 문제시하는 불안한 엄마로 치부되었다. 또한 자녀의 발달장애를 처음 의심한 엄마에게 발달장애 관련 커뮤니티의 엄마들은 제대로 관찰했다며 바로 전문가를 찾아가 장애 여부를 진단해볼 것을 권했지만, 맘카페의 다른 엄마들은 아이마다 그만의 발달 속도가 있다며 자녀의 있는 그대로의 모습을 사랑하면서 기다려주는 엄마가 되라고 종용했다. 아침부터 저녁까지 아이를 데리고 각종 치료 수업을 전전하는 엄마가 어떤 엄마들에게는 전문가의 말대로 집중적인 치료에 전념하는 롤모델로 부러움을 샀지만, 또 다른 사람들에게는 치료에 지나치게 욕심내는 바람에 정작 엄마나 아내로서의 역할을 균형 있게 하지 못하는 사람으로 비판받았다. 전체적으로 이들 엄마들의 온갖 노력과 열정은 마땅히 해야 할 것으로 강조되면서도 한편에서는 지푸라기라도 잡는 헛된 희망으로 해석되거나 지나친 욕심이나 기대, 집착으로 치부되곤 했다. 나는 나와 엄마들이 맞닥뜨린 양육의 세계에 대해, 엄마로서 배워야 할 것들과 해야 할 일들에 대해, 지식과 정보를 매개로 나와 이들 엄마들이 만들어 가는 모–아 관계에 대해 더 잘 해명해보고 싶었다.

한 아이를 키우는 엄마로서 자폐증을 지닌 아동의 엄마들을 따라다니는 연구를 하는 것은 분명히 유리한 점도 있었지만 넘어야 할 산이 많았다. 몇몇 동료 연구자들은 걱정을 내비치기도 했는데, 내가 엄마이기 때문에 다른 엄마들의 생각과 행동을 잘 이해할 수 있겠지만, 그만큼 '연구 대상'인 엄마들과 필요한 만큼의 '거리두기'를 제대로 할 수 있을지 의문이라는 것이었다. 또 연구자로서의 정체성이 엄마로서의 내 생활의 균형을 깨트릴 수도 있었다. 내가 연구자로서의 정체성과 엄마라는 정체성을 상황에 맞게 분리하고 바꿔 가며 연출할 수 있을까? 이러한 우려대로, 한참 발달장애 관련 인터넷 커뮤니티를 들락거릴 때에는 엄마들의 근심에 지나치게 공감한 나머지 때로는 하루종일 우울했고, 어떤 때에는 내 아이와 놀 때에도 발달의 문제에 집착하게 되었다. 반대로, 엄마들이 참여한 인터뷰에 나가서는 너무나 '연구자'이고 싶은 나머지, 나도 아이를 키우는 엄마라는 것을 의도적으로 숨긴 적도 있다. 여기에 더해, 연구가 진척될수록 나를 더 괴롭힌 문제는 내가 이들 엄마들이나 자폐증이라는 대상과 '지나치게' 거리를 두고 있지 않은가 하는 스스로의 의구심이었다. 내가 충분히 자폐증을 지닌 아동들이나 그들을 돌보는 엄마들'을 위한' 연구를 하고 있는가? 내가 자폐증으로부터, 자폐증을 지닌 아동이나 그의 엄마로부터 너무 멀리 떨어져 있는 것은 아닌가? 이런 의문들이 나를 자주 괴롭혔고 때로는 나의 연구뿐 아니라 나의 일상도 변화시켰다. 관심도 없었던 장애인의 삶과 인권 문제에 조금씩 귀기울이게 되고, 이는 다시 나의 연구 방향에 영향을 미쳤다. 박사학위를 받고도 아직 연구 방법에 대한 의문점을 완전히 해결하지는 못했지만, 적어도 거리두기의 문제가 나의 의지나 잘 짜여진 연구 계획보다는 내 몸(그리고 그에 딸린 마음)을 여기저기에 위치시키는 실천들을 통해서만 풀리기 시작한다는 점은 확신할 수 있다.

자폐증을 알아 가기: 자폐 과학의 자폐증

연구를 시작하기 전에 나는 어디쯤에 있었나? 내가 자폐증에 관해 아예 몰랐던 것은 아니다. 더스틴 호프먼이 열연한 <레인맨>이나 2000년대 중반에 우리나라에서 흥행했던 <말아톤> 등의 영화를 통해 자폐증의 개념과 증상에 대해 알고 있었고, 임신 중이던 2014년에는 몇 번의 산전 검사를 거치며 몇몇 질병과 장애의 명칭을 알게 되었고, 그중 자폐증이 상당히 심각한 장애라는 점도 알게 되었다. 하지만 이 시기 내게 자폐증은 나와 내 아이와는 상관없는, 타인의 안타까운 사연이었을 뿐이다.

그런데 아이를 낳아 키우는 가운데 자폐증을 비롯한 다양한 발달장애에 관한 정보를 더욱 자주 접하고 결국 연구 소재로 삼게 되면서 내 눈이 점점 트이기 시작했다. 우선, 자폐증에 관한 정보를 '나의 문제'로 처음 접한 시점은 출산 전부터 가입해서 활동하던 맘카페에서 어떤 게시글을 읽는 순간이었다. 당시 나의 고민은 워킹맘인 내가 아이와의 관계를 잘 만들어 가고 있는지, 어떻게 하면 하루의 대부분을 아이와 떨어져 지내면서도 아이에게 정서적인 안정감을 줄 수 있는지에 집중되어 있었고, 그래서 처음에는 주로 '애착'이라는 키워드로 맘카페의 게시글들을 찾아 읽었다. 안정 애착과 불안정 애착, 반응성 애착장애 등 일반인들은 잘 쓰지도 않는 전문 용어들에 익숙해질 무렵, 나와 비슷한 고민을 하는 한 맘카페 회원이 쓴 게시글의 댓글에서 자폐증이라는 발달장애의 증상이 모–아 사이에 정서적 유대가 잘 맺어지지 않았을 때 아이가 보이는 모습과 유사하다는 설명을 보게 되었다. 아이가 엄마를 반기지 않거나, 엄마의 시선을 피한다거

168

나, 엄마가 이름을 불러도 반응이 없는 등, 아이가 일상적으로 보이는 행동들이 생물학적인 질병의 징후일 수 있다는 것이다. 심장이 쿵 내려앉았다. 나와 아이의 불안정한 관계가 서로 노력하면 자연스럽게 해결되는 인간관계의 문제가 아니라 그보다 훨씬 근본적이고 영구적인 문제일 수도 있다는 깨달음은 한동안 나의 마음을 무겁게 했다. 이날 이후로 몇 주 동안 자폐증을 키워드로 검색하면서 단순히 몇 가지 행동만으로 자폐증이 진단되는 것은 아니라는 점을 깨닫고는 안도했지만, 한편으로는 그 과정에서 알게 된 엄마들의 고민과 일상은 계속해서 나의 마음 어딘가를 자극했다.

      자폐증을 연구 대상으로 진지하게 고려하게 되었을 때, 먼저 인터넷 포털 사이트에서 자폐증과 관련된 용어들을 넣어 검색해보았다. '자폐증'이라는 단어를 검색창에 넣으니, 국내 대학병원이나 의학정보 제공 사이트에서 제공하는 개괄적인 설명들이 제일 위에 제시되었다. 각각의 사이트에서 자폐증에 대해 내놓은 기본적인 정보가 병렬적으로 나타났는데, 예컨대 '다른 사람과 상호관계가 형성되지 않고 정서적인 유대감도 일어나지 않는 아동기 증후군'과 같은 간단한 정의가 적혀 있었다. 그중 한 사이트를 골라 클릭하니, 자폐증에 대한 간략한 정의에 이어서 자폐증의 역사, 주요 증상, 주요 원인, 진단 방법, 치료의 종류 등이 나열된 화면이 열렸다. '환자들이 자주 하는 질문'과 같은 코너를 통해서 자폐증에 대한 오해나 잘못된 상식에 대한 설명도 접할 수 있었다. 예컨대, 자폐증이라는 장애는 부모가 아이를 잘못 키워서 생기는 것이 아니라 선천적으로 타고나는 생물학적 뇌의 결함으로 발생하는 것이라는 설명이나, 이러한 장애는 완전히 치료하기는 어려우며 지속적인 교육과 훈련을 통해 증상을 완화할 수 있을 뿐이라고 강조하는 내용 등이 담겨 있었다. 어떤 사이트에서는 자폐증이라는 단어가 '자신의 세계에 갇혀 지내는 것 같은 상태'를 의미한다거나 '자기를 폐쇄한 것'이라는 식의 해설도 볼 수 있었는데, 당시 자폐증에 대해 그저 상식적인 수준에서 이해하고 있었던 내가 보기에도 이상하고 부적절해 보이는 설명이었다.

　　나는 자폐증에 대해 '제대로' 알고 싶었고, 그래서 좀 더 '정제된' 설명을 찾아나섰다. 당시 나는 대학원에서 과학사를 배우며 현대과학의 '뿌리'를 이해하는 훈련을 받고 있었고, 또 과학적 사실들을 볼 때에도 전문가에 의해 생산된 지식의 원형과 유통되고 활용되면서 변형된 지식의 형태를 나누어보는 습관을 갖고 있었다. 자폐증의 '과학'을 찾아서 가장 먼저 뒤적인 것은 현대 정신의학 분야에서 통용되는 『정신장애의 진단 및 통계 편람Diagnostic and Statistical Manual of Mental Disorders』(이하 『DSM』)의 최신 개정

판으로, 미국정신의학협회에서 출판한 것이었다. 2013년 출판된 『DSM』 제5판에 따르면 자폐증의 공식적인 명칭은 '자폐스펙트럼장애'로, '사회적 의사소통 및 상호작용'과 '제한적이고 반복적인 행동과 흥미'라는 두 가지 증상 영역에서 결함을 보일 때 진단하는 신경발달장애로 정의할 수 있다. 이어서 각 증상 영역에서 나타나는 양상들이 정리되어 있고, 그러한 양상들이 일정 수준 이상 나타나면 자폐증으로 진단된다. 이러한 진단 기준은 개별 전문가가 진료실에서 자신 앞에 앉아 있는 사람이 보이는 수많은 행동과 특징 중 몇몇 특징적인 것들을 자폐증의 증상으로 판별할 수 있게 해주는 것으로, 각각의 전문가가 마주한 각각의 자폐증을 '동일한' 질병으로 진단할 수 있게 해주는 언어였다. 이러한 공통의 언어를 지닌 정신의학 전문가들에게 자폐증은 자명한 실체이다. 이렇게 보면 『DSM』의 자폐증 진단 기준은 개별 사람들에게서 다채롭게 나타나는 자폐증이라는 복잡한 상태를 명확하게 성문화한 자폐증의 '정수'라고 할 수 있지만, 그와 동시에 나 같은 정신의학 비전공자에게는 무슨 말인지 잘 이해되지 않는 암호 같은 단어의 나열이기도 했다.

　　자폐증에 대해 좀 더 알기 위해서 내가 택한 다음 단계는 정신의학이나 발달심리학, 소아과학, 특수교육학 등 자폐증을 다루는 전문 분야들의 전공서적이나 사전 등을 읽는 것이었다. 심리학이나 정신의학 분야의 서적에서 자폐증(자폐스펙트럼장애)은 '사회적 상호작용 장애, 언어적 의사소통 및 비언어적 의사소통 장애, 그리고 제한적이고 반복적인 행동을 증상으로 하는 신경발달장애'와 같이 정의되었고, 여기에 이어서 자폐증의 임상적인 특성들이 더욱 세밀하게 기술되어 있었다. 자폐증을 지닌 사람이 사회적 상호작용에서 어려움을 겪는다는 것이 실제로 무엇을 의미하는지, 또한 나이대별로 자폐증의 증상이 어떠한 행동과 특성으로 표출되는지가 정리되어 있었다. 예컨대, 『DSM』에서는 '눈맞춤의 이상'이라는 하나의 어구였던 것이 더 풀어서 쓰여 있었는데, 눈맞춤은 사회적 상호작용에 사용되는 대표적인 비언어적 의사소통 행동으로, 이러한 행위의 결핍이 자폐증의 대표적인 증상이라는 것이다. 이러한 증상이 영유아기에는 다른 사람들의 눈을 쳐다보지 않는 것으로 나타난다면, 연령이 좀 더 높아지면 너무 빤히 쳐다보는 등 부자연스러운 눈맞춤으로 나타나기도 한다. 또한 자폐증을 지닌 사람들은 다른 사람들과 발달 연령에 맞는 적절한 관계를 형성하고 유지하지 못하는 특징을 보이는데, 이러한 증상이 영유아기에는 또래 아동에 대한 관심과 반응이 부족한 것으로 나타난다면, 4~5세에서는 서로 협동이 필요한 역할놀이나 상상놀이를 하지 못하는 것으로, 청소년이나 성인이 되어서는 대인관계가 피상적인 차원에 그치는 것으로 표출된다. 발달심리학이나 정신의학 분야에서 출판된 교과서들에 제시된 자폐증의 정의와 증상에 대한 설명은 당시의 나에게 인터넷 검색에서 얻은 정보보다는 좀 더 믿을 만하다고 여겨졌다. 이러한 정의가 『DSM』을 위시한 현대 정신의학의 질병 분류 체계가 추구하는 분류와 묘사 방식을 벗어나지 않았다는 점에서, '아동기'나 '자기를 폐쇄한 것' 등 지금은 자폐증에 관한 주요한 오해라고 알려진 표현들이 포함되어 있지 않다는 점에서 당시 내게 '안전한' 지식이었다.

또한 나는 몇몇 전공 서적을 통해서 진단 편람에서는 얻을 수 없는 자폐증에 관한 최신 정보를 접할 수 있었다. 특히 자폐증의 진단 기준과 발병률, 신경과학 분야의 연구 내용들은 해당 서적이 언제 출판된 것인지에 따라서 담겨 있는 내용이 판이하게 달라졌다. 최신판 책일수록 개정된 진단 편람의 자폐증 기준과 새로 개발된 진단 도구들이 제시되어 있고, 인구수 대비 환자의 수도 훨씬 높게 추정된다. 2012년에 출판된 한 서적에 따르면 자폐증은 인구 1000명당 1~2명 발병하는 질병이었지만, 2015년의 또 다른 책에 따르면 자폐증은 1000명당 13.1명에게서 나타난다고 알려져 있다. 또한 자폐증에 관한 신경과학적 연구들은 시시각각 새로운 성과를 내놓고 있었고, 정신의학 교과서에서 자폐증은 점점 더 유전자와 뇌의 구조, 신경화학물질 등을 중심으로 기술되고 있었다. 자폐 과학autism sciences이라고 통칭할 수 있는 분야의 지식은 계속해서 업데이트되고 있었고, 자폐증의 개념은 물론 자폐증이라는 이름표가 붙은 인구 집단도 계속해서 새롭게 만들어지고 있었다.

현재 자폐증에 대해 알려져 있는 '과학적' 사실들을 어느 정도 파악한 뒤에, 나는 이러한 사실들이 언제, 어디서, 누구에 의해 '만들어졌는지' 살펴보기 위해 자폐증이라는 질병이 처음 등장한 시점으로 거슬러 올라갔다. 자폐증에 관한 역사적 연구들에 따르면, 자폐증은 1940년대 중반에 서구 사회에서 처음으로 하나의 질병으로 간주되기 시작했다. 미국 존스홉킨스 대학교에서 활동하던 오스트리아 출신의 정신과 의사 레오 캐너Leo Kanner는 1940년대 초반 자신의 진료실에 찾아온 8명의 소년과 3명의 소녀가 유사하게 나타내는 특징들이 당시 알려진 다른 정신질환과는 구분되는 새로운 증후군이라고 확신했다. 캐너가 이 11명의 아동에게서 공통적으로 읽어낸 특징은 '생애의 매우 초기부터 외부 세상에서 온 어느 것에도 반응하지 않는 극단적인 고립'이었고, 캐너는 이를 '사람들과 상황들에 평범한 방식으로 스스로 관계 맺지 못하는 아동의 무능력'이라고 표현하며 일종의 정서적 장애로 개념화했다. 1943년 출판된 논문에서 캐너는 이를 '조기 유아 자폐증early infantile autism'이라고 지칭했다. 자폐증이라는 캐너의 명칭과 그것이 의미하는 바가 한순간에 당대 정신의학자들에게 받아들여진 것은 아니지만, 이때부터 자폐증이라는 용어로 특정한 증상들의 묶음을 지칭하는 학자들이 늘어났고, 이를 통해 설명되고 관리되는 아이들이 생겨났다. 이후 수십 년에 걸쳐 정신의학 전문가들 사이에서 캐너의 자폐증 개념에 대한 논쟁과 후속 연구들이 이루어지고, 이 가운데 자폐증의 주요 증상들은 점점 더 분명하게 정의되고 그것을 성문화한 진단 도구나 다양한 시험 방식들이 활발히 개발되었다. 이렇게 보면, 우리가 지금 보고 느끼고 우려하고 관리하는 자폐증은 지난 수십 년에 걸쳐 '만들어진' 것이라고 할 수 있다.

그럼 자폐증은 20세기 하반기에 그 이름과 정의가 만들어지기 전에는 없었던 것일까? 자폐증이 하나의 독립된 질환으로 '발명'되기 이전에 '자폐적autistic'이라는 단어는 지금의 조현병에 해당하는 질병을 지닌 사람에게서 나타나는 인간관계 철회의 증상을 가리키는 용어였다. 또한 자폐증이라는 명칭을 중심으로 어떤 증상이나 행동을 공통적으로 보이는 사람을 분류하거나 이해하거나 관리할 수 없었으므로, '자폐증을 지닌 사람'도 존재하지 않았다. 즉 이때 자폐증이라는 용어는 질병의 명칭이 아니었을 뿐더러 그것이 지칭할 실체로서의 질병도 없었던 것이다.

이 때문에 많은 연구자들은 자폐증이라는 진단명이 출현하고 자폐증의 정의와 진단 기준이 개정되는 과정에 주목하여 미국과 영국 등지에서 자폐증 인구가 폭발적으로 증가해 온 역사를 탐구해 왔다. 나는 이러한 연구들을 읽으며, 수십 년 전에는 존재하지도 않았던 장애가 몇몇 국가를 선두로 흔한 장애가 되어 가는 과정을 이해할 수 있었다. 자폐증은 1980년에 출판된 『DSM』 제3판에 '전반적 발달 장애pervasive developmental disorder'라는 명칭으로 처음으로 독립적인 질환이 된다. 그 이래로 자폐증의 범주와 진단 기준은 크고 작은 개정을 거쳤고, 그에 맞추어 다양한 진단 기법들과 전문가 집단들이 등장했다. 또한 미국이나 영국 사회에서는 자폐증이 장애인 교육법에 특수교육을 받을 수 있는 범주로 추가되거나 관련 보험 제도가 변화하는 등, 다른 장애에 비해서 자폐증의 진단을 북돋는 방향으로 정책과 제도가 마련되었다. 거기에 더해 전문가뿐 아니라 일반인 사이에서도 아동의 건강과 교육 문제에 대한 관심이 높아지면서 자폐증과 같은 발달장애에 점점 더 많은 사람들이 관심을 갖게 되었다. 이렇게 여러 가지 조건들이 얽히면서, 자폐증은 더욱 눈에 띄고 더 많은 사람들이 지니게 되는 장애가 되었다는 것이다.

그렇다면, 내가 살고 있는 한국 사회에서 자폐증은 누구에 의해, 언제, 어디서, 어떻게 생겨나고 있을까? 이것이 본격적으로 연구를 시작하면서 내가 품은 질문이었다. 시차가 있긴 하지만 분명히 우리 사회에서도 자폐증은 2000년대 중반 이후로 급격히 증가하고 있었다. 우리나라에서 이루어진 역학 연구들이 이를 잘 보여주는데, 1999년에 발표된 한국의 자폐증 유병률 연구에서 자폐증은 1만 명당 9.2명이 지니는 장애였지만, 2011년에 발표된 연구에서는 경기도 일산 지역의 초등학생 전수조사에 기반하여 무려 2.64퍼센트가 자폐증을 지닐 것이라는 예측을 내놓았다.[3] 이러한 연구 결과에 따르면, 불과 십수년 만에 한국에서 자폐증이라는 장애의 진단율은 수

—— 3 대표적으로 다음과 같은 연구들이 있다. Eyal, G. (2010). *The autism metrix : The social origins of the autism epidemic*. Polity; Grinker, R.R. (2007). *Unstrange minds: Remapping the world of autism*. Basic Books; Nadesan, M.H. (2005). *Constructing autism: Unravelling the 'truth' and understanding the social*. Psychology Press; Silberman, S. (2015). *Neurotribes: The legacy of autism and the future of neurodiversity*. Penguin; Silverman, C. (2012). *Understanding autism: Parents, doctors, and the history of a disorder*. Princeton University Press.

177

십 배나 늘어났다고 볼 수 있다. 이러한 급격한 증가에 대한 설득력 있는 설명은 자폐증이라는 질병 자체가 그만큼 늘어난 것이라기보다는, 자폐증에 대한 인식이 그만큼 높아져 자폐증이 자폐증으로 진단될 수 있는 상태가 되었다는 것이다. 실제로 많은 연구자들은 자폐증의 발병 자체가 늘어났다기보다는 자폐증을 아는 사람들이 늘어났기 때문에 자폐증의 진단이 증가했다고 보고 있다. 이러한 견지에서 본다면, 한국 사회는 '아직 발견되지 않은' 자폐증이 곳곳에 숨어 있는 현장이 된다.[4]

더군다나 한국에서 자폐증은 다른 국가들과 비교할 때 훨씬 짧은 기간에 걸쳐 더욱 활발히 발굴되고 있다고 보였고, 이는 곧 자폐증에 대한 집단적인 감각이 격렬히 함양되고 있음을 의미했다. 앞서 소개한 2011년의 역학 연구가 그와 같은 상황을 잘 보여줬는데, 이 연구에서 주목할 만한 사실은 연구 과정에서 북미의 의사와 한국의 의사로부터 자폐증 진단을 받은 아이들 중 3분의 2는 그간 자폐증과 관련한 진단이나 치료를 받았던 이력이

4   Kim, Y.S., Leventhal, B.L., Koh, Y.-J., Fombonne, E., Laska, E., Lim, E.-C., Cheon, K.-A., Kim, S.-J., Kim, Y.-K., Lee, H. (2011). "Prevalence of autism spectrum disorders in a total population sample". *American Journal of Psychiatry*, 168(9), 904-912.

없이 일반 초등학교에 다니고 있었다는 점이다. 이는 2000년대 중반까지 우리 사회에서 자폐증을 '볼 수 있는' 사람이 그만큼 적었다는 사실, 그리고 이러한 역학 연구를 계기로 많은 사람들이 자폐증에 새롭게 연루되었다는 사실을 반영한다. 이러한 역학 연구 외에도 자폐증을 볼 수 있는 '눈'은 여러 경로로, 다양한 수준에서 생성되고 있었는데, 정신의학이나 아동 발달 관련 분야의 연구들이나 임상 현장에서 진단 전문가가 키워지고 있었다면, 한편에서는 아이들을 키우고 가르치는 부모와 교사 역시 자폐증이라는 장애에 새롭게 눈 뜨고 있었다. 이들의 감각이 역동적으로 함양되는 만큼 더 많은 아이들이 자폐증이라는 이름표를 달고 살아가게 되었고, 그만큼 한국에서 자폐증은 격렬하게 '만들어지고 있는 질병'이었다.

자폐증을 문제 삼기: 나의 현장을 찾아서

우리 사회 곳곳에서 생겨나는 자폐증을 보고 느끼고 이해하기 위해 나는 어디로 가서 무엇을 봐야 할까? 일반적인 인류학 연구들이 시작되고 진행되는 과정을 보면, 연구 질문은 바뀔지언정 연구 지역은 처음에 정해진 반경을 크게 벗어나지 않는 경향이 있다. 물론 하나의 연구 주제를 지향하면서도 연구가 진행될수록 연구자의 생각은 계속해서 변화하고, 연구 질문들은 점점 정교해지거나 때로는 크게 바뀌기도 한다. 이렇게 연구자가 맺는 관계들이 복잡해지고 그의 '사회'가 사방으로 펼쳐지는 동안에도 연구자가 머무는 물리적인 장소는 대체로 한정된다. 예컨대, 어느 마을이나 하나의 실험실 또는 어느 병원의 진료실 등 연구자는 그가 몸 담고 있는 한정된 공간에서 닿을 수 있는 사람들 그리고 사물들과 관계를 맺으며 일정 기간을 살아가게 된다. 대다수의 인류학 연구들이 특정한 인간 집단에서 공유되는 문화 현상을 이해하는 것을 목표로 하기 때문에 기저에 흐르는 문화를 관찰할 수 있는 특정한 현지를 중심으로 연구하는 것은 적확한 방법이었다.

그러나 내 연구에는 이렇게 나의 반경을 사방으로 제한해주는 동서남북이라는 얼개가 없었다. 나에게도 정해진 연구 질문과 연구 주제가 있었지만, 그것이 하나의 '현지'를 특정해주지 않았다. 현재의 자폐증을 이해하기 위해 가야 할 곳은 하나가 아니라 여럿이었는데, 우선 일상적인 치료와 양육이 이루어지는 가정이나 치료실을 찾아가서 참관하는 것이 선택지가 될 수 있었다. 하지만 자폐증은 훨씬 더 많은 현장들과 연결되어 있었다. 예컨대 자폐증에 관한 사실이나 이론, 도구 들이 생산되는 연구실이나 그것들이 적용되는 병원 진료실, 치료 센터도 중요한 현지였다. 또한, 자폐증에 관한 최신 이론과 기법이 논의되는 학회장이나 새로 개발된 치료법이 시연되는 워크숍의 현장, 자폐증과 관련된 서적이 유통되는 도서관이나 온라인 학술지, 그러한 이야기들이 저장되고 새롭게 재구성되는 인터넷 커뮤니티의 게시판도 내가 방문하면 좋을 곳들이었다.

이렇게 자폐증과 연관된 현장은 수도 없이 많았지만, 내가 갈 수 있는 곳은 매우 제한적이었다. 우선, 병원이나 치료실, 가정이라는 공간은 아주 공을 들이지 않으면 애초에 참관을 허락받기가 어려웠다. 우리나라에서 자폐증은 상당한 낙인이 붙은 질병으로, 특히 자폐증 진단을 받은 아동은 물론, 아직 진단이 확정되지 않은 어린 아이의 경우 가까운 지인이나 친지에게도 굳이 자녀의 발달 문제에 관해 언급하지 않는 경우가 많았다. 우리나라의 엄마들은 적어도 자폐증이나 관련 발달장애에 있어서, 아이의 상태를 진단하고 치료하기 위해 꼭 필요한 경우가 아니면 아이의 상태에 대해 이야기하기를 꺼리는 경향이 있다. 이러한 분위기를 고려하여, 나는 병원 진료실이나 치료실을 참관하거나 가정에서의 일상을 관찰하는 등 자폐증을 지닌 아동을 직접적으로 대면하는 방식의 연구 방법은 되도록이면 피하게 되었다. 대신 자폐증에 관한 최신 논문과 교과서 들을 읽고, 한편으로는 의사나 치료사를 인터뷰하면서 자폐증이 무엇인지, 또 어떻게 진단하고 치료하는지에 대해 이야기를 들었다. 이와 병행하여, 자폐증을 다루는 학회들과 모두에게 공개된 교육이나 세미나에 참석하는 한편, 참여관찰이 허용되는 발달장애 관련 온라인 커뮤니티의 게시글을 통해서 발달장애를 지닌 자녀를 둔 엄마들의 일상과 경험, 생각 등을 살펴보았다. 즉 나는 현지에 가서 내가 직접 자폐증을 보기보다는, 다양한 상황 속에서 자폐증을 일상적으로 다루고 있는 사람들이 '허락하는 한도 내에서' 그들의 목소리를 통해 자폐증을 '들어보는' 연구 방법을 택한 셈이다.

연구 초기에 나에게 가장 중요한 현장은 자폐증에 관한 과학 지식이 형성되고 확산하는 곳들이었다. 캐너의 '조기 유아 자폐증'부터 『DSM』의 진단 기준, 소아과학의 교과서와 유전학 및 역학의 최신 연구 성과들까지 '자폐 과학'을 열심히 파고들고 나니 내가 당장 만나야 할 사람은 우리나라에서 자폐증 진단의 권위자로 손꼽히는 몇몇 의사들이었다. 이들이야말로 그간 '숨겨져 있었던' 자폐증을 '제대로' 포착하여 자폐증이라고 명명해주는 사람들로 보였고, 이들의 진료실은 그야말로 '자폐증이 탄생하는 곳'처럼 보였다. 자폐증은 CT나 피 검사, 유전자 검사 등과 같은 도구로 판별할 수 있는 것이 아니며, 현재는 진단 전문가의 임상 평가에 의존하여 진단된다. 이 의사들로부터 어떤 사람이 자폐증이라고 진단되면, 그때부터 그 사람이 보이는 여러 행동과 특징은 모두 자폐증의 증상으로 해석될 것이며, 오랜 기간 자폐증 치료 기관을 찾아다니며 훈련을 받게 될 것이고, 어쩌면 평생 자폐증이라는 이름표를 지닌 채 세상을 살아가게 될 것이다. 실로 내가 만난 소아정신과 의사들은 그들의 진료실에서 자신의 눈과 입을 통해 자명한 의료적 실체로서 포착될 수 있는 자폐증에 대해 말해주었다. 또한 진료실은 의사들이 견지하는 자폐증에 대한 의학적 관점을 환자와 환자 가족에게 '교육'하는 현장이기도 한데, 의사는 자녀를 데려온 부모에게 어떤 행동이나 특성이 자폐증의 증상인지 설명하면서 자녀를 관찰하는 방식을 가르쳐준다. 자녀의 문제에 대해 모호한 느낌을 지니고 있었던 보호자는 이러한 의사의 설명을 들으며 점점 자폐증을 '볼 수 있게' 되는 것이다. 이러한 진료실 외에, 자폐증에 관한 최신 이론과 도구가 만들어지는 연구실이나 그러한 성과가 논의되는 학회장, 그러한 논의가 정리되어 있는 교과서나 대중 서적의 지면도 자폐증에 관한 현대 의학과 과학의 관점이 확산되고 있는 현지였다.

이처럼 자폐 과학의 자폐증을 따라가는 데 열중하던 와중에 만난 몇 가지 사건은 나의 현장을 바꾸는 계기가 되었다. 자폐증의 역사를 훑고 자폐증에 관한 최신 연구 성과들을 섭렵하고 소위 '자폐증 전문가'를 만나 자폐증이 무엇인지 한바탕 듣고 나니, 이러한 자폐증에 새롭게 '눈 뜨고' 있는 사람들, 특히 자폐증을 지닌 아동을 키우는 보호자들을 만나 보고 싶었다. 본격적으로 이들에 대한 인터뷰를 설계하고 모집하기에 앞서, 주변의 도움을 받아 자폐증을 지닌 자녀를 둔 엄마 한두 분을 먼저 만나보기로 했다. 나의 연구 주제와 내용을 알고 있었던 한 후배는 중증의 자폐증을 지닌 성인 당사자를 알고 있다며, 그분의 어머니를 만난다면 굉장히 많은 도움이 될 것이라고 장담했다. 그 어머니는 이미 십수년 동안 자녀의 자폐증을 치료하기 위해 온갖 노력을 하셨을 뿐 아니라 자폐증 당사자들의 인권 문제에도 관심이 있으므로 그간 우리나라에서 자폐증이 어떻게 관리되어 왔는지, 어떤 점이 문제인지 등에 대해 폭넓게 이야기를 나눌 수 있을 것이라고 했다. 그러면서 후배는 그분이 그간 자녀의 치료를 전담하느라 너무 바빠서 자신도 거의 만날 수 없었다며, 이제 자녀분이 성인이 되었으니 시간이 있을지도 모르겠다는 말을 덧붙였다. 떨리는 마음으로 그분께 만남을 청하는 메일을 보냈지만 완곡하게 거절하는 답장을 받았다.

실망스러웠지만 첫 인터뷰 기회가 사라지는 좌절

의 순간 알게 된 것도 있었다. 첫 번째는 우리나라에서 발달장애를 지닌 자녀를 키우는 엄마들이 굉장히 바쁘다는 사실이었다. 인터뷰를 거절하는 주요한 이유는 너무나 바빠서 마음의 여유가 없다는 것이었는데, 그만큼 한국에서는 자녀가 어릴 때는 물론 성인이 된 이후에도 주로 엄마가 자녀의 일상을 돌보느라 바쁘게 살고 있다는 것을 짐작할 수 있었다.

이보다 더 중요한 전환은 이 답장에서 깨달은 두 번째 사실에 있었다. 그분은 자신의 자녀가 '전형적인' 자폐증이 아니라서 '자폐증' 연구에 도움이 될지 확신할 수가 없다고 답해 왔다. 오랫동안 자녀의 발달 문제를 치료하는 데 힘써 왔으며 이미 법적으로 장애 등급을 받았는데도 불구하고 그간 관리해 온 것을 정말 '자폐증'이라고 할 수 있을지를 저어하는 엄마의 모습은 내 기획의 뿌리 어딘가를 뒤흔들었다. 이렇게 시작된 의구심은 이후 엄마들을 실제로 만나면서 더 확고해졌는데, 인터뷰에 흔쾌히 참여해 준 엄마들과의 대화에서도 이와 비슷한 상황을 계속해서 겪었기 때문이다. 어떤 엄마들은 자녀가 자폐증 진단을 받았는데도 자폐증이 맞는지 확신할 수가 없다고 했다. 또 다른 엄마들은 진료실을 방문하는 것을 미루거나 다른 장애 진단을 받은 채로도 자녀의 '자폐증'을 치료하기 위해 분투하고 있었다. 이 과정에서 분명하게 알게

자폐증과 자폐증을 공부하는 엄마들에 연루되다 ♡ 정하원

된 것은, 진료실 바깥에는 자폐스펙트럼장애라는 명칭과 그것의 개념이 지칭하는 충분히 전형적인 자폐증은 사실상 존재하지 않는다는 사실이었다. 의학적 용어와 진단 기준이 완전히 정의해주지 않는 자폐증'들'을 살펴보기 위해서는 자폐 과학의 역사나 최신 성과들의 더미를 헤집는 것은 그만두고, 자폐증을 일상적으로 돌보고 있는 사람들을 더 열심히 따라가볼 필요가 있었다.

자폐증 및 관련 발달장애를 지닌 자녀를 키우는 부모들이 활동하는 온라인 커뮤니티는 자폐증이 매일매일 어떻게 느껴지고 말해지고 관리되고 있는지를 이해하기 위해 내가 가장 먼저 가볼 수 있는 공간이었다. 일반 육아 관련 온라인 커뮤니티(일명 맘카페)에서도 자녀의 발달 문제에 관한 논의가 이루어지지만, 더욱 진지하고 깊은 논의는 발달장애와 관련된 몇몇 온라인 커뮤니티로 집중된다. 대표적으로 인터넷 포털 네이버 카페의 '아스퍼거 가족 모임방', '느린걸음', '거북맘 vs 토끼맘', 다음 카페의 '발달장애 정보나눔터' 등이 있으며, 대부분 2000년대에 발달장애가 있는 아동의 부모가 주축이 되어 만들어졌다. 여기서 부모들은 발달장애에 관한 정보와 자신의 경험을 공유하며, 자폐증을 비롯한 발달장애를 특정한 방식으로 보고 느끼고 다루는 방식들을 익혀 간다. 특히 자녀의 발달 문제를 알게 된 지 얼마 지나지 않은

'초보' 부모들은 직접 질문을 작성하기도 하고 '선배' 부모들의 시행착오와 조언이 담긴 게시글을 읽으며 발달장애에 대한 '감'을 갖게 된다. 그렇다면 이러한 온라인 커뮤니티를 구성하고 있는 텍스트는 자폐증을 돌보는 사람들의 생각과 실행을 안내하는 일종의 지침서라고 볼 수 있었다.

나 역시 초보 연구자이자 엄마로서 이러한 온라인 커뮤니티에 들어가는 것이 절실했지만, '연구자'라는 정체성을 지닌 채 발달장애 관련 온라인 커뮤니티에 가입하는 과정이 아주 쉽지만은 않았다. 이러한 커뮤니티들은 비슷한 문제를 겪고 있는 부모들 사이에 정보와 조언, 정서적 지지를 나누는 데 목적이 있다. 그렇기 때문에 가입 시 자녀의 성별, 나이, 발달장애 문제의 종류와 정도를 적어서 제출하면, 그것을 보고 운영위원이 가입 여부를 결정하는 경우가 많았다. 의사나 치료사, 또는 발달심리학 전공자 등과 같은 전문가를 따로 구분하여 회원으로 받는 커뮤니티도 있었지만, 내가 속할 수 있는 카테고리는 없었다. 한 커뮤니티에서는 내가 속한 과학기술학이라는 분야와 연구 주제를 설명하며 연구자 신분으로 가입하려고 담당자와 이야기했으나 가입을 허가할 수 없다는 답변을 받았다. 부모가 아닌 회원에 대해 거부감을 갖는 회원들이 있는데, 특히 사회학적 연구의 경우에는 관찰을 당하

자폐증과 자폐증을 공부하는 엄마들에 연루되다 ♥ 정하원

는 느낌이 들어서 더 싫어할 수 있다는 것이었다.

결국 몇몇 커뮤니티에서는 담당자로부터 회원으로 가입하여 활동해도 좋다는 허락을 받아 가입했지만, 혹시라도 나의 정체성이 드러나 불필요한 오해나 불쾌함을 일으키지 않도록 나는 게시글의 조회수를 높이는 것 외에는 아무것도 하지 않았다. 조용한 익명의 회원인 상태로도 매일매일 자폐증에 관한 정보를 자연스럽게, 또 집중적으로 얻을 수 있었다. 보통 아이를 재운 뒤에 그날 새로 올라온 게시글들을 읽곤 했는데, 아이가 아주 어릴 때부터 이 시간대에 맘카페에 들어가서 육아에 필요한 정보를 얻거나 다른 엄마들의 수다를 읽던 터였다. 맘카페 엄마들과 울고 웃고 양육에 필요한 온갖 정보를 공부하는 대신, 발달장애 커뮤니티 엄마들과 그렇게 한 셈이다.

온라인 커뮤니티의 게시글은 자폐증에 관한 또다른 '교과서'였다. 며칠 지나지 않아 자폐증의 주요 의심 증상과 같은 기초적인 정보부터 우리나라에서 자폐증을 가장 정확하게 진단한다고 소문난 의사와 병원에 이르기까지, 자폐증에 관한 온갖 사실과 정보를 전반적으로 얻을 수 있었다. 또한 온라인 커뮤니티를 통해서 좀 더 생생한 자폐증을 접할 수 있었다. 예컨대, 자녀의 독특한 행동이나 발달장애가 의심되는 증상을 열거하며 자폐증이 맞는지 함께 봐 달라고 '선배' 엄마들에게 부탁하는 게시글을 읽다 보면, 소아정신의학에서 이야기하는 '반복적인 행동'이라는 추상적인 어구는 '자동차 문을 하루 종일 열고 닫는 증상'으로, '사회적 상호작용의 결핍'은 '엘리베이터에서 다른 사람을 만나도 아무 관심이 없어요'로 번역되었다. 또한 유명한 진단 전문가를 만나고 온 '후기 글'을 읽다 보면, 각 의사별로 아이에게 어떤 질문을 하며 어떤 행동을 유심히 관찰하고 문제 삼는지 이해할 수 있었다. 온라인에서 만난 현지인들, 더 정확히 말하면 그들이 시시각각 남겨 놓은 텍스트 역시 소아정신의학 교과서와 마찬가지로 발달장애와 자폐증에 관한 나의 감각을 길러 주고 있었다.

한편으로는, 이러한 커뮤니티 '눈팅'만으로는 자연스럽게 습득할 수 없는 정보가 있다는 점도 깨닫게 되었다. 엄마들이 자녀의 자폐증을 처음 알게 되는 시기와 병원을 방문하는 전후의 경험에 대해서는 많은 글들이 올라오지만, 상대적으로 그 이후의 일상에 대해서는 게시글의 내용만으로는 파악하기 어려웠다. 엄마들이 다양한 치료법 중 특정한 방법과 치료사를 어떻게 결정하는지, 치료는 언제 종결되는지, 집에서는 어떻게 지내는지, 궁금증은 끝이 없었다. 소아정신과 의사들을 만나 자폐증을 진단하는 데 있어서 그들이 발휘하는 직관과 안목에 대해 들었듯이, 엄마들을 만나 자폐증을 지닌 아이를 관찰하고 치료하고 돌보는 그들의 노하우에 대해 들어보아야 했다. 결국 자폐증을 지닌 아동을 키우고 있는 부모들을 직접 만나보기로 결정했다.

엄마들을 만나다: 27개의 자폐증 이야기

자폐증에 보호자로서 연루된 부모들을 만나기 위해 발달장애 관련 온라인 커뮤니티들에 인터뷰 참여자를 모집하는 게시글을 올렸다. 게시글에는 나의 전공 분야와 연구 주제, 연구 목적과 방법을 간략히 적고, 자폐증이나 관련 발달장애 진단을 받았거나 발달장애를 지닐 것으로 추측되는 만 1세에서 6세 사이의 아동을 키우는 부모들에게 연구에 참여해 달라고 부탁했다. 한국에서 자폐증에 개입하는 다양한 치료와 교육 활동 들은 반드시 자폐증 진단을 전제로 하지 않으며, 어린 아동일 때는 확정적인 진단을 받기도 어렵다는 점을 알고 있었기 때문에, 자폐증 진단을 받지 않았더라도 자녀의 발달장애를 우려하고 뭔가를 하고 있는 모든 사람들에게 인터뷰 참여의 기회를 열어 두었다. 연락은 매우 더디게 왔다. 몇 주의 사이를 두고 두세 차례 비슷한 글을 올리자, 드디어 한 분이 인터뷰를 하고 싶다며 문자를 보내왔다. 너무나 반가운 마음에 덜컥 인터뷰 약속을 잡았다. 그뒤에도 게시글을 보고 인터뷰를 하고 싶다는 연락이 꾸준히 왔고, 한편으로는 이전에 연구에 참여했던 분이 지인을 소개해주기도 했다. 결과적으로 2017년 가을부터 2018년 늦가을까지 1년이 좀 넘는 시간 동안 총 27명의 엄마들을 만나게 되었다.[5]

처음 만난 엄마1의 모습은 내가 상상하던 '전사 엄마'와는 전혀 달랐다. '전사 엄마'라는 표현은 당시 내가 참고했던 몇몇 선행 연구에서 따온 것으로, 서구 사회에서 자녀의 자폐증을 제대로 진단받고 그에 맞는 치료와 교육을 받기 위해 병원, 치료 기관, 학교, 보험회사, 발달장애 관련 커뮤니티 등을 종횡무진 오가며 고군분투하는 어머니를 칭하는 용어였다.[6] 나 역시 '전사'의 이미지가

자폐증과 자폐증을 양육하는 엄마들에 연루되다 ♡ 장하원

---

5 인터뷰 모집 대상은 부모로 설정되었지만, 막상 인터뷰에 참여한 사람들은 전부 어머니들이었다. 우리나라에서는 주로 어머니가 주 양육자의 역할을 담당하고 있고, 특히 자녀에게 질병이나 장애가 있을 경우 이러한 경향은 더 두드러져 보인다. 본 글에서는 '어머니'라는 용어 대신 평소 대화에서, 인터뷰 자리에서, 스스로나 서로를 칭하거나 모-아 관계를 표현할 때 가장 빈번히 사용되는 '엄마'라는 단어를 주로 사용했다. 이 글에서 인터뷰에 참여한 어머니에 대해 이야기할 때에는 '엄마'라는 용어 뒤에 인터뷰 순서대로 매긴 번호를 붙여 지칭했다.

6 정확한 표현은 '전사 영웅으로서의 어머니'가 되겠다. Sousa, A.C. (2011). "From refrigerator mothers to warrior-heroes: The cultural identity transformation of mothers raising children with intellectual

한국 사회에서 발달장애를 지닌 자녀를 키우는 엄마들의 일상을 정확히 보여줄 수 있다고 여기고 있었고, 실제로 그린커라는 인류학자의 연구에서 한국의 전사 엄마들을 간접적으로 만날 수 있었다.[7] 이 연구에 따르면 우리나라 엄마들은 더 많은 것과 싸워야 했는데, 한국 사회가 자폐증이라는 장애에 대한 낙인이나 오해가 상대적으로 심각한 편이기 때문이다. 한국에서 자폐증을 지닌 아이를 키우는 엄마들은 자녀의 치료나 교육을 신경 써야 할 뿐만 아니라 자녀가 자폐증으로 진단되었다는 사실이 알려져 학교나 이웃으로부터 소외되지 않기 위해 고달픈 하루하루를 보내고 있었다. 즉 한국의 전사 엄마들은 자폐증 자체뿐 아니라 자폐증으로 인한 낙인에 맞서 힘겹게 노력하느라 미소를 잃은, 또 생기가 없는 우울한 모습으로 그려졌다.

그러나 첫 인터뷰에 가기 전부터 이러한 상상은 이미 깨져버렸다. 인터뷰에 참여하겠다고 연락이 온 전

disabilities". *Symbolic Interaction*, 34(2), 220-243.

7   Grinker, R.R. (2007). *Unstrange minds: remapping the world of autism*. Basic Books; Grinker, R.R., Cho, K. (2013). "Border children: Interpreting autism spectrum disorder in South Korea". *Ethos*, 41(1), 46-74.

화번호와 연결된 카카오톡 계정의 프로필 사진에 엄마1과 가족의 모습이 나타났다. 아이에 대한 애정이 듬뿍 느껴지는 엄마와 아빠가 아이와 볼을 부비며 환하게 웃고 있는 가족 사진. 인터뷰 자리에 나타난 엄마1은 사진보다 더 멋진 모습이었다. 과하지 않으면서도 화사한 화장과 얼굴에 잘 어울리는 쇼트커트, 진회색 카디건에 체크무늬 스커트, 그리고 쾌활한 미소에서 드러나는 자신감. '전사 엄마'의 상에 굳이 견주어본다면, 미적 감각과 여유를 잃지 않은 전사. 엄마1은 초짜 인터뷰어인 나에게 정확히 한 시간 반 동안 자폐증을 지닌 자녀를 둔 엄마로서 할 수 있는 말, 해야 할 말을 전해주었다. 마치 인터뷰 분량의 할 말을 미리 준비해서 온 듯 청산유수처럼 이야기하는 엄마1의 맞은편에서 나는 그저 받아 적을 뿐이었다. 당시에는 그 카리스마에 탄복하느라 충분히 묻고 대화하지 못한 것 같아 아쉬움이 크게 남았지만, 지금 생각해보면 나를 반하게 만든 엄마1의 카리스마는 자폐증의 세계에서 수년간 활동하면서 그 세계를 잘 알게 된, 그리고 현재 우리 사회의 자폐증 관리 방식에 대해 분명한 문제의식을 지닌 사람의 것이었다.

당시 첫 번째 인터뷰가 아쉬움을 남겼기 때문에 두 번째 인터뷰가 성사되기 전부터 나는 인터뷰에 나가기 전에 인터뷰 참여자와 어느 정도 연락을 나누며 일종의 '라포'를 쌓아보자고 계획을 세웠다. 우연하게도 두 번째 인터뷰 참여자는 그러한 결심을 실현하기에 상대적으로 쉬운 상대였는데, 엄마2는 인터뷰 참여를 희망한다는 첫 문자에서부터 너무나 투명했다. 인터뷰 모집글에서 아이의 성별과 나이를 제외한 정보는 수집하지 않겠다고 미리 일러 두었음에도 불구하고, 엄마2는 가족 구성원 모두의 이름과 나이, 발달장애를 지닌 아이의 상태와 그간의 치료 경험까지 전부 적어서 보내주었다. 그뿐 아니라 엄마2는 인터뷰 전에도 자폐증을 다루는 몇몇 뉴스 기사의 링크를 보내주었고, 나는 감사 인사로 화답하고 때로는 약간의 대화를 나누며 친분을 쌓았다. 인터뷰 자리에서 엄마2와의 대화는 역시 허심탄회했다. 30여 분째 아들에 관한 이야기를 듣다가 그 아들이 자폐증을 지닌 아들이 아닌 다른 아들이라는 점을 알고 허탈한 마음을 들키지 않으려고 표정 관리를 좀 해야 했지만, 그 이후의 인터뷰는 서로 편안한 마음에서 진솔하게 묻고 답하며 진행할 수 있었다.

인터뷰를 거듭할수록 엄마들과의 대화는 편안해졌지만, 인터뷰를 위해 준비한 질문들이나 구조화된 형식은 점점 헝클어져 갔다. 당시 나는 자폐증에 관한 전문 서적들과 논문들을 열심히 읽고 있었기 때문에 '자폐스펙트럼장애'라는 전문 용어와 그 개념에 익숙해져 있었다. 그러나 어린 아동의 엄마를 만난 자리에서는 장애를 지칭하는 확정적인 표현은 피해야 할 것 같았고, 인터넷 커뮤니티에서 자주 쓰이는 '자폐스펙트럼'이나 그것을 줄인 말인 '자스'가 그러한 금기를 얼마나 깨뜨리는지 확신이 없었다. 이런 이유로 연구자로서 먼저 자폐증을 지칭하는 특정한 용어를 쓰지 않은 채 마주 앉은 부모들이 어떤 단어를 골라 사용할지 기다렸다. 그런데 많은 경우 인터뷰 내내 자폐증이나 자폐스펙트럼장애 또는 '자스'라는 용어 중 어느 것도 언급되지 않았다. 몇몇 엄마들은 자녀가 보이는 전형적인 증상들을 열거하면서도 아이가 '일반 아이와 다르다'거나 '성향이 있다'는 정도로 완곡히 표현했다. 서너 번의 인터뷰에서 내리 '자폐증'이나 그것을 지칭하는 표현이 거의 나오지 않자 나는 나와 연구 참여자가 지금 '자폐증'에 대해 이야기를 나누고 있는 것인지 헷갈리는 지경에 이르렀다. 이러한 당혹감 속에서 한 참여자에게 자초지종을 설명한 뒤, 보통 치료실 등에서 엄마들끼리 만날 때는 어떤 용어를 쓰는지 물어보았다. 그는 '자폐'라는 단어는 잘 사용하지 않는다며 곰곰이 생각을 하더니 "우리 아이들 같은 아이들"이라는 표현을 떠올렸다.

"자폐라는 말은 안 하고요. … 저는 조기교실[8] 하는 엄마들이랑 친해졌어요. 몇 개월 같이 있으면서 (치료실 밖에서) 긴 시간을 대기를 하는데. … 차나 마시러 갑시다 이래서 친해졌는데, '이런 아이들', '우리 아이들', 이렇게 불렀던 것 같아요. … '우리 아이들 같은 아이들'." (엄마4)

자폐라는 짧은 표현 대신 비슷한 문제를 겪는 아이들을 함께 묶어서 표현하기 위해 선택한 "우리 아이들 같은 아이들"이라는 다소 길고 모호한 용어. 이 단어를 듣는 순간 내가 그동안 너무 자폐 과학의 자폐증에만 귀기울였다는 것을 깨달았다. 일반 아동과는 무언가 '다른', 그러나 자폐증이라는 확정적인 진단으로 불러버리기에는 애매하고, 또 너무 애석한 아이들. 엄마들은 자녀가 자폐증 진단을 받은 뒤에도 "전형적이지는 않다"는 해석을 덧붙이며 자폐증이라는 범주를 해체하고, 비슷한 증상을 보이는 아이들을 훨씬 모호한 범주로 느슨하게 묶는다. 엄마들은 자녀를 데리고 진료실을 찾아가서 진단을 받은

---

8 자폐증을 지닌 아동을 대상으로 하는 행동치료 프로그램의 대중적 명칭으로, 일반적으로 하루에 2~3시간, 주 3~5회에 걸쳐 집중적으로 행동치료를 제공한다.

뒤에도, 열심히 자폐증 치료 기관들을 전전하면서도 자폐증을 자폐증이라고 보고 말하지 않는다. 그렇다면 이들은 '무엇'을 다루고 있는 것일까? 자폐증이라고 불리지도 않는 것이 자폐증이라고 말할 수 있을까? 내가 이 엄마들과 나눈 대화는 '자폐증'이나 '자폐증을 지닌 아동'에 대한 것일까? 자폐 과학의 성과와 잣대를 기준으로 삼는다면, 이러한 엄마들의 실천은 그저 현대 의학에 대한 엄마들의 무지나 저항, 또는 아이에게 거는 비합리적인 기대에 불과하다. 그런데 무언가에 대한 오인이나 저항이라고 치부해버리기에는 그 무언가를 너무나 세밀하게 관찰하고 정교하게 명명하고 온몸으로 끌어안고 있는 것 아닐까? 자폐증 또는 그 무엇은 도대체 무엇이길래 이렇게 많은 실천들을 수반하는 것이며, 나는 이것을 어떻게 다룰 수 있을까? 이후의 연구 과정에서 풀어야 할 질문들이 쌓여 갔다.

　　아홉 번째 인터뷰에서는 이렇게 알 듯 말 듯 한 자폐증에 대해, 그리고 그것을 지닌 아이에 대해 공부하느라 고군분투하는 엄마를 만났다. 엄마9는 당시 아이가 다니던 기관이 방학 기간이라 자신이 아이와 함께 있어야 한다며 집으로 와 달라고 했다. 대단지 아파트 가정집의 부엌과 거실 사이에 놓인 식탁에 앉아, 나는 엄마9의 이야기를 들었다. 식탁 한 켠에는 자폐증에 관한 서너 권의 책이 쌓여 있었는데, 그중 한 권에는 책갈피와 펜이 꽂혀 있었다. 엄마9는 아이의 자폐증을 비교적 뒤늦게 알게 된 뒤에 '밀린' 공부를 하느라 도서관에 자주 가서 발달장애와 관련된 책을 빌려 읽는다고 했다. 엄마9는 자폐증을 다루는 책에서 아이의 행동과 겹치는 증상을 확인하거나 그에 대한 설명을 읽을 때면 가슴이 철렁 내려앉는다며 눈물을 글썽였다. 자신은 무엇이든 공부하는 것을 굉장히 좋아하는 사람이라면서, 그런데 그 공부가 자신의 아이에 관한 것일 때에는 감정적으로 힘들다고 했다. 자신의 아이가 일반적인 아이들과 다르다는 점을 알아 가는 과정은, 심지어 이미 알고 있었던 사실을 확인하는 경우조차 가슴이 아프다는 것이다. 그는 자폐증을 지닌 사람이 일반인과는 다른 방식으로 언어를 배운다는 사실을 최근에 배웠다면서, 자신의 아이가 남들은 자연스럽게 습득하는 모국어를 마치 외국어를 배우듯이 고생하며 배울 것을 생각하니 너무 안쓰럽다고 했다. 엄마9를 만나고 와서는 마음이 먹먹하여 한동안 일이 손에 잡히지 않았다.

또 다른 중요한 고민은 인터뷰를 하는 동안에 나의 정체성을 어떻게 설정할지에 있었다. 아홉 번째 인터뷰까지 나의 정체성은 연구자였는데, 이때까지 나는 아이를 키우는 엄마라는 사실을 굳이 인터뷰 참여자에게 이야기하지 않았다. 심지어 어떤 경우에는 일부러 결혼이나 육아에 관한 이야기가 나오지 않게끔, 그래서 내가 엄마라는 사실을 굳이 이야기할 필요가 생기지 않도록 대화의 방향을 조정하기도 했다. 자폐증을 주제로 삼아 박사 연구를 하고 있는 내가 아이를 키우는 엄마라는 사실을 인터뷰 참여자가 알게 되는 순간, 명시적으로든 암묵적으로든 나에게 아이에 관한 질문이 주어질 것이 두려웠기 때문이다. "아이는 괜찮은가요?" 이에 대한 대답을 내가 어떻게 하느냐에 따라 상대방의 기분이나 반응이 달라지게 되는 상황이 걱정되어서, 그간의 인터뷰에서는 내가 엄마인 것을 숨겼던 것 같다. 우리 사회에서 자폐증이 느껴지고 말해지고 돌보아지는 실천들이 보다 '좋은' 방향으로 바뀌는 데 내 연구가 기여하기를 바라면서도, 나 역시도 자폐증에 관한 고정관념에서 완전히 벗어나 있지 못하다. 지금 생각하면 이상할 정도로 나는 당시에 자폐증을 지닌 아이와 그렇지 않은 아이에 대해, 그리고 그런 아이들을 키우는 엄마들에 대해 지나치게 양분해서 생각하고 있었던 것 같다. 나와 인터뷰 참여자가 엄마라는 동일한 위치에 놓여 있기 때문에 생기게 될 공감대보다는, 내가 그들과 '다른' 아이를 키운다는 사실로 인해 생길지도 모르는 어색함부터 걱정했으니 말이다.

　　하지만 열 번째 인터뷰부터 기회가 있을 때 나 역시 어린 아이를 키우는 엄마라는 점을 이야기하기 시작했다. 아마도 엄마10의 이야기나 태도가 나를 그러한 방향으로 이끈 것 같다. 한산한 중국집에서 탕수육과 짜장면을 먹으며 나와 나이대가 비슷하고 대학원생이라는 처지도 같은 엄마10으로부터 아이 키우는 이야기를 듣자니, 나는 마치 아이 걱정과 학업 걱정을 함께 나누는 친구를 만난 기분이 들었다. 인터뷰 중반 즈음에 나는 나 역시도 아이를 키우는 엄마이며 내 아이도 자폐증은 아니지만 사회성이 부족해서 걱정이 된다는 얘기를 꺼내 놓았다. 막상 아이의 '문제'를 고민하는 엄마라는 공감대가 형성되고 나니, 서로 맞장구치는 가운데 각자의 아이에 대해, 그리고 엄마 노릇에 대해 '폭풍 수다'가 시작되었다. 인터뷰가 연구자 대 엄마의 질의응답이 아니라 엄마와 엄마 사이의 대화로 바뀌는 순간 '우리의 아이들'에 대한 이야기는 훨씬 더 솔직해지고 진지해지고 즐거울 수 있었다.

이처럼 인터뷰 자리에서 나와 연구 참여자 모두 '엄마'로 설정되는 상황이 자폐증을 돌보는 일상적 실천을 포착하려는 내 연구 목표를 달성하기에 유리하다는 생각이 들었지만, 그렇다고 매번 좋았던 것은 아니었다. 때로는 내가 옆집 엄마를 만난 듯이 지나치게 아이의 문제나 엄마 노릇의 고달픔을 토로한 나머지, 뒤돌아보면 이러한 하소연이 오히려 인터뷰의 흐름을 방해한 적도

있었다. 아무리 계획을 세우고 질문을 만들고 조심을 해
도, 인터뷰의 대화는 종종 내가 제어할 수 없는 물결 같았
다. 특히 그것이 아이들에 대한 수다일 때면 더욱 그랬다.
일차적으로 이러한 현상은 연구자로서 나의 전문성이 부
족했기 때문이겠지만, 이후에도 내가 '엄마'로서 인터뷰
를 진행하는 것이 더 적절한지는 그때그때 판단해야 했
다. 결국 특정한 인터뷰가 누구와 누구의 상호작용을 연
상하게 만드는가에 따라서 나와 연구 참여자의 정체성이
달라지고 인터뷰 내용도 달라진다는 점을 충분히 고려해
야 할 뿐이었다.

　　또 한번은 이유를 알 수 없이 인터뷰가 '망한' 적도
있었다. 엄마15와의 인터뷰였다. 엄마15가 연락해 왔을
때, 나는 정확히 엄마15를 상상하며 엄마15를 만나기 위
해 이 연구에 뛰어들었다는 생각이 들 정도였다. 엄마15
의 문자 이후 간략히 통화를 하는 과정에서 엄마15의 아
이는 현재 자폐증으로 확진되지는 않았지만 조기에 개입
하기 위해 각종 치료를 받고 있다는 사실을 알게 되었다.
발달장애 관련 인터넷 커뮤니티에서 많은 '선배' 엄마들
이 강조하던, 자폐증에 대한 조기 개입의 정석을 실천하
고 있는 양육자였다. 나 역시 인터넷 커뮤니티를 통해서
발달장애를 지닌 (또는 그럴 것으로 의심되는) 자녀를 키우
는 부모로서 해야 할 일들에 대해 충분히 교육을 받은 터

였다. 그래서 이를 실천하고 있는 엄마15는 내게 너무나 익숙한, 내가 정말 궁금해하던, 내가 가장 잘 이해할 수 있다고 생각했던, 내 연구의 주인공이나 다름없는 연구 참여자였다. 하지만 막상 만나서 이야기를 나누다 보니 대화는 겉돌고 관계는 건조했다. 이미 십수번의 인터뷰를 통해 나는 엄마들을 만나 인터뷰하는 데에도 익숙해져 있었고, 엄마15와도 전화 통화를 하면서 나름대로 편안해진 상태였다. 심지어 적당히 안락하고 조용했던 커피숍의 환경도 완벽했다. 그런데도 인터뷰를 마무리하고 나니 뭔가 대화가 깊이 이루어지지 않았다는 생각에 씁쓸했다. 내 연구에 설계된 인터뷰가 항상 한 번의 만남으로 끝나는 것이 아쉬웠고 엄마15의 경우는 더욱 그러해서 한 번 더 만나보고 싶었다. 하지만 분석할 자료들은 쌓여 있고 만나야 할 사람은 또 생겨나는 상황에서 이러한 시도는 이루어지지 않았다.

이처럼 초반의 인터뷰는 물론, 한참 후의 인터뷰도 완벽과는 거리가 멀었다. 여러 종류의 오류와 잘못, 시행착오가 있었고 그것을 고칠 기회는 다음 사람에게 같은 실수를 하지 않는 것뿐이었다. 전 인터뷰에 걸쳐 나의 정체성은 물론 연구 질문이나 연구 방식도 일관되게 유지되지 못했다. 심지어 '자폐증'이라는 키워드조차 모든 인터뷰에서 확고하게 유지되었다고 장담하지는 못할 것 같다. 한 사람 한 사람과의 만남이 그때그때 나의 현장이었고, 나도 참여자도 그 사이의 자폐증도 흔들려서 나의 현장은 대체로 불완전했다. 이렇게 안정적이지 못한 관계 맺음이 불만스러워서 더욱 확고한 현지 조사를 계획하기도 했다. 인터뷰가 일회성 만남이기 때문에 지속적인 관계를 맺기가 어렵다는 점이 아쉬워서 수주에 걸쳐 이루어지는 부모 교육에 참여해보았다. 하나는 행동 치료에 대한 강의를 듣고 함께 공부하는 온라인 교육 프로그램이었고, 다른 하나는 일주일에 한 번씩 모여 생의학 치료에 대한 강의를 듣는 세미나 모임이었다. 이러한 경험들이 분명히 내가 자폐증을 이해하는 데 도움이 되기는 했지만, 결과적으로 내가 좌충우돌 시행한 인터뷰들의 내용을 벗어나는 부분은 거의 없었다. 그렇다면 이제 내가 해야 할 일은 연구자로 돌아와 내 책상에서, 내 노트북 앞에서 엄마들과의 대화를 다시 방문하는 것이었다.

결과적으로 완벽한 인터뷰는 하나도 없었지만, 그렇다고 완전히 망한 인터뷰도 없었다. 망한 듯 보이는 인터뷰들로부터 많은 것을 배우기 위해서는 계속해서 인터뷰 내용을 듣고 읽고 곱씹는 과정이 필요하다. 수십 번의 인터뷰와 수백 일의 참여관찰을 통해, 그리고 그보다 더 오랜 시간에 걸쳐 그렇게 모은 자료를 읽고 분석하며 나 자신을 다시 같은 인터뷰와 참여관찰의 현장에 놓아보면

203

서, 민족지 연구자ethnographer로서 나의 역할을 점점 명확히 할 수 있었다. 내 연구에서 가장 이상적인 인터뷰 현장은 연구자인 내가 연구 참여자의 앞에 있음으로써 각각의 참여자를 스스로의 일상에 대한 민족지 연구자로 만드는 것이었다. 자폐증에 연루된 사람들이 매일매일 무엇을 하는지 말하게 하기, 이것이 내가 자폐증에 대해 가장 잘 느끼고, 대화하고, 새로 쓸 수 있는 중요한 방법이었다. 인터뷰 자리에서 내가 자폐증에 대해 배우는 학생이 될 때, 자폐증이 무엇인지를 탐구하는 연구자가 될 때, 자폐증을 지닌 아이를 걱정하는 옆집 엄마가 될 때, 연구 참여자는 자폐증을 돌보는 자신의 일상을 술술 이야기하는 '좋은' 민족지 연구자가 되어주었다. 그렇지 않더라도 이미 끝난 인터뷰를 곱씹는 과정을 통해 좋은 이야기들을 발굴할 수 있었다. 의사들은 자폐증을 돌보기 위해 매일 무엇을 하고 있을까? 엄마들은 자폐증을 돌보기 위해 매일 무엇을 하고 있을까? 이것이 자폐증이 '무엇'인지 답하는 가장 좋은 질문이었다.[9]

---

9   이러한 연구 방법은 과학기술학자 아네마리 몰Annemarie Mol의 연구 방식을 따른 것이다. 몰의 대표적인 저작인 Mol, A. (2002). The body multiple: Ontology in medical practice. Duke University Press로부터 특히 많이 배웠다.

의사들의 자폐증과 엄마들의 자폐증

진단 전문가의 진료실은 자폐증의 존재가 의학적 실체로 구체화되는 현장이다. 자폐증은 흔히 '사회성'의 문제라고 일컬어지는데, 좀 더 풀어서 말하자면 사회적 상황에 대해 판단하고 대처하고 사회적 관계를 시작하고 유지하는 능력이 잘 발달하지 않아서 일상 생활에서 문제가 되는 상태라고 할 수 있다. 그런데 이러한 사회성의 문제는 피 검사나 뇌 영상 촬영을 통해서 발견되는 것이 아니다. 많은 연구자들이 자폐증이라는 장애의 존재를 보여줄 수 있는 생물학적 지표를 찾기 위해 노력해 왔지만, 아직까지 자폐증을 진단하는 데 활용될 수 있는 '자폐증 유전자'나 '자폐증을 지닌 사람의 뇌 영상'과 같은 지표는 없다. 또한 자폐증을 지닌 사람의 생김새에 특징이 있는 것도 아니다. 그렇기 때문에 현재 자폐증 여부는 진료실에서 이루어지는 관찰과 면담을 거쳐 진단 전문가에 의해 판별되는데, 『DSM』제5판의 진단 기준에 따르면 두 가지 증상 영역에서 현재 또는 과거에 의미 있는 결함이 관찰되어야 한다. 먼저, 첫 번째 영역은 '사회적 의사소통 및 상호작용'으로, '사회·정서적 상호교환성의 결핍', '사회적 상호작용에 사용되는 비언어적 의사소통 행동의 결핍', '부모 이외의 사람과 발달 연령에 맞는 적절한 관계를 형성하고 유지하지 못함'이라는 세 가지 세부 항목에서 모두 결함이 관찰되어야 한다. 두 번째 증상 영역은 '제한적이고 반복적인 행동과 흥미'로, '상동화되고 반복적인 움직임, 사물의 사용 또는 말', '같은 상태를 고집함, 일상적으로 반복되는 것에 대한 융통성 없는 집착, 또는 틀에 박힌 언어적·비언어적 행동', '매우 제한적이고 고정된 관심을 갖고 있으며, 그 강도나 집중의 대상이 비정상적', '감각적인 자극에 대한 지나치게 높거나 낮은 반응성 또는 환경의 감각적 측면에 대해 유별난 관심' 등의 네 가지 세부 항목 중 두 가지 이상을 만족해야 한다. 또한 이러한 증상은 어린 시절부터 나타나야 한다는 기준을 충족해야 하며, 동시에 증상들이 사회적, 직업적, 또는 현재의 다른 기능 영역에서 심각한 장해를 발생시킨다는 기준을 충족해야 한다. 이렇게 수십 개의 어구들로 명시화된 자폐증의 진단 기준은 현재 자폐증이라는 질환을 판별하는 잣대로 기능한다.

　　그러나 자폐증이라는 진단 범주가 실제로 진료실에서 작동하기 위해서는 자폐증 개념이나 진단 기준뿐 아니라 그것들을 매개로 자폐증에 반응할 수 있는 진단 전문가가 필요하다. 자폐증 진단 전문가는 임상 현장에서 마주한 사람이 보이는 모습들이 자폐증의 진단 기준에 맞는지 평가하기 위해 몇 가지 독특한 실천들을 수행한다. 어린 아동을 대상으로 하는 자폐증 진단의 경우, 크게 두 가지 실행으로 이루어진다. 첫째는 진단 전문가가 아동의 행동을 직접 관찰하는 것으로, 예컨대 진단 전문가는 아이의 이름을 부르거나 질문을 하거나 놀이를 제안하면서 아이의 반응을 관찰한다. 이때 진단 전문가는 단지 아이를 관찰하는 의사일 뿐 아니라 아이가 처음 만나는 사람으로서 역할해야 하는데, 낯선 어른인 진단 전문가와 아이 사이에 맺어지는 사회적 관계는 아이가 진료실 밖에서 타인과 어떻게, 얼마나 상호작용할 수 있는지를 보여주는 증거가 된다. 다음으로, 진단 전문가는 보호자로부터 진료실 현장에서 볼 수 없는 아이의 과거와 현재 모습을 청취한다. 이를 통해, 그동안 아이의 사회성이 어떻게 발달되어 왔는지, 일반적인 발달 규범에서 얼마나 벗어나 있는지 추측한다. 이 두 가지 실행은 각각 진단 전문가와 아동, 진단 전문가와 보호자 사이에 일시적인 관계가 만들어지는 사건으로, 이 과정에서 생겨나는 상호작용의 결과들은 사회적 관계를 맺는 아동의 능력, 즉 아동 개인의 '사회성'을 보여주는 증거가 된다.

이러한 진단이라는 사건을 주도하는 진단 전문가는 자폐증에 반응하는 법을 배운 몸, 특히 자폐증에 민감한 '눈'을 지닌 존재이다. 정신의학에서 자폐증은 뇌의 장애disorder이자 사회적 경험으로서의 장애disability인데, 전자는 뇌 발달 경로가 일반적이지 않고 일탈적이라는 것을 의미하고, 후자는 그로 인해 실제로 사회 생활에서 어떤 어려움을 겪는다는 것을 의미한다. 물론 이 둘은 분리된 것이 아니며, 진료실에서 진단 전문가는 어떤 사람이 이 두 가지 장애로서의 자폐증에 해당하는지 평가해야 한다. 그러나 유아기 아동에게서 자폐증은 두 측면 모두에서 상당히 '애매하게' 존재한다. 어린 아이의 뇌는 계속해서 발달하고 변화하고 있으며, 어린 아이가 맺는 '사회적' 관계는 제한적일 뿐만 아니라 우호적인 누군가(주로 부모나 선생님)에 의해 대체로 실패할 수 없게 조정되기 때문이다. 노련한 진단 전문가일수록 이렇게 애매한 자폐증을 판별해낼 수 있는 각종 '사회성 실험'을 설계하고 주도한다. 진단 기준이 자폐증을 보편적으로 정의해주지만, 개별 아동의 연령과 지능 등을 고려하여 '사회성' 발달에 이상이 있는지 평가할 수 있는 실험적 상황을 꾸릴 수 있어야 하는 것이다. 또한 자폐증 진단 전문가는 자녀의 보호자에게 무엇을, 어떻게 물어야 하는지, 또 어떻게 설명해야 하는지 배워 온 사람이기도 하다. 이렇게 진료실에서 진단 전문가의 주도로 그와 아이, 보호자 사이의 몇 가지 사건들 속에서 아이의 '(비)사회성'이 가시화되고, 진단 전문가의 '눈'은 그것을 포착한다. 이때 진단 전문가의 '눈'은 개별 전문가의 신체 부위에 국한되는 것이 아니라, 아동 발달에 대한 그간의 논의와 이론, 자폐증에 관한 각종 기준과 도구 들과 결합된 것이다. 자폐증 진단 전문가는 정신의학과 발달심리학 분야에서 훈련을 받고 자폐증과 관련 발달장애에 관한 임상 경험을 쌓는 가운데 자폐증을 볼 수 있는 '눈'을 체화하는 것이다.[10]

진단 전문가의 '눈'이 작동하는 진료실에서 자폐증은 자명하고도 불변하는 의학적 실체다. 진단 과정을 통해서 진단 전문가는 정신의학과 심리학의 잣대들이 이루는 격자 속에 아이를 위치시키고, 자폐증으로 진단할 만한지 평가한다. 이렇게 해서 판별된 자폐증은 아이의 '뇌'의 상태와 발달의 경향을 보여주는 것으로, 진단 전문가는 단지 표면적인 증상만이 아니라, 그러한 증상과 연관되어 있는 뇌의 상태와 그것을 만들어내는 유전적 소인에 대해 보고 말하는 것이다. 그렇기 때문에 진단 전문가에게는 아동이 커 가면서 어떤 증상이 없어진다고 해도, 아동이 본래 가지고 있었던 유전적 소인과 그로 인한

---

10 이러한 주장은 과학기술학자 브루노 라투르의 논의에 의존하는데, 그에 따르면 어떠한 대상은 그로부터 '영향을 받는 법to be affected'을 배운 몸이 없이는 존재할 수 없다(Latour, B. (2004). "How to talk about the body? The normative dimension of science studies", *Body & Society*, 10(2-3), 205-229). 이렇게 보면 자폐증은 그에 반응할 수 있는 이질적 요소들의 연합체가 점진적으로 만들어지는 가운데 마침내 실재하는 것이다.

뇌 발달의 일탈이 없어지는 것은 아니라는 점에서 자폐증은 계속된다. 물론 아동의 뇌는 시시각각 변화하지만 그것이 생애 초기부터 일탈적인 경로로 발달하며 자폐증의 증상으로 표출되었다면, 계속해서 그러할 것으로 강하게 예측할 수 있다. 따라서 자폐증 진단 분야의 전문가들은 일단 누군가가 자폐증으로 진단되었다면 그 사실은 시간이 지나도 변하지 않는다고 강조하며, 자폐증은 뇌의 이상이자 완치될 수 없는 장애라고 설명한다.

이처럼 자폐증이 있는지 없는지 '진단'하는 데에는 진단 전문가의 '눈'이 필수적이지만, 그러한 특별한 몸 외에도 자폐증에 반응할 수 있는 다양한 몸들이 있다. 우선, 비전문가인 나 역시 자폐증을 어느 정도 '볼' 수 있게 되었다. 나에게 이 연구를 하는 과정은 자폐증에 관한 감각을 함양하는 과정이기도 했다. 자폐증에 관해 최신 지식과 진단 기법을 찾아보고, 자폐증 진단 전문가를 찾아가 진단 과정에서 주로 살펴보는 요소들과 노하우를 듣고, 또 유명한 의사들의 진단 행위에 대한 엄마들의 후기 글을 계속해서 읽다 보니, 자폐증의 주요 증상들을 실제 아이의 행동이나 모습과 연결 지을 수 있는 일종의 '안목'이 생겼다. 예컨대, 진단 전문가 A의 설명을 들으면서 아주 살짝 손을 퍼덕이는 행위도 자폐증의 증상일 수 있다는 걸 알았고, 진단 전문가 B의 책에서는 눈맞춤이 왜 중요한지를 이해할 수 있었다. 엄마들의 후기글에서 소아정신과 의사들이 주로 살피는 증상과 재활의학과 의사들이 주로 살피는 증상을 알 수 있었고, 최신 전공 서적을 통해서 이러한 한국의 진단들 중 어느 것이 가장 '트렌드'에 맞는 진단인지 가늠할 수도 있었다. 그러나 딱 거기까지였다. 내가 소아정신의학 교과서와 『DSM』의 자폐증 진단 기준을 달달 외우고, 자폐증의 역사부터 최신 논의까지 열심히 공부한다고 해도, 진단 전문가만큼 자폐증을 '볼' 수 있는 것도 아니고 남들이 그렇게 인정해주지도 않는다.

　　더 중요한 점은 이러한 앎이 단지 정신의학의 기준에서 불완전할 뿐 아니라 자폐증이라는 실체를 이해하는 데에도 완벽하지 않다는 점이다. 자폐증과 관련된 의학 교과서를 읽고 소아정신과 의사들을 내리 인터뷰하고 나자, 민감해진 나의 '눈'은 한동안 내 아이, 옆집 아이, 내 친구의 아이, 어린이집 문간에 몰려나오는 내 아이의 친구들, 맘카페의 게시글에 나오는 아이들까지, 모든 아이들을 뇌 발달장애의 관점에서, 정상/비정상의 관점에서 바라보았다. 그러나 자폐증을 돌보는 전 과정에서 민감한 의사의 진단이나 덜 민감한 비전문가의 식별은 단지 하나의 사건일 뿐이다. 그 순간 이전에도 그후에도 자폐증은 계속해서 보살펴져야 한다. 전문가들과 그들이 의존하는 과학적 사실들을 배우며 자폐증을 어느 정도 '볼' 수 있게 되었다면, 엄마들을 만나면서 그와는 다른 방식으로 자폐증에 반응하는 법을 배웠다.

　　엄마들 손에 들린 자폐증은 훨씬 더 모호하면서 너무도 열정적으로 다루어지는 어떤 것이었다. 한국에서 자폐증의 모습은 굉장히 양가적이다. 앞서의 인터뷰 경험에서 나타나듯이, 우리 사회에서는 자폐증을 지닌 아동을 둔 부모들 사이에서 자폐증이라는 단어는 금기시되며 잘 발화되지 않는 경향이 남아 있지만, 한편으로는 자폐증을 가장 포괄적으로 진단하는 전문가들에게 진료 의뢰가 몰린다. 자녀가 자폐증 진단을 받은 경우에도 엄마들은 자녀가 '경계'에 있다거나 '전형적인 자폐증은 아니다'라는 말을 덧붙이며 진단명을 부정하지만, 이렇게 진단 결과를 재해석하거나 진단 자체를 보류한 채로도 자폐증을 치료하기 위해 다양한 치료실을 전전하며 엄청난 시간과 자원을 쏟는다. 이러한 자폐증은 진단 기준에 제시된 증상의 목록으로 말해질 수 있는 것이 아니라, 엄마들의 말과 행동을 통해서 존재하는 어떤 것이었다.

　　이 대비를 통해서 내가 알게 된 것은 진료실은 어떤 질병이나 장애가 명명되는 곳이기는 하지만 시작되는 곳도 아니요 끝나는 곳도 아니라는 당연한 사실이다. 진단 전문가의 눈과 입을 통해서 아동의 증상은 자폐증이

라는 이름을 얻지만, 당연하게도 그 이름이 자폐증이라
고 지칭되는 그 무언가의 전부는 아니다. 물론 질병을 적
절한 분류 체계하에 정확히 진단하는 것은 질병을 관리
하는 데 있어서 중요한 작업이고, 진단명은 대체로 진료
실 밖에서도 무겁게 남아 치료 방향을 안내하는 효력을
발휘한다. 그러나 진료실 밖에서 자폐증이라는 진단명에
는 새로운 해석과 이야기가 덧붙고, 때로는 부정되거나
폐기된다. 더 중요한 점은 진료실 밖에서도 자폐증은 다
른 몸들과의 관계 속에서 다시 감지되고, 치료되고, 또 다
시 평가되면서 날마다 변형된다는 것이다. 어떤 경우에
엄마들은 자폐증을 진단 전문가만큼 잘 보지는 못하면서
도 더욱 예민하게 반응하고 시시각각 보살핀다. 그렇기
때문에 우리 사회의 자폐증이 무엇인지 제대로 알기 위
해서는 전문가의 눈길뿐 아니라 엄마들의 손길을 따라가
볼 필요가 있다.

'다른' 아이 돌보기: 자폐증을 공부하는 엄마들

엄마들을 만나며 내가 알게 된 점을 한마디로 요
약하자면 이렇다. "엄마들은 바쁘다." 우리 사회에서 자
녀를 돌보는 주 양육자의 역할을 하는 어머니들은 점점

바빠졌다. 오늘날 어머니들은 자녀 양육에 그 어느 때보다 더 많은 자원과 시간을 쏟아야 할 책임을 느끼며 어머니 노릇에 헌신하는 경향이 있다. 이러한 집중적인 자녀 양육은 신체적, 정서적 노동일 뿐 아니라 지적인 실천, 즉 '공부'를 포함한다. 한국에서는 1970년대 이래로 아동의 위생이나 영양과 관련된 영역은 물론, 아동의 지능과 정서의 발달과 교육의 영역에 이르기까지 과학적 지식과 정보가 유용하다는 인식이 자리 잡았으며, 이때 이상적인 어머니의 상은 과학 지식과 정보로 무장한 '홈닥터'가 되었다. 이에 더해 점점 더 많은 임무들이 어머니 노릇에 더해졌는데, 육아 관련 산업이 발달하면서 그 속에서 현명한 소비를 실천하는 것이 또 하나의 과제가 되었다.[11] 특히 최근으로 올수록 임신과 출산, 양육과 관련하여 새로운 의료 기술들이 점점 더 많이 등장하면서 이것들을

---

[11] 이러한 경향은 '집중적인 어머니 노릇intensive mothering' 이데올로기, 즉 헌신적이고 자기희생적으로 자녀를 돌보는 어머니가 좋은 어머니라는 담론이 만들어지는 과정과 그 결과에 대해 분석한 연구들을 보면서 이해할 수 있었다. 대표적으로는 Hays, S. (1996). *The Cultural Contradictions of Motherhood.* Yale University Press가 있으며, 한국에서 좋은 어머니 상이 만들어지는 과정에 대한 분석으로는 다음의 연구들을 참고했다. 김혜경 (2006), 『식민지하 근대가족의 형성과 젠더』, 창비; 이재경 (2003), 『가족의 이름으로: 한국 근대가족과 페미니즘』, 또하나의문화.

이해하고 합리적으로 선택할 수 있는 능력이 '좋은' 어머니의 요건이 되었다. 자녀를 건강하게 키우기 위해서는 본능적으로 주어진 능력이나 자연스럽게 습득되는 노하우를 넘어 각종 과학적 사실들과 이론들, 정보를 수집하고 참조하는 것이 필요하다는 것이다.[12] 이러한 믿음이 점점 공고해지는 가운데 엄마들은 아이를 돌보느라 바쁠 뿐 아니라, 아이를 돌보는 '과학적' 방법을 배우고 실천하느라 또 바쁘다.

이처럼 헌신적이고 지식 집약적인 어머니 노릇은 질병이나 장애를 지닌 아동의 어머니에게 더 강하게 요청되는 경향이 있다. 자녀를 위해서라면 뭐든지 열심히 해야 한다는 좋은 어머니 상은 그렇지 못한 '나쁜 어머니'가 결함이 있는 아동을 만들어낸다는 비난으로 이어지기 쉽다. 특히 아동의 건강이나 질병에 대한 담론에서 이러한 모성 비난이 두드러지게 나타나는데,[13] 자녀의 질환을 치유하기 위한 자원과 치료법을 얻어내기 위해 고군분투하는 '전사 영웅' 어머니의 상은 그렇지 못한 어머니에 대한 사회적 비난이나 어머니 자신의 죄책감을 낳기 쉽다. 정상성을 추구하는 사회에서 어머니는 자녀의 신체적, 정신적 결함을 고치기 위해 무한한 시간과 자원, 에너지를 바칠 것이 기대되며, 이는 자녀의 문제가 해결되지 않을 때 그것이 어머니의 잘못으로 치부되도록 만든다. 이처럼 자녀의 건강에 이상이 있을 때 어머니가 해야 할 일들과 감수해야 할 책임이 전반적으로 증가한다. 엄마들은 자녀의 문제를 다루느라 바쁘고, 그러한 문제를 다루는 합리적 방법을 찾느라 바쁘다.

그렇기 때문에 내가 만난 엄마들은 대체로 다른 엄마들보다 '더' 바쁘다. 일반적인 발달을 하는 아동과는 '다른' 아이를 돌보느라 바쁘고, 또 그 '다름'을 제대로 이해하고 합리적으로 관리하는 방법을 배우느라 바쁘다. 모든 건강 문제가 그렇겠지만, 현재 우리 사회에서 자폐증은 특히 엄마의 '공부'를 요구하는 장애이다. 거의 모든 인터뷰에서 내 앞에 앉은 엄마들은 자폐증이 '엄마가 공

니, '실패한' 어머니로 여겨진다(Caplan, P. (1989). *Don't blame mother: Mending the mother-daughter relationship*. Harper & Row Publishers).

부를 많이 해야 하는 병'이라고 입을 모아 말했다. 그만큼 대다수의 엄마들은 자폐증에 관한 지식과 정보를 습득하기 위해 하루 중 상당한 시간을 할애해 노력하고 있었다.

"(자폐증은) 엄마가 공부를 많이 해야 되는 병이에요. (자폐증에 대해 공부를) 안 하면, 잘 모르면, 어디 이상한 곳에 가서 이상한 치료 받는 그런 실수를 하게 되니까. 나중에 아이가 초등학교 갈 때쯤 되면 특수교육 공부도 해보려고요. 너무 몰라서." (엄마6)

"(자폐증의 치료 방법으로) 민간요법도 되게 많더라고요. 카페에서 쪽지로 정보를 얻고. … 요즘은 ○○○병원에서 ○○○검사를 해보려고 해요. … 어떤 엄마 한 분은 (아이를) 발달학교에 보내면서 운동 따로 시키고, 식이요법 하고. (자폐증의 치료 방법에는) 우리가 모르는 신세계가 되게 많아요. 사람들을 많이 만나는 것도 중요해요. 일단 (각종 치료 방법에 대한 정보를) 다 듣고. (그러한 치료를) 하든 안 하든 엄마 선택이잖아요. 우리는 목적은 한 가지로 다 같으니까. 나(의 아이)한테 맞는 것을 찾고." (엄마2)

이처럼 인터뷰에서 만난 엄마들은 자폐증을 지닌

자녀를 치료하고 양육하는 적절한 방식을 선택하고 실행하기 위해 갖가지 지식과 정보를 습득하는 데에 몰두하고 있었다. 이러한 지식과 정보에는 자폐증의 원인과 증상에 대한 이해부터 자폐증을 지닌 아이를 치료하고 교육하는 다양한 방식과 그에 대한 평가까지 포함된다. 특히 자폐증에 개입하는 다양한 방식들에 대해 알게 되는 과정은 '신세계'로 표현될 정도로 이전에 몰랐던 막대한 양의 정보를 수집하는 것이며, 이렇게 수집되는 정보는 책이나 논문으로부터 얻을 수 있는 전문적 지식부터 온라인 커뮤니티에서 알게 된 일반인들의 경험적 지식까지 다양하다. 또한 이러한 정보들 속에서 좋은 정보를 가려내고 부적절한 치료를 하는 '실수'를 범하지 않기 위해서는 "엄마가 공부를 많이 해야 되는" 것이다.

이러한 앎의 과정은 엄마들의 몸을 바쁘게 할 뿐 아니라 마음도 바쁘게 한다. 엄마들은 지적 노동을 수행할 뿐 아니라 정서적 차원에서도 다양한 노력을 하고 있었다. 자폐증에 대해, 그리고 아이에 대해 알아 가는 과정은 그 자체로 시간과 에너지가 많이 드는 배움의 과정일 뿐 아니라, 불안감이나 좌절감과 같은 새로운 감정들을 처리해야 하는 과정이기도 하다. 자폐증에 관해 공부함으로써 자녀의 특징을 깨닫는 것이 일반적인 발달을 하는 아동과는 '다른' 아이를 그에 맞게 키우고 효율적으로 치료하기 위해 필요하지만, 동시에 엄마로서 자녀가 얼마나 '다른지' 알아 가는 과정에서 감정적으로 동요될 때가 많기 때문이다.

"저도 요즘 사실 책도 많이 읽고 공부도 많이 하거든요. 아, 근데 진짜 아는 게 병이라고, 힘들어요. 알아서 이해를 많이 하는 부분도 있지만, … 또 한 번씩 무너져요. 아, 우리 아이가 정말 저런 게(특징이) 있구나 그러면서. … 저도 공부하는 거 되게 좋아하거든요. 근데 또 굉장히 힘들어요. 이게 만약에 그냥 소설책이나 자기 전공책이면 그냥 이렇게 읽잖아요. 근데 제가 느낀 게 뭐냐면, 이게 우리 아이 얘기잖아요. 근데 (자폐증을 지닌) 아이가 이런 행동을 한다, 이게 똑같이 써 있잖아요. 그러면 진짜 도서관에서 하아 이렇게 한숨 쉬고 있어요. 이렇게 한 번씩 (아이의 특징을) 또 깨닫고, 진짜 책을 넘기기가 힘들어요." (엄마9)

"(내 아이는) 도대체 뇌 신경전달 물질이 뭐가 얼마나 잘못되어 있고, 뇌가, 전두엽이 얼마나 발달이 안 되어 있고, 얼마나 감각 통합이 안 되고, 뭐가 안 되길래, 이렇게 사소한 일상에서 무섭게 과거를 기억하고, 직전 행동을 반복하려고 하는 걸까? 기억력이 정말 놀랍게 좋거든

219

요. 그럼 그 놀라운 기억력으로 내가 아이를 어떻게 강화시킬 수 있을까, 어떻게 더 인지적으로 발전되는 방향으로 이끌어줄 수 있을까, 그런 게 궁금한데 답이 없어요. 답을 못 찾았어요. 책이라고 해도 이론서 그런 것들은 자폐스펙트럼의 정의부터 시작해서 나오잖아요. 그런 책들은 이제 볼 만큼 많이 봤는데. 논문, 이런 걸 뒤져야 하나 싶기도 하고. 모르겠어요. 궁금한 거 많아요." (엄마13)

엄마9는 자폐증에 관해서 공부하면서 전형적인 발달을 하는 사람들과는 '다른' 아이의 이모저모를 알아가는 것이 아이를 이해하기 위해 꼭 필요하다고 강조하면서도, 한편으로는 이러한 아이의 '차이' 내지 특징을 깨닫는 과정이 감정적으로 힘들다고 토로한다. 자폐증이라는 것에 대해 알아갈수록 아이의 특징과 아이가 앞으로 겪어야 할 어려움을 깨닫게 되니 아이가 안쓰러워서 힘들다는 것이다. 또한 엄마13처럼 많은 엄마들이 아무리 공부를 해도 개별 아이에 대해 궁금한 점이나 그에 맞는 치료 방법을 찾기가 어렵다며 답답해하는데, 이들에게 자폐증에 대한 공부는 도무지 끝이 나지 않는다는 점에서 막막하다. 물론 자폐증에 대해 점점 이해하고 그것을 관리하는 방식을 배우고 실천해 갈수록 이러한 불안감이 줄기도 한다. 하지만 아직까지 우리 사회에서 자폐증이

상당히 생소한 장애이기 때문에, 또한 사회성 발달에서의 문제는 새로운 사회적 상황들에 맞닥뜨릴 때마다 새로운 형태의 문제로 표출되기 때문에 엄마들의 공부는 쉽사리 끝나지 않는다.

이러한 공부는 단지 아이를 달리 '보게' 만들 뿐 아니라 달리 '대하게' 만든다. 엄마들은 자녀를 데리고 진료와 치료의 과정을 거치며 자폐증에 대해 배울 뿐 아니라 아이의 특징에 맞춰 아이와 새롭게 관계 맺는 방법을 배운다. 특히 각종 치료실은 치료사의 주도로 아이의 언어나 인지, 사회성 등이 제대로 발달할 수 있도록 촉진하는 새로운 '자극'이 주어지는 공간으로, 아이가 살아가는 데 필수적인 능력을 키우는 곳이자, 부모가 치료사를 본받아 아이를 대하는 더 좋은 방법을 배우는 곳이기도 하다.

> "우리랑 다른 아기인데, 우리 아기가 소통하는 순서가 (다른 사람과 달라요) … ○○이가 남들이랑 다른데 우리 (부모)는 똑같이 하고 있었던 거예요.. … 얘한테 필요한 건 이건데 우린 그것도 몰랐고. … (치료사) 선생님이 ○○이한테 접근하는 방법을 내가 매 생활에서 계속 따라 해야 된다는 거예요. 내가 일반 아이로 대하면 얘는 … 못 알아듣거나 그냥 그렇게 넘어가고. … 내가 선생님 입장에 들어가서 걔 마음을 알아줘야 걔도 나한테 마음

이 열리고 표현할 수 있는 건데, 그걸 몰랐던 것 같아요. 나는 그냥 엄마고, 평범한 엄마처럼 하려고 했는데, 난 다 했는데 얘한테는 그게 아무 의미가 없고 반응이 없고. 나는 그렇게 해서 점점 (아이와) 거리가 생기고 (아이를) 좀 힘들게 한 거 같아요." (부모5)

"치료 시간은 40분이잖아요. 그 시간 동안에 (아이가) 뭐 얼마나 좋아지겠어요? 하루종일 (엄마가 아이에게) 더 언어 자극 많이 주고, 놀이 자극 많이 주고, 치료실에서 했던 거 복습해서 하고, 상호적인 활동 하고. … (아이의 말) 한마디라도 놓치지 않고 대답을 하려고 노력하고. (아이와 함께) 집안일을 같이 해요. 쌀 씻자, 이게 쌀이야, 쌀을 씻어서 물에 헹궈서 이렇게 밥을 하는 거야, 취사 버튼 눌러보자. … (아이와) 같이 뭐 하나라도 상호작용 하려고 하고, 모든 일을 함께한다 그런 생각으로 하고 있어요." (부모13)

"(사회성 발달을 다루는 치료로는) 놀이 치료, 미술 치료, 음악 치료, 심리 운동, 그 반응성 치료라는 거 있죠, 알티 (RT) 치료, 그런 거 있거든요. 거기서 (치료실에) 부모가 (아이와) 같이 보통 들어가는데, 아이한테 효과적으로 반응하는 방법(을 배워요). … 저희 아이 같은 경우에는 불안이 굉장히 높아가지고, 수행 불안 이런 거 있거든요. 갑자기 새로운 과제를, 예를 들어서 더하기를 하다가 갑자기 뺄셈을 시키면 안 하려고 해요. … 접근 자체를 안 하려고 하기 때문에, 다음 수행에. … 그게 굉장히 특이한 사항이잖아요. 보통 아이들이 게으름은 많이 피우지만 다음 과제를 전혀 안 하려고 할 때는 어떻게 해야 하는지 그런 건 모르잖아요, 안 배우잖아요. 그러니까 그런 거를 심리치료를 통해서 많이 배웠죠." (부모10)

이처럼 엄마들은 주로 각종 치료를 접하면서 일반적인 발달 과정을 겪는 아동과는 '다른' 아이와 '적절히' 관계를 맺기 위해서는 아이의 특징을 이해하고 그에 맞는 방법을 배워야 한다는 점을 깨닫는다. 또한 아이를 치료하는 과정에서 엄마들 역시 아이를 대하는 구체적인 방법들을 배우고 일상적으로 실천하게 된다. 아이와 일상을 함께하며 매순간 아이와 눈을 맞추고, 아이의 몸짓을 해석하고, 아이의 목소리에 대답하고, 아이의 불안과 행복을 읽어내 타인에게 이야기해주면서, 엄마는 자폐증을 이리저리 알아 가고 어루만지며 자폐증을 바꾸어 가고 있다.

이렇게 보면, 자폐증을 '잘' 돌보기 위해 필요한 지식은 자폐 과학이 쏟아내는 사실들에 국한되지 않는다.

의사로부터 자녀의 자폐증을 진단받고 자폐증의 증상과 치료법을 이해한 뒤에도 자폐증과 자폐증을 지닌 아이에 대한 공부에는 끝이 없다. 일반적으로 발달하는 아동과는 '다른' 아이의 행동 하나하나를 이해하기 위해, 그에 개입하기 위해, 아이가 좀 더 좋은 방향으로 발달하고 성장할 수 있게 돕기 위해 엄마들은 온갖 종류의 지식과 정보를 습득하고, 검토하고, 하나씩 적용해보는 것이다. 때로는 이 가운데 생겨나는 새로운 슬픔이나 불안도 관리해야 한다. 아이가 진료실 문을 나서면 전문가에게 그 아이의 자폐증은 더 이상 보이지 않지만, 엄마는 손에서 자폐증을 내려놓을 수가 없다. 이것이 자폐증에 대해 배우기 위해 정신의학 교과서나 진단 전문가의 이야기뿐 아니라 엄마들의 이야기가 필요한 이유다.

과학기술학을 통해서 질병을 (돌)본다는 것

그래서 자폐증은 무엇인가? 자폐증에 대해서 내가 알게 된 것은 무엇인가? 자폐증이 단지 의학적 명칭이나 그것을 위시한 정신의학 지식의 관점으로 완벽하게 정의하고 판별할 수 있는 자명한 실체가 아니라는 것, 여기까지는 분명하다. 그간 과학기술학 연구자들은 특정한 질병에 관한 진단 범주와 전문성이 형성되는 과정을 드러내는 작업에 집중해 왔다. 나 역시 자폐증을 소재로 연구를 시작하면서 진단 기준이 담겨 있는 편람과 그것이 형성되어 온 역사부터 들여다보았듯이 말이다. 진단이라는 의료적 실행이 이후 환자와 보호자가 질병을 경험하는 방식을 좌우한다고 보았기 때문이다. 그러나 연구를 진행하면서 연구의 초점을 바꿔야 한다는 점을 깨달았다.

일차적인 이유는 자폐증에 관한 지식과 진단 범주, 도구 들이 갖는 권위와 그 영향력이 학자들이 생각한 만큼 그렇게 강력하거나 안정적이지 않기 때문이다. 현재 우리 사회에서 자폐증에 대한 전문가의 진단 결과나 치료에 대한 제안이 상당히 자주 부정된다는 점에서 그렇다. 자폐증 진단이 특히 어린아이를 대상으로 내려진 것일 때, 그것은 진료실 밖에서 적극적으로 재해석되거나 폐기된다. 엄마들은 다른 가족 구성원이나 주위 엄마들과의 대화 속에서, 온라인 커뮤니티의 글에서, 치료사와의 상담 시간에, 그리고 아이와의 관계 가운데 진단 과정이나 결과에 대해 곱씹어보면서 그 내용과 신뢰도를 다시 만들어 간다. 우리나라에서는 상대적으로 최근까지도 자폐증 진단에 대한 전문가 사이의 합의가 부족했으며, 여전히 분과에 따라 또 전문가 개인에 따라 자폐증을 판별하는 실질적인 기준이 달라서 진단 결과가 달라지는 경우가 많다. 예컨대, 정신과 의사가 자폐증이라고 진단한 아이에 대해 소아과 의사는 자폐증이 아니라고 진단하는 경우도 있다. 이 때문에 많은 엄마들은 아이에 대한 여러 가지 진단'들'을 놓고 저울질하며 하나의 진단명으로 다른 진단명을 부정한다.

더 주목해야 할 현상은 엄마들이 전문가의 평가뿐 아니라 치료사나 주위 엄마들이 아이의 사회성에 대해 내리는 다양한 평가들을 굉장히 진지하게 고려한다는 것이다. 엄마들에게 치료사나 주위 엄마들은 자신의 아이를 여러 번 자세히 보고 이전보다 발전된 모습을 간파할 수 있는 사람들이다. 이러한 측면에서 엄마들에게 이들은 자폐증 진단에 있어서는 비전문가이지만 자신의 아이에 대해 잘 아는 또 다른 '전문가'이고, 이 때문에 일회성 만남에서 생산된 진단 전문가의 판단은 종종 일상의 관찰 결과로부터 도전을 받는다. 이처럼 자폐증이라는 진단 결과나 그것이 지칭하는 상태는 진료실에서 한 번의 평가로 주어진 채 불변하는 것이 아니라, 아이에게 일상적으로 반응하는 몸들과 사건들에 의존하여 계속해서 재구성되는 것이다.

이렇게 보면, 자폐증이 무엇인지, 또 어떻게 존재하는지를 이해하기 위해서 내가 연구자로서 해야 할 작업은 자폐증에 관한 지식이나 의학적 범주, 진단 기준과 도구가 학계 내에서 형성되는 과정을 살피는 데 국한될 수 없다. 그것은 자폐증을 보는 '눈', 즉 자폐증에 반응하는 특정한 방법을 배운 몸과 그에 의존하는 자폐증만을 보여줄 뿐이다. 이에 더해서, 자폐증에 대해 또 다른 방식으로 반응하는 법을 배운 몸들과 그에 의존하는 자폐증들에 대한 이야기가 필요하다. 자폐증을 다루는 더 많은 실천, 더 많은 사건을 따라가보는 것이 더욱 중요한 과제가 되는 것이다.

　　그렇다면 엄마들로부터 알게 된 자폐증은 무엇인가? 엄마와 아이의 일상 속에서 자폐증은 매번 새롭게 평가되면서 점점 없어지다가도 결코 없어지지 않는 것이 되곤 한다. 책을 통해, 지인을 통해, 경험을 통해 이젠 좀 알겠다가도 여전히 알 수 없는 어떤 것이 된다. 그래도 다시 책과 논문을 펼쳐 그것이 무엇인지 알아야 제대로 관리할 수 있는 것이었다가, 알면 알수록 한숨이 나는 것이기도 하다. 진료실 안에서 자폐증은 민감한 전문가가 포착하여 말해주는 것이지만, 진료실 밖의 자폐증에는 더 많은 사람이 감지한 느낌과 새로운 해석들이 덧붙고 희망, 절망, 기쁨, 슬픔과 얽힌다. 이처럼 자폐증을 '보는' 잣대와 범주뿐 아니라 자폐증을 '돌보는' 시간과 공간을 채우는 수많은 실천이 자폐증을 이해하는 데 빼놓을 수 없는 요소가 된다. 자폐증이라고 불리지 않을수록 거기에

자폐증과 자폐증을 공부하는 엄마들에 연루되다 ◇ 장하원

는 더 열렬히 감지되고 세심하게 식별되는 어떤 것이 있다. 과학적으로 입증된 치료뿐 아니라 엄마가 아이의 사회성을 개선할 수 있는 온갖 방편들을 알아보고 시도해보는 끊임없는 노력 속에 더 적극적으로 돌보아지는 어떤 것이 있다. 매순간 새롭게 느껴지고 바꾸려고 개입되고 다르게 불리기를 희망하며 없어지기를 바라면서도 받아들여지는 어떤 것, 그것을 내 연구에서는 편의상 '자폐증'이라고 불렀지만 사실 이 용어를 쓰는 것이 가장 좋은 방법인지는 나 역시 확신할 수 없다. 몇몇 인터뷰 자리에서처럼 자폐증이라는 단어를 한 번도 쓰지 않은 채 이것에 대해 이야기하는 법을 찾지는 못했다. 다만 내가 하고 있는 것은 '자폐스펙트럼장애'라는 범주로 완전히 포섭되지 않는 자폐증'들'을 기록하여 그것들의 존재를 더 분명히 드러내려는 시도이다.[14]

　　자폐증에 더 '잘' 연루되기 위해서는 그렇게 말해진 다양한 자폐증들의 옳고 그름을 판별하는 것을 넘어, 그것들을 이루고 있는 지식과 느낌, 사람과 사물, 감정과 책임의 분포와 분배를 살펴야 한다. 엄마가 전문가의 진

———　**14**　불완전한 결실이 다음의 박사 논문이다. 장하원 (2020), 『'다른 아이'의 구성: 한국의 자폐증 감지, 진단, 치료의 네트워크』, 서울대학교 박사학위 논문.

단을 부정하고 자녀의 '사회성'이 점점 좋아지고 있으며 언젠가 자폐증의 경계를 벗어날 수 있다고 평가한다면, 이는 헛된 희망과 기대에 사로잡혀 의학적 범주를 거부하는 비합리적인 행위인가? 엄마가 아이의 자폐증을 치료하기 위해 의사가 권하는 행동 치료를 선택하지 않고 아동발달센터에서 만난 다른 엄마가 권하는 애착 치료를 시도한다면, 이는 과학적으로 검증되지 않은 치료를 선택하는 비합리적인 행위인가? 모든 사건들에 대해 똑같이 답할 수는 없지만, 나는 나의 연구를 근거로 삼아 합리/비합리, 과학/비과학의 이분법은 자폐증에 관한 '좋은' 돌봄을 만들어내는 데 도움이 되지 않는다고 답할 수 있다. 아이에 대한 엄마의 주관적 느낌·기대·희망·책임 있는 행위들은 비과학적인 사고나 비합리적인 실천이기 이전에 자폐증에 대한 반응들이며, 이러한 반응들 가운데 자폐증은 새롭게 느껴지고 말해지고 돌보아지며 매순간 달라진다. 자폐증을 돌본다는 것은 특정한 증상들을 관리하는 것을 넘어 그것이 의존하는 몸, 지식, 느낌, 감정, 책임 들이 이루는 관계들을 검토하고 더 좋은 방향으로 조정하는 것을 포함한다. 따라서 자폐증의 증상을 어떻게 정의하느냐의 문제뿐 아니라, 그에 연루된 모든 행위자들의 관계와 느낌 들을 살피는 과학기술학 연구가 이루어질 때 자폐증에는 더 많은 이야기과 사건이 덧붙여지며 더 잘 돌보아질 수 있을 것이다.

o

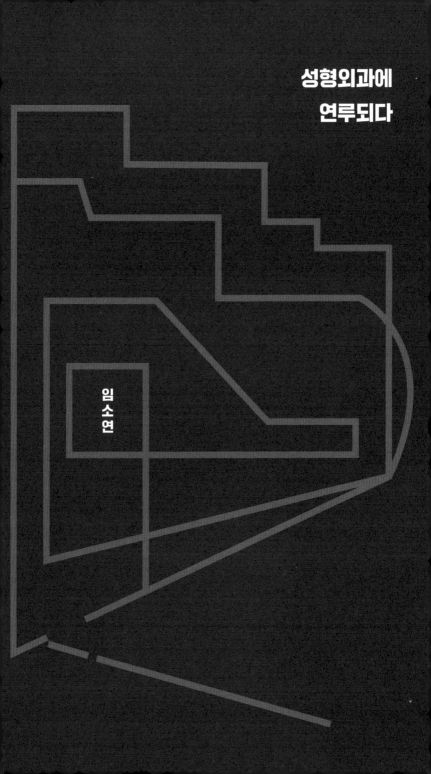

나는 어쩌다 성형외과 현장에 있게 되었나

처음부터 성형 수술[1]을 연구할 생각은 아니었다. 나의 꿈은 대학의 수학과 교수였다. 내가 어쩌다가 여기까지 왔을까. 성형 수술을 연구하기 바로 직전에 관심을 가졌던 것은 피부과에서 쓰이는 각종 광학기기들이었다. 피부과 광학기기에 관심을 갖게 된 것은 대학원에서 기술사 관련 수업을 들으면서부터였고, 과학사 및 과학철학 협동과정이라는 대학원의 박사과정에 입학하게 된 이유는 환경사와 자연사를 공부하고 싶었기 때문이었다. 환경사와 자연사를 더 공부해야겠다고 결심한 것은 자연사 박물관의 전시를 분석하는 석사학위 논문을 쓰면서부터였다. 박물관학을 배우기 위해 대학원으로 유학을 떠났던 것은 졸업 후 1년 정도 박물관이나 전시관을 기획하는 회사를 다니며 과학 관련 전시 및 박물관 쪽을 내 평생의 진로로 결정했기 때문이었다. 왜 생물학과를 졸업하

성형외과에 입문하다 ∨ 임소연

---

1 성형 수술을 미용 수술cosmetic surgery과 재건 수술reconstructive surgery로 구분한다면 나의 연구 대상은 전자에 국한된다. 그러나 미용 목적의 성형 수술이라고 해도 많은 경우 치료나 교정 목적을 동반하며 수술 방법이나 원리에 있어 둘 사이에 근본적인 차이가 있다고 보기 어려운 경우도 많다.

고 전시기획 회사에 입사했느냐 하면 생물학 연구보다는 생물학을 대중에게 재미있게 알리는 일을 더 잘할 것 같아서였다. 대학에 입학했을 때는 통계학 정도를 전공으로 점찍으며 자연과학부로 들어갔으나 과를 정해야 하는 3학년쯤 되자 천재가 아니어도 될 것 같은 생물학과가 그나마 유일한 선택지가 되었다. 왜 자연과학부에 애초에 입학을 했느냐 하면 과학고를 졸업한 여학생, 아니 과학고 출신이지만 뛰어나지는 않은 여학생이 최소한의 자존심을 지키며 갈 수 있는 곳이었기 때문이었다. 고3의 나는 공대나 의대를 갈 정도의 실력과 배짱은 없었지만 여학생에게 주로 추천하는 사범대를 가고 싶지는 않았다. 과학고에 입학할 때까지 나의 꿈은 어릴 때 그대로였지만 3년의 고등학교 생활은 나의 꿈을 과학과는 완전히 멀어지게 만들었다. 세상에 천재는 많았으나 나는 아니었으며 과학자는 천재가 택하는 직업이니 나는 꿈꿀 수 없는 직업 같았다. 그렇게 수학과 대학교수를 꿈꾸던 나는 20여 년 후 성형 수술 연구로 박사학위를 받게 된다.

　　한때 수학자를 꿈꾸었던 만큼 나에게도 과학이 재미있고 좋았던 시절이 있었다. 바로 초등·중학교 시절이다. 그때 과학에 재미를 느꼈던 이유는 단순했다. 내가 누구보다 수학과 과학을 잘했기 때문이다. 수학에 먼저 흥미를 느끼기 시작했고 두각을 나타내며 지방의 경시대회를 휩쓸었다. 초등학교 때에는 남자아이들보다 월등하게 뛰어났다. 그러다가 여중에 진학하고 수학과 과학 과목에서는 독보적인 위치가 되었다. 지방의 작은 도시에서 그렇게 나는 천재 소리를 듣고 자랐고 과학고 진학이 이상하지 않을 명성을 얻게 되었다. 그때는 수학과 과학이 그렇게 재밌을 수가 없었다. 퍼즐이 맞추어지듯 머릿속으로 문제를 풀 수 있는 방법이 막 떠올랐다. 다른 아이들이 왜 이해를 못하는지 이해가 안 될 정도였다. 실험 자체에 큰 흥미는 없었지만 그 와중에도 내가 생각한 대로 하면 틀리는 일이 거의 없었다. 흔히 과학자나 공학자 중에 수학이나 과학을 왜 좋아하는지를 물어보면 '국어나 사회는 해석에 따라 답이 다를 수 있지만 수학이나 과학은 답이 확실하잖아요'라고 답을 하는데 내가 딱 그랬다. 언제나 분명한 답이 있는 수학 문제의 답을 찾기 위해 퍼즐을 이리저리 맞추는 과정이 나는 즐거웠다.

그러나 이 즐거움은 오래 가지 못했다. 내가 과학고를 가지 않고 동네 여고에 다녔다면 달랐을까? 때로는 선생님마저 능가하는 과학고의 진짜 천재 동기들 앞에서 나는 기가 죽고 또 죽었다. 수학 문제의 답이 확실하다는 사실은 변함이 없었지만 그 답을 찾아가는 과정은 전처럼 즐겁지 않았다. 그 천재 동기들 중 많은 이들이 과외를 받거나 선행 학습을 했다는 것조차 모를 때였다. 3년을 버티고 운 좋게 서울대에 입학을 했지만 동기들의 편차가 커졌을 뿐 나는 여전히 천재와 영재가 가득한 곳에 있었다. 도무지 전공 과목에는 자신이 없었고 흥미도 없었다. 화학 수업 기말고사에 이름만 쓴 백지를 내고 나오기도 하고 그런 나를 보다 못한 동기들이 나를 앉혀 놓고 선형대수 공부를 하게 하기도 했다. 그렇게 4년을 버티면서 과학자가 되어야겠다는 꿈을 꿀 리 만무했다. 과학자를 꿈꾸었던 나의 동기들은 착실하게 수업을 받았고 졸업 후에도 학교에 남거나 유학을 떠났다.

나는 일말의 아쉬움도 없이 다른 길을 택했다. 학과 홈페이지에 올라온 채용 공고를 보고 작은 전시기획 회사에 입사해버렸다. 그렇게 입사한 회사는 정말 재미있었다. 원자력 홍보관, 공룡 박물관, 녹차 전시관 이런 전시 공간들을 기획하면서 적성에 맞는 일이라는 것이 이런 것이구나 싶었다. 1년 정도 회사 생활 후 이쪽으로 공부를 제대로 해봐야겠다 싶어서 미국에 있는 학교로 유학을 떠났다. 그렇게 나는 박물관학을 전공하고 나의 학부 전공을 살려서 미국의 과학관과 자연사 박물관이 자연을 어떻게 전시하는지 비평하는 논문으로 석사학위를 받았다. 그곳에서 깊이 있게 접하게 된 인문사회학은 너무나 재미있었다. 이를테면 유럽 귀족들이 식민지 정복의 전리품을 전시했던 '호기심의 방'에서 박물관이 시작되었다거나 미국인이 원주민을 몰아낸 황무지를 마치 문화유산처럼 여긴다는 것 등을 처음 알게 되었다. 유럽과 미국의 비교, 박물관의 사회적 역할의 변화 그리고 자연과 문화 사이의 모호한 경계 등 나는 박물관 운영이나 전시, 교육의 실무보다 이런 것들을 배우며 희열을 느꼈다. 석사학위를 받은 후 나는 박물관에 취직해서 일을 하는 대신 박사과정에 진학해서 자연과 환경에 관한 인문사회학적인 공부를 해야겠다고 마음먹게 되었다.

그렇게 내가 과학을 좋아한 두 번째 시기가 찾아왔다. 첫 번째 시기가 과학을 잘해서 혹은 과학이 쉬워서 과학이 좋았다면 이 두 번째 시기는 과학을 잘하지도, 과학을 쉽다고 생각하지도 않는데 과학을 좋아하게 되었다. 그 두 번째 시기는 서울대학교 과학사 및 과학철학 협동과정에서 과학기술학을 공부하면서부터 지금까지 쭉 지속되고 있다. 사실 어릴 때 좋아했던 과학과 지금 좋아하는 과학은 다르다. 브뤼노 라투르의 말을 빌리면, 나는 이제 대문자 과학이 아니라 소문자 과학을 좋아하게 되었다. 교과서에 실리는 이론이나 노벨상을 받을 정도로 대단한 업적으로서의 과학이 아니라 과학자 혹은 대학원생, 박사후연구원, 테크니션 등으로 불리는 사람들이 실험실이라는 곳에서 매일매일 하는 일들을 좋아하게 되었다. 노동으로서의 과학, 정치로서의 과학, 만들어지고 있는 과학을 좋아하게 되었다고 할까. 과학기술학 전공을 접하면서 처음 읽었던 라투르의『실험실 생활』은 과학에 대한 나의 생각을 완전히 뒤바꿔 놓았다. 기술적 인공물을 비인간 행위자로 보는 라투르의 '행위자연결망이론'에 완전히 매료되면서 내 주위의 모든 물건들이 살아났다. 아네마리 몰Annemarie Mol의『몸 다중체The Body Multiple』[2]를 읽고는 의료 현장과 질병, 몸이 다시 보였다. 과학과 사회, 자연과 문화, 인간과 비인간, 의사와 환자, 몸과 정신… 지금까지 당연하다고 생각했던 모든 이분법적 구분이 무너져 내렸다. 과학과 기술 그리고 의료가 만들어지고 작동하는 현장, 그곳은 바로 세계가 둘로 나뉘기 전의 세계였다. 그 세계에서 살아보고 싶었다. 과학 실험실, 병원, 기술 연구소, 어디라도 좋았다. 그것은 과학기술에 대한 완전히 다른 형태의 사랑이었다.

처음 그 사랑이 향했던 것은 피부 시술에 쓰이는 레이저 장비였다. 박사과정 두 번째 학기에 들었던 '현대 과학기술사' 수업의 기말페이퍼 주제였다. 왜 하필 피부과 레이저 장비였냐 하면 그 즈음 피부과에 다녔기 때문

2   Mol, Annemarie. *The body multiple*. Duke University Press, 2003. 아직 국내에 번역되지 않았다.

이다. 말 그대로 내가 피부과에서 가서 레이저 시술을 받으면서 이 장비에 관심을 갖게 되었으니 나의 최초의 현지였던 셈이다. 처음부터 학교 안에 있던 수많은 과학 실험실을 두고 강남에서 산부인과 의사가 운영하는 의원에서 피부 시술을 받으며 그곳의 장비를 연구해보고 싶다고 느꼈다는 것부터가 '이상한' 과학기술학 연구자가 되리라는 계시였던 것 같다.

피부과에서 쓰는 기계를 연구해야겠다고 생각한 이유는 내가 레이저 시술을 받게 된 이유이기도 했다. 나는 내 몸에 인위적인 무언가를 하는 것을 싫어했다. 다분히 비과학적이지만 인위적으로 통증을 느끼지 않게 된다는 것이 이상해서 두통약을 먹는 것도 꺼려했을 정도였다. 피부과 의사와 상담사는 그 기계들이 피부를 좋아지게 만드는 이유가 피부에 상처를 내서 자연스럽게 재생을 유도하는 원리라고 설명해주었다. 상처를 입은 피부 세포가 재생되는 자연스러운 인체의 원리를 따른다는 그 말에 나는 큰맘 먹고 카드를 내밀었다. 눈앞에서 피부 구조를 모형으로 보여주며 해주는 설명 덕분에 몸에 인위적으로 기술이 개입하는 것에 대한 거부감이 단박에 사라졌다. 인공적인 것과 자연적인 것 사이의 경계가 허물어졌달까. 게다가 미용이라는 여성적인 영역에서 커다란 몸집의, 남성적인 금속 기계들이 보여주는 이질적인 존재감에도 눈길이 갔다.

　　연구 주제를 정하니 현장에 들어가고 싶었다. 연구를 할 수 있는 장소로 피부관리실, 피부과, 그리고 성형외과 이렇게 세 군데 정도를 염두에 두었다. 피부관리실에 들어갈 수 있는 방법을 찾기 위해 피부관리사를 교육하는 곳을 찾아가 교육을 받기도 했고 의사인 친척에게 피부과나 성형외과 의사를 소개시켜 달라고 부탁하기도 했다. 그러다가 S 성형외과(가칭) 원장을 만나게 되었다. S 성형외과는 성형외과 의사도 있었지만 가정의학 전문의도 있고 각종 피부과 장비 및 피부미용사들을 두고 피부과 시술을 하고 있었기에 내 연구 현장으로 삼기에 괜찮아 보였다.

　　그런데 막상 성형외과에 들어가니 성형 수술을 봐야겠다는 생각이 들었다. 성형외과 전문의가 세 명이나 있는 성형외과 의원에서 부수적인 피부 미용 실행을 본다는 것 자체가 애초에 이런 고민을 예견하는 것이었다. 그럼에도 불구하고 성형 수술을 연구해야겠다는 결심이 선뜻 내려지지는 않았다. 피부미용에 비해서 성형 수술은 당시의 나에게 너무 낯설었다. 20대 초반에 큰 고민 없이 남들 다 한다는 쌍꺼풀 수술을 했음에도 그랬다. 피부 시술과는 다르게 성형 수술은 나와는 멀게 느껴지는, 다른 세계의 것이었다. 다른 한편으로 성형 수술은 연구하기 부담스러운 주제이기도 했다. 성형 수술은 사회학이나 여성학 분야에서 이미 많이 연구되어 있었고 대개는 비판을 받아 온 의료기술이다. 학술적으로뿐만 아니라 사회적으로도 그랬다. 내가 성형 수술에 대해서 무엇을 더 말할 수 있을까? 비판 외에 무엇을 더 할 수 있을까? 무엇보다 성형 수술을 과학기술이라고 해도 될까? 애초에 피부 미용을 연구하려고 했던 이유는 피부과 장비라는 '기계'가 있었기 때문이다. 이렇게 눈에 보이는 기계, 레이저 기술을 활용하는 장비를 사용하는 피부 시술과는 달리 성형 수술 하면 의사라는 사람 외에는 딱히 떠오르지 않았다. 성형 수술이라고 하면 과학기술이나 의료라기보다는 문화로 먼저 다가왔다. 과학기술학은 문화를 연구하는 학문이 아니다.

　　이런 고민 속에서 S 성형외과에서의 나의 연구, 아니 나의 삶이 시작되었다. 그것은 나의 의도도, 우연도 아닌 그 둘의 사이 어디쯤에 의한 것이었다. 나는 그렇게 성형외과 현장에 있게 되었고 그 현장의 일부이자 그 현장의 목격자가 되었다. 그곳은 어쩌면 한국의 성형 수술을 연구하기에 최적의 장소였고 내가 현장연구를 했던 2010년 전후의 시기는 한국의 성형 수술을 연구하기에 최적의 시기였다.

S 성형외과의 임 코디가 되다

나는 현장에서 주로 '임 코디'로 불렸다. 역시 나의 의도는 아니었고 S 성형외과 대표원장이 먼저 제안을 한 것이었다. 첫 만남에서 최소 1년 정도의 참여관찰을 하겠다는 내 말에 박 원장(가명)은 그렇다면 아예 업무를 맡는 것이 어떻겠냐고 되물었다. 매일 와서 가만히 있으면 오히려 서로 불편하지 않겠냐는 것이었다. 나로서는 마다할 이유가 없는, 아니 사실 눈이 번쩍 뜨이는 제안이었다. 현지인들이 나에 대해서 느낄 수 있는 거부감이나 경계심을 줄이는 데에 크게 도움이 될 것이 틀림없었다. 게다가 직원에 준하는 신분이 된다면 내부 정보에 접근하기도 쉬울 터였다. 할 수 있는 한 최대로 현장에 연루되고 싶은 나의 바람은 그렇게 처음부터 잘 이루어지는 듯 보였다.

의원 내에서 성형 수술에 전문적인 지식도 없고, 의료인으로서든 비의료인으로서든 어떤 경험도 없는 나 같은 사람이 할 수 있는 일이란 자질구레한 일들이 대부분이었다. 예상과는 달리, 나는 환자와 가장 먼저 만나는 '리셉션 데스크'에 바로 투입되었다. S 성형외과의 다른 상담실장과 비슷한 유니폼을 입고 곧 내 이름이 새겨진 명찰까지 가슴에 단 채 나는 리셉션 데스크에 앉아 시간을 보냈다. 그곳에서 하는 일은 주로 전화 받기와 환자 응대였다. 의사와 상담실장 혹은 간호사 사이를 오가며 지시 사항을 전달해주거나 컴퓨터에 환자나 진료에 대한 데이터를 입력하는 일도 했다. 환자와 단 둘이 상담실에서 혹은 개인 전화나 이메일, 카카오톡 등으로 수술에 대한 이야기를 나누거나 수술비를 협상할 수 있는 권한은 끝까지 주어지지 않았다. 그것은 상담실장의 특권이자 그들의 전문성이었지 나 같은 초짜가, 게다가 현지인들과의 이해관계를 최소화해야 하는 연구자가 할 수 있는 일은 아니었다. 이런 일을 하는 이들은 S 성형외과에서는 상담실장과 구분하여 '코디네이터'라고 불렸다. 그렇게 나는 S 성형외과의 '임 코디'가 되었다.

　　현장에서 현지인처럼 참여하는 것이 연구에 도움이 되었는가? 이런 질문을 받는다면 나는 양가적인 답을 할 수밖에 없다. 도움이 되기도 했지만 방해가 되기도 했다. 임 코디인 나는 내부자이기에 의원 안의 어디든 갈 수 있었고 원칙적으로 누구와도 이야기할 수 있었기에 현장 접근성이 비교할 수 없이 높아졌다. 그러나 직원으로서 코디네이터 업무를 해야 했기에 때로는 연구자로서 조용히 현장을 응시하거나 기록하는 일에 제한을 받기도 했다. 내부자로서 현지인들의 조직 내 갈등이나 인간관계에 얽혀서 일부 현지인과 사이가 안 좋아지고 더 이상 그들로부터 정보를 얻지 못하게 되는 경우도 있었다. 그러나 애초에 질문 자체가 잘못되었기에 이러한 식의 답은 무의미하다. 이것은 아무리 강조되어도 지나치지 않다. 현장연구의 지향점은 현지의 모든 것을 관찰하고 기록하는 것이 아니기 때문이다. 과학기술의 현장에 직접 참여하여 연구하는 것의 의의는 밖에서 보지 못하는 것을 볼 수 있는 특권 그 자체에 있는 것이 아니다. 과학자가 자연을 가까이서 들여다본다고 해서 그 안에 숨어 있는 진리가 스스로 모습을 드러내는 것이 아니듯이 과학기술학자의 현장연구 역시 그 안에 들어가기만 하면 모든 것을 알게 되는 것은 아니다. 설령 현장의 모든 것을 본다고 해도 그것이 최고의 연구를 보장하는 것도 아니다.

　　연구자인 내가 관찰하는 현장과 내가 임 코디로 일하는 현장은 매일 협상하고 타협했으며 그것 자체가 나의 현장연구였다. 예를 들어, 사진을 찍거나 늘 가지고 다니는 노트(혹은 식당의 냅킨 등 무엇이라도)에 무언가를 끄적이는 것은 연구자인 나의 일상이자 임 코디의 업무이기도 했다. 내가 참여관찰을 시작했을 당시는 S 성형외과가 개원한 지 1년여밖에 지나지 않은 상태였기 때문에 의원 인터넷 홈페이지에 글과 사진 등을 채울 필요가 있었고 홍보를 위한 행사나 언론 노출도 자주 이루어졌다. 그러나 기존의 직원이나 의료진은 행사 참여자로 사진

촬영을 하기 힘들었을 뿐만 아니라 그들에게는 매번 홈페이지를 통해 행사 소식을 알리는 일 자체가 업무 외적인 부담이었기 때문에 아무도 나서서 맡으려 하지 않던 상황이었다. 그리하여 그 일은 곧 나의 업무가 되었다. 겨우겨우 마지못해 그 일을 해내고 있었던 마케팅 담당 직원에게 의원에서 일어나는 모든 일을 기록하고 싶어 하는 나는 그 일을 맡기기에 적임자라고 느껴졌을 것이다. 덕분에 나는 현장연구 초반에도 행사 중에 사진을 찍거나 상담 중에 기록을 하면서 눈치를 덜 볼 수 있었다.

　　S 성형외과는 나에게 연구의 현장이자 노동의 현장이었다. 퇴근 후 밥을 함께 먹고 술잔을 함께 기울이며 친해진 것은 말할 필요도 없고 무엇보다 우리는 일을 하면서 친해졌다. 의사의 동반인 자격으로 다른 상담실장과 함께 지방에서 열리는 성형외과 학회에 참석하기도 했고, 1박 2일 워크숍에 참석해서 S 성형외과의 과거를 돌아보고 앞으로의 계획을 세우는 과정을 지켜보았으며, 코엑스몰에서 열리는 박람회에서 S 성형외과의 부스를 함께 지키기도 했다. 연구자로서의 나의 능력은 현장에서 유용하게 활용되었다. 외국 환자의 상담이나 외국 의사와 기업가들과의 비즈니스 미팅에서 영어로 통역을 담당하기도 했고 특정 업계 종사자를 독자로 하는 작은 신문의 지면에 S 성형외과의 의사를 대신하여 성형 수술에

245

관한 칼럼을 쓰기도 했다. 현지 의사의 요청으로 미국 성형외과의 역사에 대한 나의 지식을 활용하여 윤리적인 의료 행위가 특히 성형외과에서 왜 중요한지에 대한 직원 교육용 강연을 하기도 했다. 이러한 노동의 결과는 현지인과의 친밀한 우정과 신뢰만이 아니었다. 학회에서, 워크숍에서, 박람회 부스에서 그리고 나에게 통역과 강연을 부탁한 의사, 칼럼을 부탁한 마케팅 담당 이사와의 대화에서 그들이 성형 수술에 대해서 어떤 희망을 가지고 있고 어떤 좌절을 느끼는지 보았다. 그렇게 나는 성형 수술이 여러 다른 세계에 동시에 속해 있다는 사실을 알게 되었다.

그 과정에서 내가 학부에서 생물학을 전공했다는 사실은 꽤 도움이 되었다. 학부 때 배웠던 지식들은 이미 머릿속을 떠난 지 오래였지만 내가 생물학을 전공했었다는 그 사실 자체만으로도 현지인들은 나에게 '과학적인 소양 같은 것'이 있다고 생각하는 듯했다. 이를테면, 김 원장(가명)은 수술의 원리나 과정을 설명할 때 특히 해부학적 구조를 설명하면서 자주 "학교에서 배웠지?"라거나 "알겠지만⋯"이라는 말을 덧붙였다. 박 원장은 한국인을 연령대별로 모아서 노화 과정을 단계별로 시각화하거나 정량화하면 어떻겠냐며 공동 연구를 제안한 적이 있다. 최 원장(가명)은 성형 수술을 과학적으로 이해하는 데 도

움을 준다며 자신의 책꽂이에 있던 진화론 책을 빌려 주
거나 자신의 학술논문을 출력해주기도 했다. 물론 김 원
장의 해부학 설명이 언제나 쉽게 이해되지는 않았고 박
원장과의 연구는 성사되지 못했으며 최 원장의 진화론에
완전히 동의할 수는 없었다. 그러나 내가 생물학 전공자
였다는 사실이 그들과 나 사이 그리고 내 안의 심리적인
벽을 조금이나마 낮췄던 것은 틀림없다. 그리고 만약 내
가 사회학 전공자였다면 보지 못했을 것들을 보게 해주
었으리라는 것도. 단 사회학 전공자라면 보았을 것을 나
는 보지 못했을 것이지만 말이다.

　　현장연구는 '관찰하는 나'만으로 가능한 것이 아
니었다. 현지인들을 관찰하면서 나는 현지인이 되었고
그들의 일을 함께했다. 나는 성형 수술을 하려는 환자를
도왔고 성형외과와 성형 수술을 홍보하는 것을 도왔다.
어떤 이는 내가 성형외과에서 현장연구를 하면서 현지인
들에 의해서 '세뇌'를 당했다고 비판했지만 아니, 변한 것
은 나의 뇌가 아니었다. 현장연구 후의 나는 현장연구 전
의 나와는 존재 자체가 달라졌다. 그것은 다시는 예전의
나로 돌아갈 수 없는, 불가역적인 변화였다. 나는 S 성형
외과의 모든 존재와 얽혀 있는 아주 불순한 연구자가 되
었다. 현장연구를 시작한 지 1년이 되던 해, S 성형외과
야유회에서 나는 공로상을 받았다.

성형외과에서 과학을 목격하다

S 성형외과에서 세 명의 의사들은 각자 다른 방식으로 환자를 상담한다. 그 다름은 의사가 환자를 대하는 태도나 말투 등과 같은 차이일 뿐만 아니라 상담실의 풍경, 의사가 상담 중에 하는 일, 상담에 소요되는 시간과 절차 등과 같은 물질적인 차이이기도 하다. 특히 최 원장의 상담은 다른 두 원장의 상담과 완전히 달랐다. 짧게는 10분 내외면 끝나는 김 원장이나 박 원장의 상담과는 달리 그의 상담 시간은 유독 길어서 1시간 가까이 걸리기도 한다. 상담 시작과 함께 상담실 안에서 환자의 얼굴 사진을 바로 촬영하는 것도 오직 최 원장의 상담실에서만 볼 수 있는 광경이다. 세 의사의 상담실 중에서 삼각대와 디지털 사진기 그리고 조명 장치 등이 설치된 곳은 최 원장의 상담실이 유일하고 상담 중에 컴퓨터를 활용하는 이 역시 그가 유일하다. 최 원장의 이러한 상담 방식은 그가 주장하는 "올바른 진단에 의한 성형 수술"의 핵심적인 부분으로 S 성형외과를 홍보하는 자료마다 빠지지 않고 강조되는 부분이기도 하다. 최 원장에게 아름다움이란 "과학적이고 재현가능하도록 구현된 가치"로서 올바른 진단에 의한 성형 수술이란 바로 이러한 가치에 충실한 성형 수술이다. 그의 상담에 대해서 환자들뿐만 아니라 상

담실장도 "과학적"이라고 입을 모은다.

내가 최 원장의 과학을 처음 접한 것은 현장연구를 시작한 지 얼마 지나지 않았던 어느 날 아침이었다. S 성형외과에서는 매주 월요일 아침 진료 시간 전에 직원들을 대상으로 하는 세미나가 열렸다. 이날의 월요 세미나에는 이례적으로 두 명의 강사가 초대되었는데 그중 한 명이 최 원장이었다. 강연의 제목은 '미용 턱 수술 aesthetic jaw surgery'이었다. 보통은 간단한 쌍꺼풀 수술도 예뻐지려고 하는 것이 아니라 속눈썹이 눈을 찌르는 안검하수증을 치료하기 위해서 하는 것이라고 정당화를 하게 마련인데, 최 원장은 미용 목적의 턱 수술임을 시작부터 분명히 했다. 그의 전문 분야는 양악 수술로 이것은 윗턱뼈와 아랫턱뼈를 잘라서 분리시킨 뒤 정상교합에 맞게 턱뼈를 이동시키는 수술을 말한다. 잘린 뼈들은 티타늄 판과 나사로 고정시킨 후 시간이 지나면 다시 붙는다. 치아의 교합에 영향을 주기 때문에 수술 전후 치아 교정이 권장된다. 하관이 나와서 얼굴의 가운데 부분이 오목하거나 평면적으로 보이는 경우 코를 높이는 수술이 아니라 턱 수술이 필요하다며 미용 턱 수술의 적응증과 원리 등을 설명했다. 이날 그의 발표 자료는 대부분 애니메이션 등장인물의 이미지나 국내외 남녀 연예인의 얼굴 사진 그리고 실제 환자의 수술 전후 사진 등으로 채워졌다.

이 강연의 핵심은 아름다운 얼굴의 기준이 예전에 눈과 코였다면 이제는 '입'이라는 것이었다. 그는 이목구비를 알아보기 힘들 정도로 작은 크기의 얼굴 사진 수십 장을 동시에 보여주면서 이 중 예쁜 얼굴을 골라보라고 했다. 사실상 눈의 크기나 코의 오똑함 등이 잘 분별되지 않을 정도로 작은 크기의 얼굴들이었지만 예쁘다고 느껴지는 얼굴이 간간이 눈에 띄었다. 최 원장은 그렇게 눈에 띄는 얼굴들을 골라서 확대해서 보여주며 예외 없이 모두 예쁜 입매를 가지고 있음을 확인시켜주었다. "대충 봐서 예쁜 얼굴이 예쁜 얼굴입니다." 그의 주장은 파격적이었다. 그리고 나는 완전히 설득되었다. 그는 자신의 말이 맞다는 것을 다시 한번 입증하겠다며 이번에는 화면에 커다란 선글라스를 써서 눈은 아예 보이지도 않는 유명 연예인들의 사진 여러 개를 나열했다. "와아아…" 강당 여기저기서 탄성이 흘러나왔다. 그가 말한 그대로였다. 늘 연예인들이 선글라스만 써도 아니 선글라스를 쓸수록 더 예뻐 보이고 더 '연예인 같아' 보인다고 느꼈는데 왜 그럴까 잠깐씩 궁금하긴 했는데 그날 드디어 이유를 알게 되었다. 선글라스가 오히려 눈이나 코 등 다른 변수를 가리고 오직 입에만 집중하게 만들기 때문에 예쁜 입매를 가진 연예인들의 특징이 더 잘 드러나는 것이었다.

"본인이 해당되지 않는다고 생각하는 많은 분들

이 이 수술의 대상입니다. S 그룹의 직원들 모두가 예뻐지는 그날까지 열심히 하겠습니다." 그의 강연은 이렇게 끝났고 그의 마지막 멘트에 강당에는 웃음이 터졌다. 엉거주춤 따라 웃기는 했지만 나는 몹시 당황스러웠고 불쾌했다. 이 사람들은 왜 웃는 거지? 나만 기분 나쁜 건가? 내가 불편했던 이유를 곰곰이 생각해보았고 두 가지 정도로 정리가 되었다. 우선, 그는 예쁜 얼굴을 아주 획일적인 기준으로 정의했는데 이는 사람마다 모두 다른 얼굴과 모두 다른 아름다움을 갖는다는 정치적 올바름에 어긋났다. 문제는 이 나쁜 설명이 내 귀에 아주 솔깃하게 들렸다는 것이다. 입매가 예쁜 얼굴이 예쁘다는 사실을 내 눈은 똑똑히 보았다. 그의 설명을 들으며 나는 예쁜 얼굴을 하나의 기준으로 정의할 수 있고 모든 이의 얼굴을 그 하나의 기준으로 평가할 수 있다는 사실을 부인할 수 없게 되었다. 그 사실에 대한 부정은 마치 내가 사랑하는 과학에 대한 부정처럼 느껴졌다. 요컨대 내가 불편했던 첫 번째 이유는 과학과 정치적 올바름에 대한 나의 믿음이 충돌했기 때문이었다. 그래도 뭐 이 정도의 딜레마는 감내할 수 있었다. 본인이 해당되지 않는다고 생각하는 사람들도 이 수술의 대상이라며 직원들에게 대놓고 수술을 권장하고 은근히 압박하는 듯한 최 원장의 마지막 말은 어떻게 받아들여야 할까? 강연 내내 과학자의 모습이었

251

조셉 라이트 더비, 〈공기 펌프 속의 새 실험〉, 1768

미인 과학의 실험을 목격하기 위해서 반드시 성형외과에 올 필요는 없다. 성형외과 의사들이 출연하여 실제 상담을 하고 수술 전후를 보여주는 많은 TV 메이크오버 프로그램은 말할 것도 없고 연예인(주로 여성)들의 성형 전후를 비교하는 각종 온라인 게시판의 글과 사진 그리고 성형 의혹을 전하는 각종 포털 기사들 역시 일종의 실험이고 우리는 일상적으로 미인 과학의 목격자가 된다.

던 그가 '장사꾼'으로 돌변한 순간이었다. '성형 수술의 과학'으로 생각하고 경청했던 그의 강연이 '성형 수술 마케팅'이 되어버린 순간, 나는 미용 턱 수술의 원리를 이해한 청중이 아니라 그의 마케팅에 낚인 소비자가 되었다. 성형 수술을 의사들의 돈벌이나 여자들의 쇼핑 품목 정도로 보는 남들과 달리 진지한 과학기술로 보겠다고 성형외과 현장에 들어온 나의 기대와 의지가 무색해지는 순간이기도 했다. 이것이 내가 진심으로 웃을 수 없었던 두 번째 이유였다.

　　그 자리에 있던 우리 모두는 그의 과학, 즉 새로운 미인 과학의 목격자들이었다. 나는 그저 그가 보여주는 사진들을 보기만 했는데 어떤 얼굴이 예쁜 얼굴인가에 대한 그의 주장을 의심하지 않게 되었다. 기분이 나빴지만 부정할 수 없고 그래서 또 기분이 나빴다. <공기 펌프 속의 새 실험>에서 묘사한 장면이 떠올랐다. 조셉 라이트 더비의 이 그림 속에서 과학자는 공기 펌프 속에서 죽어가는 새를 보여주며 진공의 존재를 증명한다. 이 실험을 지켜보는 사람들 중 어린 소녀들은 눈앞에서 죽어가는 새에 연민을 느끼거나 무서움에 고개를 돌리기도 한다. 새의 죽음이 안타깝지만 오히려 그렇기 때문에 진공의 존재를 거부할 수는 없었을 것이다.

　　강연이 끝난 후 착잡한 심경으로 리셉션 데스크에 앉아 있는 나에게 손 팀장(가명)이 다가와 말했다. 전에 다른 곳에서 최 원장의 강의를 이미 한 번 들었었다고. 그는 그때의 경험을 충격이라고 표현했다. 어디서도 들어보지 못했던, 그 이전까지 예쁜 얼굴에 대해서 가지고 있던 자신의 생각을 완전히 바꾸어 놓은 강의였다고 했다. "기분은 나쁜데 진짜 맞는 말이긴 해." 손 팀장이 기분이 나빴던 이유를 들어보니 최 원장의 강의를 듣기 전까지 나름

예쁘다고 생각했던 자신이 그가 제시한 새로운 기준에 의하면 예쁘지 않은 얼굴이 되었기 때문이라고 했다. 그러나 결국 그는 내가 그러했듯이 최 원장의 설명에 완전히 설득되었다. 최 원장의 '과학'은 그동안 그가 왜 자신의 얼굴에 100퍼센트 완벽하게 만족하지 못했는지 이유와 해결 방법을 동시에 제시해주는 것이었다고 했다. 그후 그는 우연한 기회에 S 성형외과 마케팅 직원으로 고용되었고 최 원장의 가장 열렬한 지지자 중 한 명이 되었다.

상담, 보는 것만으로도 알게 되는 과학

'성형의 과학'을 목격하고 나면 "도대체 뭘 믿고 성형 수술을 하겠다고 결심하는 거죠?"와 같은 질문이 마치 "도대체 뭘 믿고 과학이 옳다고 생각하는 거죠?" 하는 질문처럼 들린다. 후자의 질문이 이상하게 들리지 않는가? "도대체 뭘 믿고 과학이 옳지 않다고 생각하는 거죠?" 이쪽이 훨씬 자연스럽지 않은가 말이다. 사람들은 과학을 자연에 대한 지식이라고 생각한다. 과학을 과학자라는 인간이 꾸며낸 이야기라고 심각하게 의심하는 자들은 현대 사회에서는 오히려 웃음거리이다. 어떻게 그럴 수 있을까? 우리는 왜 과학이 자연을 재현하는 지식이라고 믿을까? 반면 성형외과 의사들의 말은 쉽게 의심받고 비난받는다. 그들의 과학은 종종 상술이나 이데올로기의 그럴듯한 포장지 정도로 여겨진다. 그렇다면 왜 나와 손 팀장 그리고 S 성형외과의 환자들은 최 원장의 강연에 고개를 끄덕이고 수술을 결정하게 되는 것일까? 최 원장이 사용하는 그럴듯한 말들에 현혹되고 화려한 연예인 사진들에 이성적인 판단 능력을 잠시 잃었던 것일까? 포토샵으로 만든 수술 후 이미지를 순진하게 믿고 수술만 하면 연예인이라도 될 것처럼 착각하게 되었던 것일까?

과학기술학자 브뤼노 라투르가 관찰한 토양학자의 아마존 숲 연구 과정을 따라가보자.[3] 숲에 간 토양학자는 우선 컴퍼스와 경사계 그리고 토포필(실로 말뚝 사이의 거리를 측정하는 도구)을 사용해서 숲을 기하학적 공간으로 바꾼다. 이 간단한 물질적 실행으로 숲은 일종의 실험실로 재탄생한다. 그리고 토양학자는 X축, Y축에 따른 구획에 따라 그 실험실의 곳곳에서 흙을 채취하여 얼음 만드는 틀처럼 생긴 종이로 된 토양 비교 분석기 안에 차례로 넣는다. 이때 언제 어디에서 채취되었는지와 같은 정

—— 3 이 부분의 내용으로 참고한 책은 다음과 같다. 브뤼노 라투르 지음, 홍성욱·장하원 옮김, 『판도라의 희망: 과학기술학의 참모습에 관한 에세이』, 휴머니스트, 2018, 2장 순환하는 지시체.

보를 꼼꼼하게 기록하는 것이 매우 중요하다. 그렇게 빈 네모 칸이 흙으로 채워진 토양 비교 분석기를 테이블 위에 한데 모아 놓으면 전체적인 패턴이 보인다. 흙의 색깔을 측정하는 데에는 먼셀 코드라는 도구가 필요하다. 먼셀 코드는 흙의 색깔 도감과 같은 것으로 각 색깔마다 코드 번호와 함께 구멍이 뚫려 있다. 토양 비교 분석기 안의 칸들에 담긴 흙에 먼셀 코드를 갖다 대면 그 구멍을 통해서 실제 흙과 코드 번호가 부여된 색깔이 하나의 평면 위에 놓이게 된다. 그렇게 숲의 특정한 장소에서 온 흙에 보편적인 번호가 부여된다. 요컨대 과학의 핵심은 첫째가 자연물을 자연 속에서 있는 그대로 보지 않고 넓게는 실험실, 좁게는 특정한 기하학적 공간으로 들여오는 것이다. 이때 자연으로 돌아갈 수 있도록 위치 등을 기록해 두는 것은 필수이다. 돌아갈 곳이 없는, 기원을 찾을 수 없는 자연물은 과학의 대상이 될 수 없다. 둘째는 그렇게 변형된 자연물을 동일한 2차원 평면에 두고 패턴을 찾아내거나 보편화한다는 점이다. 이를테면, 숲의 여러 곳에서 추출된 흙은 토양 비교 분석기에서 같은 평면에, 그리고 여러 토양 비교 분석기가 함께 테이블 위에서 동일 평면 위에 놓임으로써 과학자로 하여금 패턴을 볼 수 있게 한다. 먼셀 코드에 뚫려 있는 구멍은 엄청난 인식론적 장치이다. 인간은 이 작은 구멍을 통해서 흙과 표준화된 토양

색을 완전히 동일한 평면에서 동시에 바라볼 수 있게 되고, 아마존 숲의 특정 장소에서 온 흙에 보편화된 코드가 부여되는 것이 전혀 이상한 일이 아니게 만들어준다.

상담실의 최 원장은 마치 아마존 숲의 토양학자 같다. 실험실에서 과학자들이 살아 있는 쥐보다 그 쥐에서 추출한 물질이 만들어내는 그래프나 수치, 이미지 등을 들여다보는 데에 훨씬 더 많은 시간을 쏟는 것처럼 성형외과 상담실에서도 의사의 시선이 더 오래 머무는 것은 환자의 실제 몸이 아니라 몸의 사진 이미지이다. 최 원장의 상담에서는 크게 세 가지 종류의 얼굴 사진이 사용된다. 그가 현장에서 디지털 사진기로 바로 촬영한 환자의 얼굴 사진, 그가 인터넷 검색을 통해서 구한 국내외 유명인들의 얼굴 사진, 그리고 그가 과거에 수술했던 환자들의 수술 전후 사진 등이다. 유일하게 다른 점이 있다면 프랑스의 토양학자가 브라질 아마존 숲까지 비행기를 타고 가는 반면 최 원장은 서울 강남에 있는 그의 상담실에 앉아 있다는 사실이다. 비행기를 타고, 차를 타고, 지하철을 타고 최 원장의 실험실에 오는 것은 환자들이다.

최 원장은 거의 언제나 환자의 얼굴 사진을 찍는 것으로 본격적인 상담을 시작한다. 환자의 인적 사항 등이 기록된 '차트' 작성이 중요함은 말할 것도 없다. 사진을 찍는 절차는 동일하다. 그가 환자에게 머리띠를 건네주면 환자는 얼굴형이 적나라하게 드러나도록 머리띠로 짧은 앞머리나 얼굴을 가리는 머리카락을 전부 올린다. 환자가 그 상태로 상담실 한쪽 벽에 걸린 흰색 스크린 앞에 놓인 의자에 앉으면 그는 보조 조명등을 켜고 디지털 사진기로 그의 얼굴만 클로즈업되도록 사진을 찍는다. 이때 환자는 얼굴에 어떠한 표정도 지어서는 안 되며 특히 입에 힘을 뺀 상태로 사진기를 바라보도록 요구받는다. 허리와 고개의 각도를 교정받기도 한다. 사진은 정면과 90도 각도의 측면 이렇게 두 장을 찍는데, 이 사진들이 상담실의 컴퓨터 모니터에 뜨면 상담이 시작된다. 여기까지가 환자의 육체를 길들이는 절차 중 첫 번째에 해당한다. 이마를 훤히 드러내고 무표정으로 정면을 응시하는 사진이나 그 상태에서 얼굴의 한쪽 면이 온전히 보이도록 찍은 사진은 일상적으로 찍은 사진들과는 전혀 다르다. 이렇게 모든 환자의 얼굴은 측면과 정면의 얼굴 사진으로 전환된다.

　이렇게 3차원의 얼굴이 2차원 사진 이미지로 바뀌면 모든 얼굴을 하나의 평면 위에 놓고 바라볼 수 있고 패턴화가 가능하다. 라투르가 말한 것처럼 그렇게 놓고 보면 패턴을 발견하지 못하는 것이 오히려 이상하다.

　"사람 얼굴을 분석하면 몇 가지 그룹으로 나눌 수가 있어요. 정희 씨(가명) 얼굴은 턱이 약간 작고 가운데 얼굴이 긴 얼굴에 속하거든요. 정희 씨 얼굴에서 가장 나쁜 게 인중이 길다는 거예요. … 뭐든지 우리가 패턴화를 할 수 있죠. 얼굴도 마찬가지예요. 지금 정희 씨 얼굴의 제일 큰 특징은 중안면부가 길다는 거하고 또 인중이 길죠. 눈 쌍꺼풀하고 코 하면 미인이 되는 줄 아는데 예쁘려면 균형을 잘 맞춰야 돼요."

패턴화와 함께 환자들의 얼굴 사진은 그래픽 공간으로 바뀐다. 특히 최 원장은 아름다운 얼굴을 "코 밑에서 입 사이의 거리"와 "입에서 턱 끝까지의 거리" 간의 비율로 표현하는데 이 기준은 바로 환자의 정면 얼굴 사진에 적용된다.

"예쁘냐 그렇지 않냐를 결정하는 것은 눈이 크고 코가 높은 게 아니라 얼굴이 주는 균형감에서 오는 느낌이거든요. 어릴 때는 턱이 좀 커도 이렇게 예쁜데 나이가 들면 이렇게 센 인상이 되고 턱이 작으면 나이가 들어서도 어려 보이고 곱게 늙는다는 얘기를 많이 듣죠. 이마와 턱 높이가 비슷하죠. 턱이 크다는 건 이렇게 앞으로 나오고 옆으로 퍼졌다는 거죠. 가장 중요한 건 턱이 들어가는 거예요."

이때 컴퓨터 모니터에는 유명 여배우의 얼굴이 뜨고 눈과 입을 각각 지나는 수평선 두 개가 그어진다. 그러니까 사람의 얼굴은 정면에서 볼 때 상안면부, 중안면부, 하안면부라는 세 공간으로 나뉘며 이상적인 비율을 1:1:1이라고 할 때 미인의 얼굴에서는 하안면부의 비율이 1보다 작게 나타난다고 한다. 측면 얼굴에서는 하안면부의 턱 끝이 안으로 들어가야 할 뿐만 아니라 중안면부가 길지 않아야 하는데 상담 사례에서 주로 문제가 되는 부분은 중안면부에 위치한 코이다. 최 원장이 코의 길이, 인중의 길이, 턱의 길이, 얼굴의 길이 등 '길이'를 중요시하는 이유는 그의 실험실에서 얼굴이 세 공간 간의 길이 비율로 도식화되기 때문이다. 실제로 상담 중에 사용되는 얼굴 사진에는 얼굴을 세 부분으로 나누는 직선과 얼굴 길이를 비교하기 위한 직사각형이 자주 등장한다.

이제 어떤 얼굴 사진이든 비교하고 설명할 수 있다. 우선 대중매체와 인터넷을 통해서 자주 접하는 것처럼 성형 수술을 한 것으로 알려진 연예인들의 '수술 전후 사진'은 그의 상담에서도 등장한다. 치아 교정으로 얼굴이 몰라보게 달라진 유명 운동선수의 사진을 들며 아름다운 얼굴에서 입이 얼마나 중요한 요소인지를 보이기도 하지만, 성형 수술을 한 것으로 알려진 연예인들의 사진을 잘못된 성형 수술의 증거로 쓰기도 한다. 양악 수술을 해야 하는 이가 돌출입 수술을 해서 '합죽이'가 된 여배우 혹은 턱뼈를 과절제하는 사각턱 수술 탓에 자연스러운 턱의 각이 사라져 소위 '개턱'을 갖게 된 여성 연기자 등이 그 대표적인 예이다. 또한 코 성형을 했다가 보형물을 다시 제거한 남녀 배우들의 전후 사진을 비교해서 보여주며 성형을 한 코보다 원래의 자연스러운 코일 때가 더 낫다는 것을 보이기도 한다. 두 번째로 성형 수술 경험 유무와 무관하게 아름다운 얼굴의 반례로 유명인의 얼굴 사진이 사용된다. 예를 들어, 미국 여배우 데미 무어는 '남성적인 얼굴'을 가진 여성의 얼굴을 설명할 때 주로 등장한다. '하악이 큰 여성의 얼굴'을 대변하는 이 여배우의 얼굴 사진은 10~20대 시절에는 청순해 보이지만 40대가 되면 나이도 더 들어 보이고 강한 인상으로 보인다. 최 원장의 상담실에서 유명인의 이미지는 아름다운 얼굴의 상징으로만 소비되는 것은 아니다.

앞선 두 경우 예로 사용되는 유명인의 사진은 여러 명을 동시에 보거나 짧은 시간 동안 훑고 지나가는 데에 그친다면, 이 경우는 훨씬 더 비중 있게 다루어진다. 최 원장이 가장 즐겨 예로 드는 것은 배우 이영애의 얼굴 사진이다. 즉 이 배우의 얼굴은 그가 추구하는 "초정상적으로 아름다운 얼굴"의 재현물로 기능하며 그가 추구하는 "과학적이고 재현가능한 가치"로서 얼굴이 갖는 아름다움이 무엇인지를 잘 보여준다. 즉 이영애의 얼굴 사진 이미지는 최 원장에게 먼셀 코드와 같은 보편화된 기준 이다.

연예인 얼굴 이미지의 이러한 역할은 어떻게 시각 문화가 성형 수술의 확산에 기여해 왔는지를 잘 보여준 다. 지도나 도표가 시공을 초월해서 이동하고 재생산되 며, 텍스트와 결합 가능함으로써 과학을 전파한 것처럼 유명인의 얼굴 사진도 생산과 재생산, 그리고 이동 및 변 형이 용이하기 때문에 미인 과학의 확산에서 중요한 역 할을 한다. 라투르는 그러한 2차원 재현물을 기입물이라 고 부르며, 그것이 기능하기 위해서는 시각적 일관성, 그 것을 어떻게 보는가를 규정하는 시각 문화, 그리고 시공 을 축적하는 새로운 방식 등이 필요하다고 보았다.[4] 유명 인의 얼굴 사진은 그것이 실제 인물의 재현물이며 TV와 영화, 인터넷, 인쇄 매체 등을 통해서 의사와 환자 모두 비슷한 방식으로 그들의 외모를 판단하는 '시각 문화'를 갖게 되었을뿐더러 디지털 기술의 발달로 국적과 시대를 불문하고 유명인들의 이미지를 손쉽게 공유하게 되었다

4 Latour, Bruno (1986), "Visualization and Cognition: Thinking with Eyes and Hands", *Knowledge and Society: Studies in the Sociology of Culture past and Present*, Vol. 6, pp. 1-40.

는 점에서 이 세 가지 조건을 충족하고 있다.

유명인의 얼굴 이미지는 시공을 초월해서 공유되면서도 변하지 않으며, 실제 인물일 필요 없이 평면 위의 이미지이면 족하고, 그 크기 역시 손바닥만 한 사진 크기에서부터 영화관 스크린 크기까지 다양하다. 특히 디지털 이미지 기술과 인터넷 사용의 대중화로 이미지는 언제 어디서든 재생과 확산이 용이하며 텍스트나 다른 이미지와의 조합도 가능하다. 무엇보다 중요한 점은 유명인 이미지는 종이나 컴퓨터 화면과 같은 이차원적인 평면 즉 기하학적 공간에 존재한다는 사실이다. 앞의 상담 사례에서 보듯이, 유명인의 얼굴 사진은 얼굴을 삼등분하고 이마와 턱끝을 잇는 '직선'이나 얼굴 길이와 폭의 조화를 보여주는 '직사각형'과 융합이 가능하다. 그러므로 유명인의 얼굴 이미지는 성형외과 상담실이라는 물리적 공간을 넘어서도 작동하게 된다.

요컨대 상담실에 환자가 들어오면 최 원장은 재빨리 환자의 삼차원적 몸을 이차원적인 이미지로 바꾸어버린다. 결점을 가리고 장점을 부각시키는 머리 모양과 옷 때문에 꽤 그럴듯해 보이던 얼굴이 이마를 드러내고 입을 반쯤 벌린 상태에서 정면과 측면 사진을 찍고 나면 여지없이 단점이 두드러진 얼굴이 된다. "광대 밑이 꺼져서", "앞광대가 문제", "(코가) 너무 길어요", "얼굴이 커 보여요" 등등 혼란스러움의 대상이었던 환자의 얼굴이 상담 말미에는 "코에 넣은 것만 빼"[5]면 되는 얼굴이 되었는데, 그 과정에서 최 원장은 여러 번 유명인의 사진을 사용했다. 여기서 관심의 대상은 눈앞에 있는 환자의 얼굴이 아니라 컴퓨터 화면으로 보이는 무표정한 얼굴 이미지이다. 아름다운 얼굴의 모델인 유명인의 얼굴 이미지와 비교되는 것은 환자의 삼차원적 얼굴 그 자체가 아니라 마찬가지로 이차원적으로 재현된 이미지인 것이다. 3차원의 실재와 2차원의 이론의 대응이 아니라 동일한 평면 위에서 일어나는 (실재의) 재현과 (이론의) 재현의 대응, 이것이 바로 최 원장의 상담이 과학적으로 보이는 이유이다.

최 원장은 상담 중에 디지털 사진을 찍게 된 계기를 묻자 "사람들은 자기 얼굴을 보여주지 않으면 어디가 문제인지 모르니까. 얼굴을 보여줘야 돼서 사진을 찍어서 쓰기 시작했"다고 답했다. 그는 컴퓨터 영상 모의 수술을 위해서 개발된 특정 프로그램을 사용하는 것이 아니라 일반적으로 사용되는 디지털 사진기로 찍은 환자의 얼굴 이미지를 모니터로 보면서 상담을 한다. 흔히 예상

5 　정희 씨는 다른 성형외과에서 코를 높이는 수술을 한 후에도 얼굴이 만족스럽지 않아 양악 수술 및 안면 윤곽 수술을 전문으로 하는 최 원장을 찾아왔으나 결국 코에 삽입한 보형물을 제거하라는 최종 진단을 받았다.

하듯 상담 시 컴퓨터 프로그램으로 환자의 사진을 조작한 후 가상 수술 결과를 보여주는 방식이 아니다. 오히려 그는 환자가 실제 수술 결과와 가상 수술 결과를 혼동할 여지가 크다는 이유로 첨단 컴퓨터 가상 수술 프로그램을 사용하지 않는다. 그에게 디지털 사진 기술이 주는 가장 큰 혜택은 수술 후의 결과를 예측하고 그것을 시각화할 수 있다는 데에 있는 것이 아니라 그 자리에서 환자로 하여금 자신의 얼굴을 '객관적으로' 바라보게 함으로써 얼굴의 문제점을 깨닫게 하는 데에 있다. 최 원장에게 수술 전 상담은 가상의 수술 결과를 미리 보여주면서 환자를 '유혹'하는 과정이 아니라 현재 환자의 상태를 진단하기 위해 거쳐야 하는 절차이고 디지털 사진기는 그 진단을 위해 동원되는 도구이다. 이 과정에서 환자 역시 2차원 표면 위에 재현된 자신의 얼굴과 몸을 바라보는 시선의 주체가 됨으로써 의사와 환자의 협상이 용이해진다.

수술, 보는 것만으로는 알 수 없는 실험

처음으로 수술을 참관해도 좋다는 허락을 받았던 날, 수술실에 들어갔을 때 이미 수술은 시작되고 있었다. 그날의 수술은 하악 축소술과 턱끝 축소술이었고, 박 원장을 비롯해서 간호사 두 명은 수술모, 마스크, 글러브 그리고 녹색 수술복에 가려 눈만 보이는 상태로 수술대에 바짝 다가서 있었다. 환자는 이미 마취된 상태였고 역시 온몸이 녹색 포에 싸여서 간신히 얼굴만 볼 수 있었다. 그나마도 감긴 눈 위로 테이프가 붙여져 있고 육중한 금속 도구로 입이 한껏 벌려져 있는 상태라 얼굴을 알아보기란 불가능했다. 수술실에서만큼은 생생한 육체를 볼 수 있을 거라는 나의 기대가 무너지는 순간이었다. 메스가 하얀 피부를 가르면, 붉은 피가 튀어 오르고, 뼈와 조직이 드러나는, 그런 스펙터클한 광경을 예상했었기 때문이다. 난생 처음 보는, 적나라한 신체 개조의 모습에 놀라서 수술실을 뛰쳐나오게 되면 어쩌나 싶었던 나의 걱정은 기우였다. 대신 나를 압도했던 것은 수술실 안이 비좁게 느껴질 정도로 넘쳐나는 사물들이었다. 환자뿐만 아니라 의사와 간호사도 그 사물들에 가려서 잘 보이지 않을 정도였다. 수술실에 대한 나의 첫인상은 차가움이나 무서움이 아니라 혼란스러움이었다. 그 시각적 소란스러움과는 대조적으로 수술실은 적막했다. 들리는 소리라고는 일정하게 울리는 기계 알림음뿐이었다. 수술실에 들어오기 전 어떤 것에도 내 손이나 몸이 닿으면 안 된다는 말을 귀에 못이 박히게 들었던 터라 나는 들어가자마자 벽에 몸을 바싹 대고 숨을 죽였다. 그리고 곧 나뿐만 아니라 그 어떤 사람도 이곳에서 온전히 자유롭지 않다는 사실을 깨달았다.

이 간호사(가명)는 수술 도구들로 가득한 트레이를 환자의 목 바로 밑으로 밀어 놓는다. 트레이가 수술대보다 훨씬 높기 때문에 환자의 몸 위에 트레이가 올려진 것처럼 보인다. 그사이 홍 간호사(가명)는 최 원장의 수술복과 글러브 착용을 돕고 그의 수술모에 헤드라이트를 고정시키고 있다. 헤드라이트와 본체를 연결한 선이 당겨지지 않도록 본체 기계를 수술대 옆으로 바짝 당긴다. 이렇게 해서 수술실 안에는 녹색 포로 둘러싸인 수술대 주위에 서너 개의 녹색 포가 덮인 트레이(이것은 수술 도구, 헤드라이트 장비 본체, 환자의 코와 벤틸레이터를 연결하는 고무관 등을 올려놓기 위한 것)와 벤틸레이터, 산소통, 석션기, 심전도 모니터링 기기 등의 기계들, 이 기계들과 연결된 각종 호스와 전선, 그리고 모자와 마스크로 얼굴을 가리고 눈만 내놓은 최 원장과 이 간호사, 홍 간호사 그리고 한 발 뒤에서 환자를 주시하고 있는 마취과 의사인 하 원장(가명) 등이 자리를 잡는다.

최 원장은 환자의 입안을 붉은색 소독약으로 헹구고 국소마취 주사를 놓고 나서 턱에 선을 몇 개 그린다. 환자의 입이 벌어지고 이 간호사가 육중하게 느껴지는 금속 기구를 넣어 입을 벌어진 상태로 고정하기가 무섭게 최 원장이 환자의 윗니가 훤히 보이는 분홍색 잇몸을 메스로 한 번에 가른다. 조용한 수술실 안에서 들리는 건 심전도 모니터링 기기의 '띠띠띠' 하는 기계음과 드릴과 호스 등 수술 도구의 이름을 부르는 최 원장의 나지막한 목소리뿐. 절개가 시작되면서 본격적인 수술이 시작되었지만 수술실은 오히려 수술 전보다 더 고요하고 더 차분하다. 더 이상 눈에 보이는 변화나 행동을 관찰하기 힘들다. 이 간호사는 계속 환자의 벌어진 입을 고정시키는 도구를 잡고 있고 수술이 진행됨에 따라 최 원장와 홍 간호사는 그때그때 수술 도구를 건네주고 건네받는다. 수술 준비실 쪽에서 나처럼 수술을 지켜보고 있는 유 간호사(가명)는 지시 사항이 있을 때마다 기구나 플라스틱백 등을 찾아서 건네주거나 수술대 위 무영등의 각도를 조절해주기도 한다. 수술실에는 '띠띠띠' 소리를 반주 삼아 전기드릴이 '윙윙'거리며 뼈를 자르는 소리와 '쓰르릅'하며 피를 빨아들이는 석션기 소리만 들릴 뿐이다. 입안을 절개해서 턱뼈를 절제하는 수술이기 때문에 집도의의 눈앞에 머리를 들이밀어 보지 않는 이상 환자의 입안에서 무슨 일이 벌어지는지 관찰하는 것은 쉽지 않다. 사실 각종 트레이와 장비, 호스가 어지럽게 널려 있어 비좁아진 수술실 안에서 움직이는 것 자체가 쉬운 일이 아니다. 자칫 녹색 포를 건드려서 '컨테미네이션'(오염)이라도 일어나면 큰일이기 때문이다. 그렇게 2시간이 훌쩍 지나고 벌어졌던 환자의 입이 다물어지고 최 원장이 환자의 얼굴을 이러저리 살핀다. 그러더니 다시 환자의 입이 벌어졌고 이번에는 그의 손에 실이 들려 있다. 입안 절개부위를 봉합하면 이 수술은 끝이 난다.

수술실에 처음 들어가게 된 것은 코디들과 함께였다. 경력이 오래된 상담실장은 업무가 많지 않은 경우 종종 "고객들과 상담하거나 대화할 때 수술에 대해서 알고 있으면 도움이 된다"는 이유로 코디들에게 수술실 참여 관찰을 권유했고 나 역시 그 기회를 활용할 수 있었다. 이렇게 초기에는 수술이 있을 때마다 가끔 수술실을 관찰하다가 현장연구를 몇 개월 하고 난 후부터는 아예 수술실이 있는 층에 상주하면서 수술실을 중심으로 한 성형외과의 일상을 관찰할 수 있었다. 현장연구가 끝날 즈음 나는 최 원장의 수술에 들어가 수술의 흐름에 따라 무영등의 각도를 조절하는 정도의 일은 할 수 있게 되었다.

그러나 몇 번의 관찰만으로 파악이 되었던 성형수술 상담과는 달리 수술은 수십 번을 참관해도 앎의 순간이 오직 않았다. 앞서 언급했듯이, 수술을 방해하지 않고 수술 부위를 가까이서 보는 것이 거의 불가능했고 본다고 해도 해부학적 지식이나 술기에 대한 선행 지식이 없는 상태에서 의사의 행위 하나하나가 갖는 의미를 이해하기란 어려웠다. 상담이 일반인 환자에게 성형의 과학을 '보게 하는' 퍼포먼스라면 수술은 원칙적으로 그런 목적을 갖지 않는다. 수술에 필요한 지식과 스킬은 의사들이 의대 교육과 수련의 과정에서 수년 동안 체화한 것이므로 드러나지 않는다. 종류별로 성형 수술 술기를 모아 놓은 책을 봤지만 수술 현장에서 그것을 떠올리며 이해할 수 있는 수준은 되지 못했다. 그것은 현지인과의 라포를 아무리 쌓아도 도달할 수 없는 차원의 것이었다. 어쩌면 과학자의 실험이나 엔지니어의 기술 개발 과정 등을 연구하는 연구자들이 필연적으로 부딪히게 되는 한계일 것이고, 어쩌면 오직 내부자인 연구자(나의 경우, 외과 의사 출신의 성형 수술 연구자)만이 도달할 수 있는 앎의 경지일 것이다. 수술도 실험처럼 열린 실행이자 각각이 하나의 사건이며 '본다'는 것은 이미 앎을 전제하고 있기에 실험을 진짜 알기 위해서는 연구자가 아니라 실험실의 대학원생이나 병원의 인턴이 되어야 할지 모른다.

내가 알 수 있었던 것은 겨우 이런 정도이다. 성형 수술은 환자의 몸과 의사의 칼과 바늘만으로 이루어지는 행위가 아니라는 것. 이미 수많은 의료 실행에 대한 연구가 밝힌 바 있듯이, 성형 수술이 이루어지는 과정에도 많은 이질적인 존재들이 개입한다. 각종 기계와 도구, 의료 소모품 등 수술이란 의사와 환자라는 두 주체 혹은 의사라는 주체와 환자의 몸이라는 대상 사이에서 벌어지는 일이라고만 보기엔 너무나 많은 사물의 개입이 필요한 과정이다. 상담실이 재현과 기입물의 생산이라는 점에서 실험실과 닮았다면 수술실은 물질의 차원에서 실험실과 닮았다. 실험실 풍경에서 실험 대상이 되는 자연물보다 실험 기기 및 도구들이 더 눈에 띄는 것처럼 성형외과 의사의 수술실 안에서도 수술 대상인 환자의 몸은 수술포와 수술 기구들에 가려 보이지 않고 대신 사물이 압도적인 존재감을 갖는다.

　　라투르는 이렇게 "서식화되고, 측정되고, 사회화되지 않으며, … 조사되거나 동원되거나 주체화되지 않은"[6] 배경을 '플라즈마'로 명명한다. 물론 이 기구들은 수술용 도구로서 의학적 용도를 위해서 제작되고 전문업체를 통해 구입하는 것이며 S 성형외과에서 자체적으로 이 수술에 필요한 기구 및 물품을 정리한 목록이 존재한다. 그러나 실제 매번 사용하는 기구와 이 목록에 기록된 기구가 항상 일치하는 것은 아니다. 또한 실제로 수술을 준비하는 간호사들은 이 목록이 아니라 경험을 통해서 어떤

6　Latour, Bruno (2005). *Reassembling the Social: An Introduction to Actor-Network-Theory*. Oxford University Press. p. 244.

수술에 어떤 물품이 필요한지 체득한다. 필요한 기구와 물품은 수술에 따라서 다를 뿐만 아니라 수술을 집도하는 의사와 병원에 따라서도 조금씩 차이가 있기 때문에 모든 의사와 모든 병원에서 통용되는 단 하나의 목록이란 있을 수 없다. 외부인이자 초심자인 나에게 이 사물들이 무질서와 혼돈으로 다가온 것은 어찌 보면 당연하다.

수술은 수술실이라는 무대 위에서, 일정한 위생 지침 및 수술 절차라는 대본에 따라, 의사 외에도 수많은 사물들이 연출하는 퍼포먼스이다. 과학기술학 연구자 캐리스 톰슨Charis Thompson의 용어를 빌리면, 수술은 다양한 사물과 몸으로 구성된 "존재론적 안무"이다.[7] 존재론적 안무는 톰슨이 불임 치료를 받는 환자가 수행하는 일련의 실행을 설명하기 위해 제안한 개념이다. 이것은 불임 환자들이 임신이라는 목적을 이루기 위해서 다양한 시공간, 그리고 다양한 사물과 사물의 개입을 허용하고 그것들을 자신의 삶 속에 조율시키는 모습, 즉 의료 기술과 몸의 결합을 통해 '사이보그 어머니'가 만들어지는 과정으로 묘사된다. 성형 수술의 과정 역시 각종 사물, 기구, 장

7   Thompson, Charis. *Making parents: The ontological choreography of reproductive technologies*. MIT press. 2005.

비 들뿐 아니라 의사와 환자 그리고 간호사의 몸 등이 조율됨으로써 수행되는 과정이라는 점에서 단순히 몸에 칼을 대는 행위로 환원될 수 없다. 한 번의 공연이 성공하기 위해서는 배역을 맡은 배우들이 대본을 충분히 숙지하고 예측하지 못한 무대 위 변수에 대한 대응도 가능해야 한다. 뿐만 아니라 관객에게는 잘 보이지 않지만 무대 배경이나 소품 준비에도 실수가 없어야 한다. 성형 수술은 수술실을 가득 채운 도구와 기계, 의사와 환자 그리고 간호사 등 여러 존재들이 함께 어우러져 펼치는 안무이다. 그래서 성형 수술은 사이보그들의 퍼포먼스이다.

사물의 존재감은 수술실에서 "보이지 않는 테크니션"[8]의 역할을 하는 간호사의 노동과 연결된다. 그리고 또한 수술실에서 환자의 안녕을 위협하는, 그렇기 때문에 수술의 의식ritual을 통해서 제거하고자 애쓰는 세균의 존재와도 연결된다. 수술실의 사물과 그것을 다루는 간호사의 노동은 한없이 자질구레하고 사소해 보이지만 다른 한편에서 그것들의 중요성은 거대하다. 환자의 생명과 건강에 직결되기 때문이다. 성형 수술이 사회적으로

8 보이지 않는 테크니션에 관한 잘 알려진 과학기술학 논의로는 다음의 연구가 있다. Shapin, Steve. "The invisible technician". *American scientist* 77.6 (1989): 554-563.

문제가 되는 이유 중의 하나는 예뻐지려고 선택한 수술이 사망이나 사고로까지 이어질 수 있기 때문이다. 예를 들어, 내가 S 성형외과에서 현지연구를 하던 중 부산 모 성형외과에서 수술 부작용으로 2명이 죽고 1명이 중태에 빠진 사건이 있었다. 당시 MBC TV의 <PD 수첩> 보도(2009)에 따르면 사망의 원인은 세균이었으며, 그것이 청결하지 않은 수술실의 문제인지 제약업체로부터 구매한 주사액 때문인지를 놓고 논란이 벌어졌다. 어느 것이 문제인지에 대해서 김 원장과 박 원장 사이 의견의 차이가 있었다. 김 원장이 이것을 수술실 소독의 문제로 보고 간호사들에게 소독에 더 신경 쓰라고 지시했던 반면, 박 원장은 판단하기 힘들다고 하면서도 수면 유도를 위해 사용하는 프로포폴 주사액이 사용 과정에서 변질되었을 가능성에 더 무게를 두었다. 어떤 쪽이든 때로 생사가 걸린 심각한 성형 수술의 위험은 수술 테크닉이나 종류의 문제라기보다는 감염이나 마취 관련 사고인 경우가 많다.

다시 말해 의사의 수술 솜씨가 미숙해서 생기는 위험만큼이나 수술 도구나 기구의 소독과 위생을 소홀히 해서 나타나는 감염이 초래하는 위험도 크다. S 성형외과에서는 한때 박 원장에게 수술을 받은 환자 중 일부가 수술 부위에 염증이 생겨 문제가 되었던 적이 있었다. 그중 한 양악 수술 환자는 한 달 동안의 항생제 치료에도 염증이 낫지 않아 감염 부위를 제거하는 또 한 번의 수술을 받아야만 했고 수술한 지 두 달이 지난 환자가 갑자기 염증이 생겼다며 의원에 찾아오기도 했다. 수술 후 외모가 개선되었다고 해도 일단 염증이 생기면 수술에 대한 만족도가 떨어지므로 염증은 성형외과에서 민감할 수밖에 없는 증상이다. 염증에 대해서 의사들은 원인을 "알 수 없다"고 말하지만 가장 우선적으로 취해지는 조치는 간호사들이 기구를 소독하는 방식과 횟수, 보관 상태 등을 다시 확인하고 소독을 더욱 철저히 하는 것이다.

간호사들의 비가시적인 노동을 가시화하는 것은 단지 간호사만을 위한 것이 아니다. 자질구레한 소모품에서부터 첨단 기계 장비까지 수술실에 있는 사물을 길들이는 일은 사소해 보이지만 매순간 도덕적 책임감이 부여되는 일이다. 간호사들이 수술실에 존재하는 사물들을 단순히 유지, 보수, 정리하는 것처럼 보이는 행위는 사실 크고 작은 규칙을 실행에 옮기는 과정이다. 예를 들어, 수술이 끝나면 간호사들은 수술 도구들을 일차 세척한 후 금속 트레이에 넣고 녹색 포로 싸서 소독기에 넣는다. 이때 기구들이 수술의 종류별로 모두 세팅된 상태에서 "한 포에 뭐가 들어가는지, 어떤 기구들이 들어가는지 파악"해야 한다고 그들은 강조한다. 포를 싸는 것도 방법이 있는데 보통 포를 이중으로 싸고 테이프를 붙여서 고정시킨 후 테이프에 날짜와 수술명을 적어서 소독기에 넣어야 한다고 했다. 이렇게 소독이 끝난 포는 분류되어 정해진 선반에 보관하는데 최장 2주까지 보관하며 2주가 넘어가면 다시 동일한 방식으로 소독을 해야 한다. 이런 작업을 통해서 간호사들은 예측하지 못하는 상황에서 의사가 어떤 물품을 필요로 할 때 금방 그것을 의사의 손에 쥐어 줄 수 있고, 비슷한 기능을 하는 다른 물품을 대체해 건네줄 수도 있게 되는 것이다. 또한 이런 작업을 통해서 수술에서 기본이 되는 위생과 질서가 지켜질 수 있는 것이기도 하다.

그러나 "솔직히 바닥에 떨어진 기구를 그냥 닦아서 갖다 놓는다고 누가 알겠어?" 하는 한 간호사의 말은 그들의 자질구레한 노동이 갖는 거대한 책임이 오롯이 개별 간호사들에게 맡겨져 있음을 보여준다. 간호사가 사물을 길들인다고 해서 수술이 전혀 위험하지 않게 되는 것은 아니다. 박 원장의 말처럼 항생제나 깨끗한 수술실은 세균을 완전히 없애는 것이 아니라 그것의 숫자를 줄여주는 것이다. 간호사가 사회화되고 주체화되어야 하는 이유는 그들이 수술실의 플라즈마에 대한 지식 그리고 그에 기반한 도덕적 책임감을 육화하고 전수하는 이들이기 때문이다. 그렇기 때문에 그들에게 역량이 부여되어야 하며 의사와 함께 수술을 해명할 능력과 의무가 요구되어야 한다. 수술 시 환자와 접촉하는 모든 기구들, 특히 환자의 몸에 직접 주입되는 주사액 등이 '조사되고 사회화되어야' 하는 이유, 그리고 이들을 관리하고 길들이는 간호사들이 '주체화되어야' 하는 이유가 바로 여기에 있다. 수술의 실행에 개입하는 사물과 노동이 보이지 않으면 수술은 불투명해지고 세균과 감염은 더욱 보이지 않는다. 수술실에서 하나의 사이보그가 만들어지는 것은 수많은 존재들이 수많은 노동에 의해서 연결되는 것을 의미할 뿐만 아니라 그만큼 많은 윤리적 결정이 이루어짐을 의미한다. 그 윤리는 평소에는 한없이 사소하다가 오직 사이보그 작동에 오류가 생길 때에만 심각해진다.

성형 수술을 과학기술로 본다는 것

과학기술학이란 학문은 다양하게 정의 내릴 수 있지만, 나는 사회 속에서 그리고 인간의 삶 속에서 '살아 있는 과학기술'을 연구하는 학문이라고 정의하고 싶다. 지식이나 이론, 원리 등으로 박제된 과학기술도 아니고 특정한 인간이나 집단의 목적을 실현하는 도구로 만들어진 과학기술도 아닌, 실제 실험실이나 작업장, 의료 현장, 나아가 일상적 삶의 공간에서 작동하고 있는 과학기술에 관심을 갖고 들여다보는 것이 나 같은 과학기술학 연구자의 일이다. 과학기술학이라는 학문은 지금까지의 과학기술이 자연과학이나 공학, 의료 분야의 전문 영역으로 간주되어 인문사회과학의 탐구 대상으로서는 피상적으로 다루어졌다는 문제의식에서 출발한다. 브뤼노 라투르는 이것을 과학기술의 '블랙박스'화라고 표현한 바 있다. 투입물과 산출물만 알고 상자 속에서 어떤 일이 일어나는지는 모른다는 뜻이다. 흔히 과학기술을 어떤 목적을 이루기 위한 수단으로 규정하는데, 이것이 바로 과학기술을 블랙박스로 이해하는 아주 전형적인 경우이다. 그러나 블랙박스로서의 과학기술은 죽은 과학기술이다. 과연 과학기술은 정해진 규칙대로, 매뉴얼에 적힌 대로, 만든 사람이 의도한 대로 작동할까? 그렇지 않다. 살아 있는 과학기술은 때로는 규칙을 어기고, 때로는 매뉴얼과는 다르게, 때로는 의도치 않은 방식으로 작동한다. 살아 있는 과학기술을 이해하는 것은 블랙박스를 여는 것이다. 블랙박스 안에 무엇이 있고 어떤 일들이 벌어지며, 어떻게 작동하는지를 이해함으로써 우리는 비로소 과학기술을 이해할 수 있다. 살아 있는 성형 수술, 블랙박스 안의 성형 수술에 대한 이야기를 써보자! 그렇게 나는 성형 수술의 세계에 기꺼이 연루되었다.

성형 수술을 과학기술로 보겠다는 나의 의지가 이

상해 보일 수도 있겠다. 어떻게 성형 수술을 유전자의 발현을 이해하는 과학이나 자동차 엔진을 만드는 기술과 같은 과학기술이라고 부를 수 있느냐는 말이다. 유전학과 엔진 기술은 서로 완전히 다른 영역의 과학기술이지만 이 둘 사이의 거리보다는 이 둘과 성형 수술 사이의 거리가 더 멀게 느껴진다. 왜 그럴까? 나는 이 거리감이 꼭 한쪽은 과학기술이고 다른 한쪽은 의료이기 때문만은 아닐 것이라 생각한다. 예를 들어 내가 심장병이나 청각보조기기 등을 주제로 잡았다면 나는 왜 내가 그 연구를 하는지 이렇게 길게 설명하지 않아도 되었을 것이다.

성형 수술은 과학기술이 되기에는 너무 오염되었다. '오염'이라는 표현을 쓴 이유는, 성형 수술이 의학이 가지고 있는 생명에 대한 경외나 절박함 혹은 숭고함 그리고 과학과 기술이 가지고 있는 가치중립성이나 생산성 등에 모두 반하는 것처럼 보이는 의료 실행이기 때문이다. 우리에게 익숙한 성형 수술은 여성에게 유독 가혹하게 작동하는 외모지상주의와 대한민국을 세계 1위의 성형 대국으로 만드는 한국 사회의 성형 문화 그리고 소중한 생명을 다루어야 할 의사를 돈에 눈이 먼 장사꾼으로 만드는 시장의 논리에 의해 '변질된' 의학/과학/기술이다. 성형 수술이 이렇게 '나쁜' 의료 행위/문화/산업이라면 성형 수술을 연구하는 학자나 그것을 보도하는 기자가 하는 일은 그것이 얼마나 나쁜지를 속속들이 보여줌으로써 여성들이 성형 수술을 선택하지 않도록 만드는 것이리라. 그러나 성형 수술을 오염된, 나쁜, 변질된, 비정상적인 과학기술로 전제하면 우리가 성형 수술에 대해서 알 수 있는 것, 그리고 성형 수술 연구를 통해서 얻을 수 있는 것은 별로 없다. 아니 우리는 이미 성형 수술이 왜 나쁜지, 무엇 때문에 오염되고 변질되었는지에 대해서는 충분히 알고 있다. 이미 많은 국내외 연구자들과 저널리스트들이 외모지상주의, 성형 문화, 시장의 논리 등 한국 사회의 성형 수술을 작동시키는 거대한 힘이나 이데올로기의 정체를 폭로해 왔다.

성형 수술이 그렇게 예외적으로 타락한 의료 분야라면 다른 의료 분야 그리고 더 넓게 과학기술이란 언제나 선하고 순수하고 숭고하기만 한가? 나는 감히 그렇지는 않을 것이라고 말할 수 있다. 살아 있는 과학기술과 의료는 마치 살아 있는 인간이 그러하듯 선과 악, 순수와 타락, 숭고와 세속이 뒤섞인 존재에 가까울 것이다. 물론 성형외과 의사 중에, 성형의료산업 종사자 중에, 심지어 성형 수술 환자 중에도 나쁜 이들이 있을 수 있고 불법적이거나 비윤리적인 행위를 하는 이들이 있다. 그들을 다루는 연구나 취재는 당연히 중요하지만 내 연구의 주인공은 아니다. 성형 수술이 좋든 나쁘든 이 세상에는 성형 수술을 선택했고 선택할 환자들이 존재하며 그 환자들을 수술했고 수술할 의사들이 존재한다. 나는 그들이 수행하는, 세상에 실제로 존재하는 성형 수술에 대해서 이야기하고 싶다.

이 장은 35개월 동안 성형외과에서 내가 무엇을 관찰했고 어떻게 그 세상의 일부가 되었는지 그리고 그러면서 무엇을 알게 되었는지에 대한 이야기의 일부이다. 갑자기 나타나서 자신들을 관찰하고 연구하겠다는 나를 내치지 않고 받아준 현지인들 덕분에 그리고 내침을 당하지 않기 위해 애쓴 나의 시간과 노동 덕분에 나는 그곳에 꽤 오랫동안 머무는 데에 성공했다. 거의 3년의 시간 동안 내가 그곳에서 본 것을 한마디로 표현하라면 나는 '살아 있는 성형 수술'이라고밖에 말할 수 없다. 살아 있는 성형 수술이란 곧 살아 있는 성형외과 의사, 살아 있는 성형 수술 환자, 살아 있는 성형외과 상담실장, 살아 있는 간호(조무)사… 온통 살아 있는 존재들이다. 그리고 나 역시 연구자로, 환자로, 동료로 그들과 살아 있었다. 그들은 모두 사이보그이고 괴물이었다. 페미니스트 과학기술학자인 도나 해러웨이에 따르면, 사이보그는 인간과 기계, 생물과 무생물, 유기체 몸과 기술, 남과 여 등 이분법적 범주로 포착할 수 없는 모든 존재이다.[9] 사이보그는 혼종이고 포스트휴먼이며 그 모든 것에 앞서 괴물이다.

우리가 찬양하는 혼종과 융합은 사실 괴물의 다른 이름일 뿐이다.

　　과학기술학 연구자로서 나는 어떤 과학기술이 좋은가 나쁜가를 증명해내는 것보다는 그것을 지금보다는 더 좋은 과학기술로 개선하는 것에 관심이 있다. 그러기 위해서 나는 그 과학기술을 만들고 사용하는 사람들 중에 나쁜 사람들을 (한 번 더) 들추고 비난하기보다는 더 많은, 평범한 사람들, 혹은 개선의 의지를 가진 사람들에게 영향을 주어 그들을 연결시키는 글을 쓰고 싶다. 성형 수술을 더 좋은 과학기술로 만드는 것은 내가 아닌 그들의 몫이다. 나는 성형 수술을 사고파는 이들, 받거나 해주는 이들보다 성형 수술에 대해서 더 많이 알지 못한다. 기껏해야 나는 그들과 다르게 알 수 있거나 다르게 말할 수 있을 뿐이다. 그러나 나의 앎이 순수하지 않은 만큼 더 많은 다른 이들의 앎과 연결될 수 있을 것이라 믿는다. 나의 연구가 서로 다른 세계들을 중재하는 외교 문서 같은 역할을 하는 것, 그래서 더 많은 이들이 생산자로서 소비자로서 혹은 환자로서 의사로서 정책 입안자로서 입법자로서

—　　9　해러웨이의 『사이보그 선언』에 대한 번역문은 다음의 책에 수록되어 있다. 도나 해러웨이 지음, 황희선 옮김, 『해러웨이 선언문: 인간과 동물과 사이보그에 관한 전복적 사유』, 책세상, 2019.

어떻게 해야 과학기술을 더 나은 과학기술로 만들 수 있을지 고민하게 되는 것, 그것이 내가 과학기술을 사랑하는 방식이고 내가 과학기술학을 하는 이유이다.

나는 지금까지 두 집단의 독자를 염두에 두고 글을 써 왔다. 무엇보다 전문 학회지에 실리는 연구 논문은 학자들을 대상으로 한다. 어떤 분야의 학회지인가에 따라서 성형 수술을 통해 말하고자 하는 바가 다르지만 그런 글들에서 성형 수술은 주로 어떤 이론이나 개념을 잘 보여주는 '소재'나 '사례'로 다루어진다. 국내외 과학기술학 분야 학회지에 실었던 연구 논문에서 나는 성형외과의 과학화에서 디지털 이미지가 어떤 행위자인지,[10] 그리고 성형 수술의 실행 과정에서 환자 몸의 물질성이 어떠한 정동과 돌봄을 불러오는지[11]를 분석한 바 있다. 이런 논문에서 성형 수술은 사진이나 몸과 같은 비인간적 존재의 행위성, 즉 과학기술학 특유의 개념을 드러내주는 좋은 연구 현장이다. 물론 그러한 개념을 통해서 성형 수

10 임소연 (2011), "성형외과의 몸-이미지와 시각화 기술: 과학적 대상 만들기, 과학적 분과 만들기", 『과학기술학연구』 11(1): 89-121.

11 Leem, S. Y. (2016) "The Anxious Production of Beauty: Unruly Bodies, Surgical Anxiety, and Invisible Care." *Social Studies of Science* 46(1): 34-55.

술 자체를 새롭게 이해할 수 있다고 주장은 하지만 학회지에 출판되는 연구 논문의 현실을 생각하면 실제로 그러한 이해를 원하거나 필요로 할 만한 독자들에게 다가가기에는 한계가 있다. 나의 연구 논문을 가장 반기는 독자들은 사실 과학기술학 연구자들이 아니라 한국학 연구자들이다. 성형외과 현장을 떠난 직후 나는 국내 주요 일간지에서 성형 수술이 어떻게 보도되었는지 약 50년 동안 나온 기사들을 모두 찾아보고 어떻게 한국이 세계적인 성형 공화국이 되었는지를 분석한 적이 있다.[12] 그리고 나의 연구에 대해서 외국 연구자들과 이야기하면서 늘 받았던 질문인 "한국 혹은 아시아 여성들은 백인을 닮기 위해 성형을 하는 것인가?"에 답하는 논문을 쓰기도 했다.[13] 이 두 논문은 내가 쓴 모든 글 중 가장 많이 읽히는 글이 되었다. 이 논문들을 보고 외국 매체에서 전문가 인터뷰 요청이 들어오기도 한다. 이로 미루어 보아 지금까지 나의 성형 수술 현장에 관한 연구는 과학기술을 새

[12] Leem, S. Y. (2016) "The Dubious Enhancement: Making South Korea a Plastic Surgery Nation." *East Asian Science, Technology, and Society: an international Journal* 10(1): 51-71.

[13] Leem, S. Y. (2017) "Gangnam-Style Plastic Surgery: The Science of Westernized Beauty in South Korea." *Medical Anthropology* 36(7): 657-671.

롭게 보게 하기보다는 한국 사회를 새롭게 보게 하는 연구 사례로의 의미가 더 컸던 것 같다.

　　일반 대중을 독자로 하는 글도 간간이 쓰기는 했지만 영향력이 크지는 않았다. 프랑켄슈타인을 키워드로 잡은 과학잡지[14]와 몸의 변형과 관련한 글들을 모은 문학잡지[15] 등에 나의 성형 수술 경험을 드러내는 글을 쓰며 성형 수술을 해봤거나 고려 중인 대중들의 관심을 끌고자 했으나 그리 성공적이지는 않았다고 느낀다. 잡지라는 매체의 한계 탓이라고 애써 스스로를 위로하며 다른 방식의 글쓰기를 고려하는 중이다. 이것은 지금까지 전혀 가 닿지 못했던 또 한 집단의 독자를 위해서도 반드시 필요하다. 바로 의사, 특히 성형외과 의사 독자들이다. 그들은 내가 가장 가깝게 지냈던 현지인들이자 성형 수술을 더 좋은 과학기술로 만드는 데에 가장 큰 역할을 해야 할 전문가들이다. 그들이 개별적으로 그리고 집단적으로 바뀌지 않는다면 성형 수술의 세계가 변화하는 데에 한계가 있을 수밖에 없다. 성형 수술이 그저 여성들의 소비품이고 내적인 미를 가꾸는 심오한 행위와는 대조되는 껍데기에만

14　임소연 (2018) "언캐니 밸리에 빠진 성형미인", 『과학잡지 에피』 4호.
15　임소연 (2017) "내 것이면서 내것이 아닌 나의 몸", 『릿터 Littor』 8호.

신경을 쓰는 일로 인식되어서는 발전이 없다.

최근 포스트휴먼 담론이 유행하면서 성형 수술을 몸의 생물학적 한계를 초월하는 철학적이고 진보적인 기술로 논의하는 이들이 눈에 띈다. 성형 수술에 대한 무관심도 문제이지만 그렇다고 해서 거울도 잘 안 볼 것 같은 중년 남성 학자들이 갑자기 몸과 외모가 인간에게 얼마나 중요하며 성형 수술과 같은 인간 향상 기술이 얼마나 철학적으로 심오한 문제인지 가르치려 드는 것은 정말 봐주기 힘들다. 성형 수술과 몸에 대한 사유는 그것이 삶인 사람들의 것이어야 한다. 그래야 물질성을 잃지 않을 수 있기 때문이다. 물질성은 과학기술과 몸에 관련된 모든 논의에서 내가 가장 중요하게 생각하는 키워드이다. 연구 논문에서도 썼듯이 몸의 물질성은 성형 수술의 세계에 속해 있는 사람들, 그중에서도 특히 의사와 환자에게 아주 중요하다. 의사의 전문성과 환자의 삶의 질에서 몸의 물질성과 그와 관련한 정동을 본격적으로 다루는 글로 의사와 환자 나아가 몸을 다루는 전문가와 일반 대중 사이의 소통에 기여하는 것이 대중적인 글쓰기의 목표이겠다.

돌이켜 보면 S 성형외과의 원장들이 나를 그들의 일터에 들이고 오랜 시간 머물게 했던 것은 내가 그들이 보지 못하는 것을 보고 하지 못하는 말을 할 수 있을 것이라는 신뢰가 있었기 때문이었던 것 같다. 물론 그때는 그들도 나도 몰랐다. 내가 무엇을 보게 되고 무엇을 말할 수 있게 될지 말이다. 그들은 더 많은 돈을 벌고 싶어 했으나 그 누구보다 성형 수술을 과학적이고 윤리적으로 하고 싶어 했다. 인터넷에서 '강남 미인'이나 '성형 괴물'을 조롱하는 밈이 돌고 케이블 방송에서는 성형 수술이 필요한 여성들을 한없이 불쌍한 존재로 비출 때 그 누구보다 성형 수술을 하고 싶은 사람들의 현실적인 욕망과 필요를 직시했던 이들 역시 그들이었다. 의사들뿐만 아니라 S성형외과에 있던 간호사와 상담실장 등 모두가 그랬다. 그들은 성형 수술을 애정하면서 회의했고 성형 수술을 욕하는 세상을 욕하면서 어떤 성형 수술에 대해서는 세상이 더 크게 욕을 해주기를 원했다. 성형 수술 연구자인 캐시 데이비스Kathy Davis가 말했듯이 성형 수술은 "바람직하면서 문제적"[16]이다. 그런데 이 양면성이 성형 수술만의 것일까? 나는 이것이 또한 과학기술의 딜레마라고 생각한다. 따라서 내가 성형 수술을 과학기술로 보는 것은 성형 수술의 딜레마를 통해서 과학기술의 양면성을 더

16 Davis, Kathy (1995) *Reshaping the Female Body: The Dillema of Cosmetic Surgery*. New York and London: Routledge. p. 180.

극적으로 드러내려는 목적을 갖는다. 나는 성형 수술을 옹호하지만 그 옹호는 과학기술을 옹호하는 만큼이고 성형 수술을 비판하지만 그 비판은 과학기술을 비판하는 만큼이다. 박 원장을 처음 만났을 때 그는 내부인이 아닌 나의 의견이 S 성형외과의 발전에 도움이 될 것 같다며 흔쾌히 현장연구를 허락했다. 그의 기대에 대한 답으로는 많이 늦었지만 그리고 많이 부족하지만 이제라도 이 책을 통해서 나의 응답이 전해졌으면 한다.

과학기술학에 대하여, 글로 못다 한 이야기들

나가는 말을 대신하여 네 명의 저자들이 함께 모여 나눈 대화를 싣습니다. 글로 못다 한 이야기를 다섯 개의 주제로 나누어 편하게 풀어 놓는 자리의 취지를 살리는 의미로 서로를 편하게 부르는 호칭을 그대로 살렸습니다.

겸손한 목격자들

네 명의 저자가 『겸손한 목격자들』이라는 제목에 동의하고 선택하기까지 '겸손한 목격자'라는 표현에 담고자 했던 과학기술학의 현장연구의 특성과 가치에 대해 이야기해보았습니다. 언뜻 우리들의 이야기는 과학에 대한 다른 이야기들과 구분되지 않아 보일 수 있는데, 과학자의 목소리, 현장의 목소리에 귀기울이면서도 그것들과 우리의 이야기가 구분되는 지점을 되짚어보았습니다.

김연화　우리의 오랜 고민이 우리 연구의 주제와 내용을 다른 사람들에게 설명하기가 너무 어렵다는 거잖아요. 우리의 연구가 과학자가 과학에 대해 설명하는 것과 비슷하게 받아들여지기도 하고요. 이번 책에도 그렇게 읽히지 않도록 열심히 썼는데도 불구하고, 심지어 출판사 대표님조차 처음에는 우리 원고를 다르게 이해하셨다는 말을 들었어요. 그러니까 과학기술학이라는 것을 어떻게 알고 있는가 혹은 과학기술에 대해서 어떤 이야기를 기대하는가에 따라서 우리의 글이 우리의 의도와는 다르게 읽힐 수 있다는 거죠. 그래서 독자들이 어떻게 읽을지 걱정이고 우리의 어려움은 계속 남아 있는 것 같아요. 그 고민을 풀기 위해 썼는데 말이죠.

임소연　사람들이 우리를, 그러니까 과학기술학자라고 소개를 해도 과학기술자로 생각하는 경우가 많잖아. 그래서 독자들이 우리 글을 과학자가 쓰는 과학 이야기처럼 읽을 수도 있겠다 싶어. 사실 요즘 과학자들이 자신의 연구나 과학에 관해 이야기를 많이들 하잖아. 과학자가 하는 과학 이야기와 과학기술학자가 하는 과학에 대한 이야기가 어떻게 다를까? 그 점을 독자들이 우리 책을 읽으면서 생각해줬으면 좋겠는데 말이야.

장하원　제 생각에는 겸손하다는 표현으로 우리의 위치와 우리가 하는 이야기의 속성을 정확히 짚을 수 있을 것 같아요. 기본적으로 과학자들이 과학에 대해 이야기를 한다는 것은, 자신이 하고 있는 굉장히 전문적인 활동에 대해 그걸 잘 모르는 일반 대중들에게 설명을 해주는 거죠. 언론에서 과학이 보도되는 것도 대개는 비슷하고요. 과학 내용과 의미를 잘 풀어서 대중들에게 알려주는 것이라는 점에서요. 과학 외의 내용이 들어간다면 신문 기자가 과학이나 과학자의 뒷이야기를 취재해서 까발리는 정도? 그런데 우리는 과학 그 자체를 설명하려는 사람들도 아니고 뒷이야기를 폭로하는 사람들도 아닌 거죠. 그렇다면 우리는 그들과 어떻게 구분될까? 우리는 과학기술의 현장에서 우리보다 더 많이 아는 사람들을 따라다니면서 겸손한 태도로 그 과정에서 보고 배운 것에 대해 이야기하는 사람들이다, 전 이 점이 가장 큰 특징이라고 생각해요.

성한아 저는 이 글을 연구를 하는 도중에 써서 그런지 처음에는 과학에 대해서 다른 이야기를 해야겠다는 생각보다는 내가 본 현장 그 자체를 잘 보여주자고 생각했었어요. 그러다가 글을 몇 번 고쳐 쓰는 과정에서 현장에 있는 사람들과 저를 좀 분리하려는 노력을 하게 되었던 거 같아요. 겸손하다라는 말이 저한테는 이렇게 정리가 되네요. 내가 진짜 철새를 세는 조류학자들처럼 새에 대해서 연구하고 쓸수 없지만, 그것과는 다른 종류의 무언가를 탐구하고 글로 쓰는 사람이구나…. 저는 오히려 이 책을 쓰는 과정에서 이렇게 정리를 할 수 있게 됐어요.

장하원 우리의 글에 그런 겸손함이 다 들어 있더라고요. 현지인들하고 어떤 부분에서 내가 다른지, 그들로부터 뭘 배웠는지에 대해 굉장히 열심히 썼더라고요. 결국 저도 엄마들처럼 살 수도 없고, 엄마들만큼 자폐증에 대해서 알수도 없고, 또『DSM』을 아무리 읽고 분석해도 그것으로 무장한 의사들만큼 그들의 자폐증에 대해 알 수는 없거든요. 그렇지만 그런 자폐증에 관한 다양한 실천들을 하는 사람들에 대해서 쓸 수 있는 사람, 그들의 실천들을 글로 이렇게 써낼 수 있는 사람이 저라는 연구자인 거죠. 사실 『DSM』이라는 책이 정신의학의 자폐증을 너무 잘 명시화하고 있지만, 그 외에 의사들이 자폐증을 다루는 진단과 같은 사건들이라든지, 엄마들이 보호자로서 수행하는 것들은 그렇게 글로 쓰이거나 사람들에게 알려지지 않으니까요. 저는 그런 부분들을 진짜 열심히 기록하는 사람이랄까. 그리고 그런 기록의 능력을 점점 갖추어 가는 과정이 연구를 하는 과정이었다고 생각해요.

김연화 우리 넷의 글을 보면 확실히 연구를 한 텀 끝내고 현장에서 나와서 쓴 우리 셋의 글과 아직 현장에서 연구 중인 한아의 글이 조금 다르게 느껴지는 부분이 있었는데요. 겸손함이 현장과의 거리와도 관계가 있을까요? 현장에서 나와서 현지인들과 나 사이의 구분이 생기면서 갖게 된다거나.

장하원 겸손하다는 형용사에 다시 기대서 얘기해보자면, 전 이번에 이 글을 쓰면서 제 연구의 시작부터 변해 오는 과정을 정리할 수 있었는데, 제가 연구 초반에는 진짜 겸손하지 않았다는 걸 깨달았어요. 그때는 제가 엄마들보다도 자폐증에 대해 더 잘 안다고 생각했고, 심지어 의사보다도 어떤 면에서는 더 많이 안다고 생각했어요. 왜냐하면 저는 자폐증에 대한 교과서나 최신 연구도 다 봤고, 그뿐 아니라 자폐증의 역사도 알고, 자폐증의 아버지 캐너도 알고, 자폐증의 진단 기준도 알고, 현지인들이 왜 그런 생각을 하고 있는지도 알고!

(임소연: 위에서 내려다보는 거지!)

그랬는데 막상 연구를 하면서 다양한 사람들을 만나고 이야기를 들으면서, 자폐증에 대해 수많은 종류의 지식과 실천이 있다는 걸 알게 됐죠. 그러면서 이 모든 것들을 내가 알 수도, 배울 수도 없고, 심지어 보려고 해도 잘 보이지도 않는다는 걸 점점 깨닫게 되면서, 한동안은 쭈그러들었고. 한편으로는 인류학의 여러 방법이나 연구들을 보면서 연구자로서 갖춰야 할 소양에 대해서도 알게 되었고요. 그러면서 점점 겸손해질 수밖에 없었던 것 같아요.

김연화 저도 처음에 실험실에 들어갔을 때는 실험실 사람들한테 김봉한이 쓴 논문 다 읽었냐고 물어보고 싶고, 경락에 대한 한의학 논문이나 글을 읽었냐고도 물어보고 싶었어요. 물론 참긴 했지만. (웃음) 그런데 그렇게 내가 현지인들에게 물어보고 싶었던 질문을 똑같이 바깥에서 들은 것 같아요. 실험실 밖 사람들이 제게 "너 김봉한의 봉한학설에 대한 논문 읽었어? 김봉한의 논문 외에 김봉한에 대해 쓴 역사학 논문을 읽었어?" 이렇게 묻고는 갑자기 위에 서서 저를 내려다보면서, "네가 참여관찰 하는 실험실은 한의학과 서양의학의 대결 구도 안에 있다, 이 논문부터 봐라" 막 이렇게 조언을 하더라고요.

그런 질문들에 대해서 당시에는 반발심이 들었는데도 막상 실험실에 가서는 저도 현지인들한테 그 질문들을 똑같이 막 물어보고 싶었던 것 같아요. 지금 생각해보면 결국 나도 바깥에 있는 사람들이 자신의 시선으로 나를 내려다보려고 했던 것처럼, 나도 똑같이 현지인들을 보고 있었구나… 이걸 나중에야 깨달았어요. 그러니까 이 겸손함이라는 표현이 우리가 흔히 쓰는 그 겸손함이 아니라, 우리의 변화를 의미하는 것 같아요

장하원 맞아. 우리가 변하는 것 같아. 현장에서도 변하고 이 책을 쓰면서도 또 변하고.

김연화 위에서 내려다보는 시기가 지나면 이제 공감의 시기가 오잖아요. 저는 현지인들이 실험하면서 갖는 질문들에 공감하게 되면서 나도 뭐라도 해야 하나 하는 생각도 들었거든요. 내가 왕년에 실험했던 실력으로 한번 해야 되나. (웃음) 실험을 해서 뭔가 보여주겠다는 게 아니라, 나도 같이 좀 해서 도움이 될 수 있지 않을까 이런 거죠. 그만큼 그때는 동화됐던 거죠. 현장의 과학자들과 제가 분리가 안 되었던 시절이 있었어요.

임소연 그렇게 동화된 거 자체가 겸손함의 증거 같

아. 우리가 끝까지 처음에 의도했던 것이나 알고 있는 것을 고집했으면 사실 동화될 수도 없는 거니까. 우리는 모두 어쨌든 한 번쯤은 그 현장에 있는 사람들하고 거의 같은 눈을 가지고 뭔가 해보려고 했던 거 같아. 재미있는 건, 우리가 스스로 현지인들과 동화되었다고 느낀다기보다 우리 현장 밖에 있는 사람들이 그걸 알아채고 말해준다는 거야. "너 완전 세뇌됐구나!" (웃음)

(다들: 언니 그런 말 진짜 많이 들었지!)

"네가 그 사람들과 다른 게 뭐냐"라든지. 이걸 질문을 받았다는 것 자체가 우리가 의식을 하건 안 하건 동화되었다는 증거인 거지.

성한아 저도 딱 그걸 느꼈어요. 저 같은 경우에는 새를 셀 때 그 숫자가 객관적이냐는 그 객관성에 대한 질문을 나의 연구에 대해서도 받지만 조사원의 조사에 대해서도 받거든요. 근데 어느 순간 그런 문제를 똑같이 궁금해하는 게 아니라, 그런 질문에 확실하고 짧은 답을 내놓을 수 없는 이유를 이해하게 됐던 순간이 저에게는 동화의 순간이 아니었나 싶어요. 예를 들어 새를 셀 때 정확히 세어야 되는 거 아니야, 이거 정확한 거 맞냐, 이런 질문이 사실 현장에서도 중요한 질문이고, 조사원은 누구보다 이 문제에 헌신하거든요. 다만 문제는 그 정확성 혹은 객관성이라는 게 질문자에게 명확해 보여도 사실 과학 실천의 성격과 조건에 따라 그

양상이 달라질 수 있다는 걸 정말 이해하게 됐거든요.

의심스러운 과학기술

우리가 연구한 과학기술은 모두 다르지만 비슷한 점이 있습니다. 모두 과학기술 같지 않은 과학기술이라는 점에서 말입니다. 객관성, 합리성, 보편성, 가치중립성 등 과학기술이 가지고 있을 것이라 여겨지는 이 속성들을 가지고 있지 않은 것처럼 보이는 과학기술을 연구한 덕분에 우리는 많은 의심과 질문을 받아야 했습니다. 그래서 겪어야 했던 어려움과 그렇기 때문에 우리가 알 수 있었던 점들을 나누어봤습니다.

장하원 우리의 현장들이 공교롭게도 모두 그랬던 것 같아요. 의심스러운 현장. 과학기술이라고 부르기엔 뭔가 애매한, 그래서 현지인들의 실천이 합리적이라고 간주되기 어려웠던 거죠. 성형 수술도 그렇고, 새를 세는 것도 그렇고, 봉한관 연구도 그렇고, 자폐증을 지닌 아이를 돌보는 엄마들도 그렇고, 얼마나 비과학적으로 보여요! 사실 저도 처음에 이 연구를 시작할 때는 그렇게 보고 들어간 셈이고요. 우리가 어느 순간 진짜 겸손한 목격자로서, 현지인들을 내려다보던 위치에서 벗어나서 그들과 동화되면서부터 그렇게 비합리적이라고 치부되는 사람들의 실천에 대해 좀 더 잘 해명할 수 있는 능력이 키워졌던 것 같아요. 그게 우리의 전문성이

296

아닐까요? 우리 연구의 강점이자 우리가 만드는 또 다른 객관성, 합리성인 거죠.

김연화 그런데 솔직히 저는 '내가 왜 봉한학을 선택했을까' 이 생각을 진짜 많이 했거든요. 다른 것을 연구했으면 진작 졸업했을 텐데…. (웃음) 왜 하필 이 비과학이라는 얘기를 듣는 이것을 선택해서, 자꾸 비과학이 아니라고 변명해야 되고. 그래서 스트레스를 받고, 빨리 이 연구를 끝내고 싶다는 생각을 많이 했거든요.

제가 사실 글에서는 좀 아름답게 썼지만, 한의학물리실험실에 연루가 돼서 좋았던 것도 있었지만 힘든 것도 있었어요.

장하원 현장에 있을 때는 현장과 분리가 되지 않아서 힘들고, 현장을 나오고 나서는 분리가 되었다는 사실 때문에 또 힘든 것 같아요. 저는 이 책을 쓰면서 내가 이제는 굉장히 현장으로부터 분리됐다는 걸 깨달으면서, 그 상황이 좀 죄스러운 마음도 있었어요. 몇 달 지나지도 않았는데 나는 이렇게 현장에서 멀어질 수 있는 사람이었구나, 굉장히 연루돼 있는 줄 알았는데 이렇게 한 발 떨어져 볼 수 있고 내가 마음먹으면 더 떨어질 수도 있구나, 그런 느낌이 이번에 저를 힘들게 했어요. 특히 자폐증이라는 소재가 주는 무거움 때문에 그런지 몰라도, 이런 상황을 깨닫고 나니 좀 슬펐고. 그럼에도 불구하고 결국 또 마음을 다잡았죠. 결국 연루된다는 게 굉장한 의지와 노력과 시간과 감정이 필요한 거구

나가며 ◇ 과학기술학에 대하여, 끝으로 못다 한 이야기들

297

나, 그런 것들이 제대로 투입되지 않으면 이렇게 멀어질 수밖에 없구나, 그게 연구자구나, 그런 것도 깨달았어요.

그러고 보니 언니도 성형 수술이라는 소재를 선택한 것을 후회했던 적이 좀 있을 것 같아요.

임소연 후회가 있는 정도가 아니지. 10년 동안 내가 얼마나 후회를 많이 했겠니. 내가 여기서 제일 많이 후회했을 거야…. (웃음)

김연화 지금은 현장과 너무 떨어진 것 같아서 슬프지만… 버리고 싶었던 때가 있었죠.

임소연 근데 그럴 수밖에 없는 게 우리 주제들이 다른 사람들이 많이 하는 연구와는 좀 달라서. 일단은 취직이 잘 안 되고. (웃음) 다른 주제들에 비해 심각하거나 중요해 보이지 않잖아.

김연화 우리 연구에 대해 들을 때는 재밌다고 하는데, 우리의 연구에 대해 자세히 알아봐야 할 사안이라기보다는 일회성 호기심으로 접근하는 경우가 많은 것 같아요.

장하원 그런 현실적인 문제뿐만 아니라, 연구하는 동안에도 갈등이 많잖아요. 사람들이 우리의 연구 대상에 대해 의심이 많고요. 저 같은 경우에도, 자폐증이 워낙 심각한 질병이니까 그 소재 자체에 대해서는 다들 중요하다고 봤지만, 자폐증을 다루는 연구자나 의사가 아니라 자폐증을 지닌 아동을 돌보는 보호자의 실천을 이야기하기 시작하면, 엄마들의 실천이 자꾸 지나친 기대나 욕심으로 치부되어서. 소연 언니는 그런 일을 더 많이 겪었을 것 같아요.

임소연 맞아. 성형 수술이라고 하면 다 그냥 쇼핑 정도로 치부하는 분위기가 있어서.

(장하원: 그게 무슨 의학이냐 이런 거죠.)

맞아. 누가 인공와우 같은 것을 연구한다고 하면 사람들이 인정해주니까 그게 부럽기도 했었어.

김연화 예를 들어 장애를 개선해주는 기술은 좋은 기술이라고 보는 반면, 성형은 나쁜 기술로 인식하잖아요. 사람들이 이미 기술의 가치를 판단해버리니까. 사람들을 현혹시켜서 기술적으로 해결하게 하는 나쁜 기술.

임소연 성형 수술을 받는 사람들이 막 안쓰럽고 불쌍한 사람들이 아니라, 돈이 많거나 허영심이나 자기 욕심에 더 예뻐지려는 사람들로 치부되니까. 일단 성형 수술이라고 하면 사람들이 진지하게 들어보려고 한다기보다는, 기본적으로 시니컬하게 보는 경향이 있지.

김연화 환자들도 그렇지만 의사들도 그런 사람들을 꼬드겨서 허영심을 갖게 부추기는 나쁜 사람들인 것처럼 보고요. 환자와 의사가 모두 다 그렇게 평가되는 면이 있었던 것 같아요.

임소연 그러게 내 현장에는 좋은 사람이 없네? 보통 좀 안된 사람, 정의로운 사람, 편을 들어줘야 하는 사람이 있는데, 내 연구에서는 독자들이 마음을 줄 곳이 없는 거지. 아프지도 않은데 돈 들여 수술을 받는 환자나 수술을 해주고 돈을 버는 의사 어느 쪽도 약자가 아니라고들 생각하니까.

성한아 제 주제 같은 경우는 새의 개체수를 어떻게 1의 자리까지 셀 수 있냐부터 시작해서 촛불 집회에 참여한 사람들 수를 사진 찍어서 세는 정치적인 문제까지 언급하면서 그런 방식의 숫자 세기 결과 자체를 의심하는 질문을 많이 받았어요. '그냥 사진 찍어서 세면 되는 거 아냐?'라는 반응도 많았고요. 나도 지금 가서 셀 수 있는 거 아니냐는 재미있는 질문도 받았고요. (웃음) 그분 직박구리도 모르시던데. (웃음) 이게 어쩌면 새를 세는 조사가 소위 기초적인 조사로 누구나 할 수 있는 간단한 일처럼 보이니까 나오는 반응인가 싶기도 해요. 처음에 '시민과학'이라는 용어로 이 실행을 이해해볼까도 했었는데, 분명 시민과학을 포괄하고 또 그런 용어로 설명할 부분이 분명 있긴 해요. 나중에 해보고 싶기도 하고 그런데 조사 자체의 특성을 생각해보면 저는 그것만으로 전부 설명할 수 없다고 생각해요. 저는 애초에 어떤 연구의 기반을 형성해주는 자연에 관한 기초 데이터, 혹은 공공 데이터를 생산하는 과학 자체에 대한 관심이 컸는데, 이런 종류의 과학 조사를 이해하는 데 딱 맞는 사례거든요. 아마 저런 질문들을 던졌던 사람들은 뭔가 물리학과 같은 고차원적인 연구를 기준점에 두고 기초적인 조사에서 정확한 수치를 내놓지 못하냐는 기울어진 잣대를 가지고 질문을 했던 것 같기도 하고… 사실 아예 성격이 다른 과학인데 말이죠. 또 오히려 조사를 실행하는 사람들이 진짜로 그 정확성이나 객관성에 대해 더 고민을 많이 하는데 말이죠. 그런데 오히려 저는 그런 질문이 도움이 되기도 한 게, 이게, 조사 담당자가 조사 결과를 갖고 정부 브리핑에서 발표하면서 기자들을 만나는 현장이 있거든요. 그런 현장에서 기자가 던지는 질문하고 같은 거예요. 그 사실을 깨달으면서 오히려 새를 세는 일이 왜 사회적인 관심의 중심에 오고, 또 그 정확성이 갑자기 더더욱 많은 사람들로부터 질문의 대상이 되는가라는 현상 자체를 새로운 사회적 변화로서 이해하려는 계기가 됐던 거 같아요. 뭐 어떤 질문이든 쓸모없는 건 없다라고 할까요….

장하원 소연 언니와 한아 연구 이야기를 듣다 보니, 겹치는 지점들이 정말 많네요. 제 연구는 자폐증 진단 분야의 의사들과 보호자인 엄마들이라는 두 개의 그룹을 주로 봤기 때문에, 제 이야기에 대한 반응에서 그 그룹들에 대한 생각들도 읽을 수 있는데요. 사실 저부터 두 그룹에 대해 아주 공평하게 다루는 데에는 실패한 것 같긴 해요. 예컨대, 제가 제 연구에서 의사들을 자폐증 진단 전문가로 불렀지만, 엄마들을 자폐증 돌봄 전문가, 이런 식으로 부르진 않았거든요. 그럼에도 불구하고 제가 두 그룹에 대해 공평하게 다루려고 애를 써도, 의사는 과학적이고 합리적인 전문가, 엄마는 비

나가며 ♢ 과학기술학에 대하여, 글로 못다 한 이야기들

과학적이고 비합리적인 비전문가라는 고정관념을 넘어서는 게 정말 어려웠어요. 엄마들의 행위는 질병을 진지하게 다루는 지적 실천으로 해석되기보다는, 자폐증에 대해 제대로 알지도 못한 채 아이에 대한 열망과 기대에 사로잡혀 병원 쇼핑을 하고 지푸라기라도 잡는 심정으로 과학적으로 입증되지 않은 치료들을 시도하는 비합리적인 실천으로 치부되더라고요. 제가 엄마들의 실행에서 어떤 논리와 합리성을 발굴하면, 지나치게 상대주의적인 연구가 아니냐는 지적을 받았고요. 그런데 제가 공평하려는 지점은 의사와 엄마 양쪽 다 합리적이기도 하고 비합리적이기도 하다, 이런 게 아니라 엄마들의 이러저러한 실천 또한 지식을 습득하고 또 생산하는 실천이고 의학과 과학의 일상적인 모습이라는 것을 전제로 두겠다는 거거든요. 자폐증을 다루는 다양한 실천과 사건을 자폐증의 이름으로 보고 기록하겠다는 것. 엄마들의 실행을 비과학으로 전제해버리면 어떤 자폐증들은 결코 볼 수가 없으니까.

김연화 제가 가장 많이 들은 말은 비과학을 본다는 거였어요. 과학학 공부를 하려고 했는데 비과학학 연구를 하게 되었나 싶을 정도로요. (웃음) 저는 제 연구를 시작할 때에는 비과학의 영역에 있는 경락을 과학적으로 연구한다는 지점이 흥미롭다고 생각했거든요. 그런데 사람들은 실험실 사람들의 연구 과정이나 방식에는 별다른 관심이 없고 왜 비과학을 과학이라고 하냐고만 비판을 하니까. 과학이란 무엇인가 하는 철학적이고 원론적인 질문만 하게 되었는데 이게 답이 없더라고요. 현실은 명확하게 이분되지 않으니까요. 심지어는 연구비를 타기 위한 밥그릇 싸움이라는 말까지 들었어요. 거기에 제가 순진하게 들어가서 비과학자들의 편을 들어주고 있다는 거죠. 그런데 다른 과학학 연구에도 그런 비판들이 가해졌더라고요. 기존의 이분법적 논리에서 벗어나려고 하면 듣는 비판이기도 하고요.

다시 보니 우리 넷이 모두 저마다의 주제에서 '이분법'과 싸우고 있었던 것 같네요. 역시 우리가 하고 있는 게 과학기술학이 맞긴 맞구나 싶기도 하고요. 라투르도 과학을 공격한다는 오해와 비판을 그렇게 받았는데, 뭐….

현장은 어디인가?

네 명의 저자들은 서로 다른 현장에서 연구를 이어 갔습니다. 저자들은 그 다름에 관해 어떻게 생각할까요? 네 명의 저자가 서로 다른 연구의 현장과 자신의 현장에 관해 이야기했습니다. 그러다 보니 현장연구의 특성에 관해서도 이야기하게 됐네요.

임소연　우리 넷의 현장이 다 다르지만 그중에 하나 꼽으라면 현장이라는 장소적인 특성인 것 같아. 나와 연화는 현장이 실험실과 의원으로 고정되어 있었고 다른 둘은 주로 여기저기 사람들을 막 따라다녔잖아.

성한아 맞아요, 이 중에 제가 제일 전국구로 다녔던 것 같은데요?

김연화 궁금한 점이 있어요. 한아의 현장은 전국에 걸쳐 있지만 단순히 새가 있다고 현장이 되는 게 아닐 것 같은데, 한아가 있는 곳에 새가 지나간다고 현장이 되는 것은 아닐 거고 새를 세는 사람이랑 단둘이 얘기하고 있다고 현장이 되는 것도 아닌 거잖아요? 현장이 되기 위한 필수조건들이 있었을 것 같아요.

성한아 오, 아주 좋은 질문입니다! 제가 지금 고민하고 있는 것 중 하나예요. 그냥 여기에 저랑 직박구리랑 새를 세는 누군가가 있다고 해서 제가 말하는 현장이 되는 것은 아니어서, 그에 대해 어떻게 표현할 것인가에 대해 고민하고 있거든요. 이를테면, 접촉 지대contact zone라는 말은 어떨까도 생각 중이에요. 해러웨이가, 메리 루이스 프랫Mary Louis Pratt이라는 학자가 제국주의 관련해서 쓴 용어를 인간과 동물 관계에서 사용한 데에서 처음 봤는데, 최근에 지리학자들이 더 확장하려고 시도하더라고요.

아무튼, 저에게 현장은… 그 현장을 찾는 것 자체가 연구의 일부였어요. 처음에는 대중없이 다녔어요. 서산이고 울산이고 다 갔죠. (웃음) 그래서 제 연구의 비인간 중에 진짜 중요한 게 자동차거든요. 저는 운전을 할 수 있게 되면서 이 연구를 할 수 있게 됐어요. 물론 KTX 타고 지방으로 갈 수는 있는데, 철새를 만나려면 장소도 중요하지만 시간이 중요해서 새벽이나 대중교통이 닿지 않는 그런 현장들을 가기 위해서는 차가 굉장히 중요했어요. 그러다가 나중에서야 조사팀 중한 명하고 더 깊게 연루가 되면서 그분이 가는 전라도 쪽, 금강호 쪽으로 좁혀진 거죠. 지금은 한국에서 철새와 인간의 관계가 좀 더 다양하게 이루어지는 장소를 정해서 언니들이 연구한 것처럼 좀 길게 현장연구를 하고 싶다는 생각도 하고, 그렇게 했으면 어땠을까라는 생각도 해요. 워낙 저의 관심사가 그 실행 자체에 있어서, 인간과 조류가 만나는 현장에서 무슨 일이 일어날까, 내가 뭘 잘 볼 수 있을까에 집중을 하다 보니 어떤 장소를 특정하지 않게 된 거긴 하지만요.

장하원 저도 예전부터 고민하던 문제예요! 한아의 연구에서 조사자와 연구자와 새라는 대상이 함께 있어야 현장의 주요 요소들이 겹쳐진 형태로 현장이 펼쳐지는 것이라고 보면, 제 현장은 한아의 연구로 치자면 새가 빠져 있는 그런 현장이라는 점 때문에 비판도 받았고 저 스스로도 제대로 된 현장인지에 대해 고민을 많이 했던 것 같아요. 자폐증이라는 것이 사실 사회성의 문제이기 때문에 사회성이 발현되지 않는 그런 순간들을 제가 목격해야 하는 거잖아요. 그리고 그런 순간을 보기 위해 어쨌든 자폐증을 지녔다고 판단되는 그런 사람들을 만나는 공간이 필요한 거고요.

제가 그런 현장을 경험하긴 했지만 제 논문에 그것을 직접적으로 기술하지는 않았어요. 그런 현장 경험에서 얻은 지식을 활용하긴 했죠. 예를 들어 치료 센터에서 잠깐 머물며 본 것들을 통해 자폐증에 대한 기본적인 감각을 기를 수 있었으니까요. 제가 아까 새가 빠진 현장이라고 비유했던 건, 제가 자폐증으로 진단된 아동이 없는 상태에서 아동의 보호자인 엄마들을 만나서 현장을 꾸렸다는 뜻이었어요. 제 연구는 굳이 따지자면 현장연구에 대한 현장연구인 것 같아요. 그러니까 제가 만든 현장은 '진짜' 자폐증의 현장이 아니라 자폐증의 현장에 대해서 알고 있는 엄마들을 만나서, 그 엄마들을 최대한 현장연구자로 만들어서 자폐증의 현장에 대해 이야기를 하도록 만드는 현장인 거죠. 물론 엄마들은 전문적으로 현장연구를 할 수 있는 사람들은 아니지만, 이야기를 끌어내서 그 현장연구자가 말하는 것을 듣고, 제가 그것을 통해서 자폐증의 현장을 이해하고 재구성하는 방식의 연구를 했던 거예요. 저도 당연히 아쉬움이 있어요. 자폐증 치료 센터라든지 자폐증으로 진단된 아동의 가정에 직접 들어가서 어떤 실행들이 이루어지는지 내 눈으로 직접 보고, 그에 대해 쓸 수 있었으면 좋았겠다는 생각도 해요. 하지만 그런 연구를 추진하기에는 현실적으로 여러 어려움이 있었고, 또 지레 겁을 먹었던 거지. 자폐증에 대한 낙인이 있는 한국에서 장애를 지닌 자녀를 직접 보겠다는 연구자를 허락해줄까, 괜히 겁을 먹었던 것 같아요. 이 모든 아쉬움에도 불구하고 저는 제 연구 방법이 정당하다고 생각해요.

임소연 그런데 나는 하원이의 연구 방법이 너무 좋은데. 현장연구자로서의 엄마라니!

장하원 자폐증의 현장에 좀 더 적극적으로 접근할 수도 있었겠지만, 저는 굉장히 조심스럽게 접근을 했던 거죠. 지금 생각해보면 제가 자폐증에 연루된 현지들을 너무 약하게, 굉장히 취약한 상태라고 오해해서 이렇게 지나치게 연구 범위를 한정한 것 같기도 하지만. 당시에는 그 사람들의 일상과 마음을 최대한 지켜주고 싶었어요. 인류학에서의 현장연구라는 게 누군가에게는 부담스러울 수 있잖아요. 연구 과정에서 연구 참여자들의 개인 정보를 보호하는 것뿐만 아니라 그들의 심리적 타격을 줄여주는 게 중요하기도 하고요. 그래서 엄마들의 기분을 가능한 한 상하지 않게 하는 연구를 상상하고, 그 범위 안에서 연구를 설정하는 것이 저에게는 아주 중요했어요. 그래서 현재 한국에서 자폐증에 대한 연구는 이런 방식을 택할 수밖에 없지 않았나 그렇게 생각하고 있었어요.

연구를 해보고 나니 이제는 내가 자폐증 연구자로서 집으로 찾아간다고 했을 때 어떤 분들은 전혀 개의치 않을 수도 있고, 또 그런 사람들이 많을 것 같다는 걸 느꼈어요. 그래서 이제는 직접 자폐증을 지닌 아동을 만나는 연구를 시도해볼 용기를 얻었고요. 앞으로 하면 되죠.

그리고 이런 참여관찰에 대한 아쉬움과는 별개로, 이번 연구를 하면서 결과적으로는 엄마들의 말을 믿을 수 있고, 그것을 통해 현장연구를 충분히 할 수 있다는 걸 확인한 것이 더 중요한 소득인 것 같아요. 현재 자폐증을 가장 오랜 시간 동안 놓지 않고, 가장 열심히 돌보고 있는 사람들이 스스로의 일상에 대해 하는 이야기를 듣는 것이 자폐증을 이해하는 가장 중요한 방법 같고요.

김연화 저는 한편으로는 실험실이라는 공간이 정해져 있고 이미 무언가를 하고 있는 사람들을 내가 들어가서 딱 보기만 하면 되는 것처럼 생각하는 것 같아요. 저도 처음에는 그렇게 생각하기도 했고…. 과학학자들이 실험실과 대비되는 공간으로서의 '야외 현장' 연구를 자꾸 실험실 연구와 구분하면서, 현장이라는 곳은 실험실에서는 볼 수 없는 뭔가가 일어나는 곳이고, 실험실은 모든 것이 통제가 되는 곳으로 보는데, 사실 그렇지 않다는 걸 강조하고 싶어요. 사실 실험실에 들어오는 것들도 통제가 안 되는 상황이 많거든요.

또 실험실 공간이 나의 한정된 연구 현장인 것 같지만 거기서 나오는 순간 내가 연구 현장이랑 단절되는 게 아니라, 나온 뒤에도 나의 연구 현장이 펼쳐지는 순간들이 계속 있는 거예요. 예를 들어, 대학원 동료들과 대화를 하다가 그들이 말하는 김봉한에 대한 얘기를 들을 때나 봉한관 연구자 말고 좀 잘나가는 김빛내리 교수 실험실을 연구하라는 말을 들을 때 갑자기 나의 현장이 펼쳐지죠. (웃음) 현장이 펼쳐진다는 게 갑자기 내가 실험실 안에 들어가 관찰하게 된다는 게 아니라, 갑자기 내가 실험실 사람들과 동화되는 거예요. 전혀 의도하지 않은, 뜻밖의 장소에서!

임소연 아 너무 공감이 된다. 누가 성형외과 의사가 무슨 의사야? 다 장삿꾼들 아냐? 이러면 욱하거든. (웃음) 도대체 사람들은 뭘 믿고 성형을 하는 거예요?라든가. 그럴 때 내 현장이 열리지. 몸은 성형외과 밖에 있지만….

김연화 그래서 저는 현장이라는 게 과연 나와 완전히 분리될 수 있는가에 대해 회의적이에요. 그리고 내가 어딘가에 들어가서 연구한다고 해서, 들어가서 계속 보고 있으면 다 볼 것 같지만 사실은 다 못 보는 거예요. 왜냐하면 실험실이라고 해도 내부적으로 완전 오픈되어 있는 곳이 아니거든요. 이 사람들은 실험을 하는데 내가 계속 가서 "뭐 하세요?" 하고 보고 있을 수도 없고. 그러니까 이 현장에 들어왔는데 왜 그걸 너는 모르니 이렇게 질문하는 것은 정말 모르고 하는 말인 거죠. 심지어 그 실험실의 책임자인 교수도 모르는 일이 벌어지는데. 현장이 무슨 내 손바닥처럼 펴고 들여다볼 수 있는 곳이 아니라는 거죠.

방금 하원이가 현지인들이 상처받을 것을 우려해서, 혹은 마음의 상처를 좀 줄여주는 방식으로 하려고 조심했다는 말을 했는데, 사실 저도 두 가지 이유에서 똑같았어요. 하나는 내가 현장에 관찰자로 들어갔는데, 내가 뭔가를 하다가 이 실험실을 망쳐 놓을까 봐. 그래서 내가 잘못된 걸 보게 될까 봐. 내가 없는 상태에서도 돌아가는 현장을 진짜 없는 사람으로서 이렇게 CCTV 기록하듯이 해야 될 것 같은 부담감이 있어서 최대한 쥐 죽은 듯이, 아무것도 아닌 듯이 있어야 된다고 생각했고. 또 하나는 혹시라도 나의 말이나 행동이 현지인들에게 상처가 될까도 걱정이었어요. 실험실 밖에서 저에게 비과학을 왜 보냐는 말들에 상처를 받기도 했는데, 제가 무의식적으로 현지인들에게 그런 뉘앙스를 풍길까 봐 조심하게 되더라고요. 그런데 그런 걸 과감하게 다 물어보는 연구자도 보긴 했어요. '어떻게 저걸 대놓고 물어볼 수가 있지?' 싶은 질문도 막 하더라고요. 물론 그런 충격적인 질문을 했을 때 그 사람들이 하는 반응을 볼 수도 있는 건데…. 그래도 저는 그런 걸 못 물어보겠더라고요. 그래서 오히려 제가 바깥에서 그런 질문을 들으면서, 실험실 사람들도 어디 가서 그런 얘기를 듣지나 않을까 하면서 괜히 혼자 마음 아파했어요.

장하원 그게 현장연구라서 그런 것 같아요. 왜냐하면 단순한 인터뷰라면 한 번 하고 끝날 수 있지만, 우리는 현장에서 그 사람들과 인간관계를 맺고 있는 사람이니까. 더 조심하게 되고 비판을 막 할 수가 없어. 예의도 지켜야 하고.

임소연　연화가 얘기하는 거 거의 다 나도 느끼고 있던 거야. 나도 똑같이 너무 조심스러웠거든. 일단 성형에 대한 편견이나 의심에 대해서 나도 직접적으로 물어본 적이 단한 번 없어. 게다가 성형외과에는 의료진과 직원들만 있는것이 아니라 오고 가는 환자들이 있잖아. 환자들에게 일일이 승인을 받거나 내 정체를 밝히며 대할 수 없기 때문에 더 조심스러울 수밖에 없고 말야. 또 공감한 점은 현장에 들어간다고 해서 모든 걸 다 볼 수 없다는 얘기. 현장에 나도 꽤 오래 있었는데도, 예를 들면 연화의 실험과 비교할 만한 게 나는 수술일 텐데. 수술이라는 게 내가 글에도 썼지만 정말 보기만 해서는 알 수가 없거든. 내가 성형외과에 그렇게 오래 있었으면서도 수술하는 거 정도는 내가 하지는 못해도 하기 직전까지는 갈 수 있어야 했던 거 아닌가 그런 생각이 들기도 했어. 인체의 해부학적 구조 같은 것들이나 전문 의학 용어를 막 줄줄 읊을 정도는 되야 했던 거 아닌가 하는 콤플렉스가 있었지. 나도 성형외과 현장연구 처음 시작할 때는 수술실에서 피부가 절개되고 피가 막 뿜어져 나오고 살아 있는 사람의 뼈도 보고 그럴 줄 알았거든. 그렇지만 연화가 얘기한 대로, 수술하고 있는 와중에 그걸 자세히 보겠다고 머리를 들이밀 수는 없는 거거든. 본다고 해도 수술이나 인체에 대한 지식 자체가 한 사람의 의사를 만들기 위해서 굉장히 오랜 훈련 과정을 거쳐서 얻어지는 건데 그걸 연구자가 의사만 큰 알 수 있을까? 지금은 그런 상황을 받아들이기는 하지만 더 깊이 못 들어갔다는 것에 대한 아쉬움은 계속 남아 있지.

성한아 저도 언니들 얘기를 들으면서 비슷하게 느낀 지점들이 있어요. 예를 들면 제가 주로 따라다녔던 조사원이 조사하는 중에 망원경을 사용하거든요. 맘만 먹으면 그 망원경에 핸드폰 렌즈를 들이대서 망원경으로 보는 시선을 찍을 수가 있거든요. 아마 그분은 또 허락해주셨을 거야, 분명. 그런데 사실 그렇게 되기까지 굉장히 시간이 오래 걸렸어요. 선생님이 잠깐 봐도 된다고 허락해주면 이분이 실제로 눈으로 보는 걸 내가 사진 찍는 상황인 건데 사실 한두 번밖에 안 됐고요. 조사하던 분을 밀어내고 핸드폰 렌즈를 망원경에 들이대는 일이 사실 적극적으로 하자면 막 요구할 수도 있는데, 저는 그 상황에서조차 내가 그 선생님을 방해할 수 있겠다라는 느낌이 들었거든요.

하원 언니의 현장에서 아동이 빠져 있었다고 말했는데 지금 생각해보면 저도 사실 인간과 동물의 관계를 보겠다고 했지만 처음에는 현장에서 새에 대한 관심이 그렇게 크지는 않았던 것 같아요. 그러니까 재밌는 게, 제가 처음에는 조사원이 도대체 뭘 어떻게 하는지에 관심이 있었는데도 현장 사진을 찍을 때 처음에는 조사원이 보는 풍경 같은 것을 찍었고요, 그다음에 조사원이 담긴 현장 풍경 전체를 찍게 되고, 그 이후에 새와 조사원과 조사가 이루어지는 주변 풍경을 함께 열심히 찍게 되는, 이런 변화가 있었거든요. 그래서 처음에는 제 글이 조사원 위주였고, 지금도 사실 새에 대한 이야기는 굉장히 부족하다고 생각해요. 지식이라는 것, 그러니까 어떤 실재의 재현이라는 것이 사실 우리가 직접적으로 알 수 있는 건 아니잖아요. 저는 이제야 새에 관련된 얘기를 조사원한테 듣지 않고도 내가 그 상호작용에 대해 어떻게든 써봐야 되겠다라고 결심했어요. 그러려면 저만의 방법론, 실행이 필요하겠죠.

비인간을 안다는 것

현장에는 인간만 존재하지 않습니다. 이제 대화는 현장의 비인간과 물질로 넘어갑니다. 과학기술학 분야가 기여해 온 중요한 주제이지요. 최근에 새로운 사유의 패러다임으로 화두가 되고 있는 신유물론이나 '물질로의 전환', '존재론적 전환' 등의 흐름과 연결된 주제이기도 합니다.

장하원 결국 우리의 현장연구는 우리가 비인간 행위자를 어떻게 만나는가의 문제였던 것 같아요. 우리가 인간이기 때문에 인간 행위자와는 상호작용을 어느 정도 잘할 수있잖아요. 그런데 우리가, 인간으로서 비인간 행위자와 어떻게 상호작용하고 어떻게 그것들을 알 수 있는가가 문제인 거죠. 우리의 현장은 그것이 과학으로 불리든 아니든 간에 비인간 행위자를 알고자 하는 인간들의 현장이기도 했던 것 같아요. 철새를 알려는 사람들의 현장, 봉한관을 알려는 사람들의 현장, 아름다움이나 사회성에 대해, 그와 관련된 물질들에 대해 알려는 사람들의 현장.

어쨌든 현장연구자로서 우리가 깨달은 건, 통상 과학이라고 불리는 기준에 맞춰서는 우리가 절대로 이러한 비인간 행위자들과 관계를 맺을 수 없다는 것 아닐까요? 적어도 우리가 한 방식의 현장연구를 통해서는 말이죠. 제 연구를 예로 들면, 자폐 과학에서는 요즘 유전자 연구랑 뇌 연구를 하는데, 그런 것들에 대해서 공부하려면 한도 끝도 없고, 심지어 그런 것들은 사실 의사들도 잘 몰라요. 제가 만난 의사들은 기본적으로 환자를 대하는 방식, 환자에 대한 전문성이 있는 사람들이고, 자폐의 증상이나 그와 연관된 뇌와 유전자에 대한 연구를 하는 과학자는 또 따로 있어요. 그러니까 과학이라는 것은 어떤 측면에서는 비인간 행위자를 굉장히 이상하고 독특한 방식으로 파헤치는 작업을 가리키는 말 같아요. 우리가, 과학기술학자가 그렇게 과학자와 똑같은 방식으로 비인간 행위자를 알 수는 없다는 거죠.

성한아　바로 그거예요. 사실 제가 새 자체를 연구하기 위해서 현장연구를 했던 것은 아니거든요. 언니의 경우 엄마나 의사라는 사람들이 자폐증이라는 대상에 대해서 어떤 지식을 어떻게 생산하는가를 연구하는 것이고 저는 조사원이 새에 대해서 어떤 지식을 어떻게 생산하는지를 보려고 했던 거죠.

장하원 그렇지. 다만 어떤 지식 생산의 현장은 진정한 과학이라고 불리기도 하지만 또 다른 지식 생산의 현장은 그렇지 않은 것 같아.

임소연 이 얘기 너무 중요한 것 같아. 나도 결국 몸이라는 비인간 행위자를 일대일로 만날 수는 없었거든. 몸을 조작하고 몸에 대해서 지식을 가지고 있는 의사들과는 친해졌지만, 몸과는 친해질 수 없었어. 결국에 그래서 내 몸을 택하긴 했지만. (웃음) 연화도 봉한관을 직접 눈으로 볼 수는 없었던 거지?

김연화 그렇죠. 제가 실험실에서 벌어지는 일들, 비인간 행위자들의 실행이 중요하다고 강조하기는 했지만 제 손으로 한 것은 아니었으니까요. 현지인들을 관찰하고 그들이 촬영한 사진을 보기는 했지만 제가 직접 실험하면서 프리모관을 만난 것은 아니었죠.

임소연 요즘 신유물론에 대한 관심이 많잖아. 물질이 중요하다는 얘기들을 많이 하는데 아직까지는 서구 이론을 번역하고 소개하는 정도이고 경험 연구는 별로 없거든. 신유물론 논의들을 보면서 나도 항상 아쉽기도 하고 궁금하기도 한 것이 '물질' 하면 과학기술 아닌가? 지금까지 물질에 대해서 가장 많은 지식을 쌓아 오고 심지어 새로운 물질을 만들기도 하는 분야가 과학기술 아니냔 말이지. 어떻게 보면 되게 기묘한 방식으로 물질을 알고 만들고 한 건데…. 국가나 기업에서 돈을 수억씩 받아서. (웃음)

장하원 그렇죠. 과학이라는 것이 굉장히 복잡한 방식으로 그 엄청나게 많은 비인간 행위자와 인간 행위자, 돈, 노력, 시간이 집약돼 있는 활동이죠.

임소연 인간 혼자서는 못하고 비싼 비인간 행위자들 도움을 받아서 겨우 뭐 하나 보고.

김연화 그런데 그렇게 기묘한 방식도 사실 몇 년 동안 훈련받은 사람이어야 할 수 있는 것이라서 우리가 현장에 들어간다고 저절로 할 수 있는 게 아니죠.

임소연 내가 아까 현장에 오래 있었지만 몸을 못 봤다, 몸과 못 친해졌다고 했는데 사실 그것이 내 연구의 실패가 아니라 그것 자체가 의미하는 바가 있다고 봐. 물질이라는 게 오히려 부재함으로써 그 존재를 보여주는 측면이 있는 것 같아. 물질에 대한 앎이라는 게 사실은 근대 이후의 사회에서는 과학자라는 이름으로 훈련을 오랫동안 받은 사람의 눈이 아니면 그리고 특히 현대에 들어서는 과학 연구라는 이름으로 거금을 지원받지 않으면 가능하지 않은 거잖아. 그게 우리의 현실이라면 쉽게, 실험실도 없이, 도구도 없이, 물질에 대해서 막 얘기하는 사람들이 너무 이상한 거야. 물질로의 전환이라고 얘기하면서 물질성 얘기를 하는데 난 이런 생각을 하기도 해. 과연 뭘 근거로 그런 말을 할까? 예를 들면 우리처럼 그 현장에 있던 사람도 몇 년을 옆에서 보려고 해도 못 봤던 물질을, 도대체 이 인문학자들이 굉장히 어려운 말을 갖다 쓰고 철학자들 이름을 줄줄 대면서 물질성을 논한다는 것이 과연 무슨 의미일까 이런 생각….

성한아　사실 철새도 그렇고 자폐증도 그렇고 그게 그냥 존재하는 게 아닌 거죠. 그 연결망을 갖는다는 것이 얼마나 어려운 일인지….

장하원　물질성을 나이브하게 논하는 인문학자들에 대한 비판은 저도 공감해요. 그런데 한편으로는 우리가 무언가를 잘 모르고 있다는 그 생각 자체가 지나치게 현대 과학을 기준으로 두고 있는 것이 아닌가 싶어요. 성형외과에 몇 년을 있었던 사람조차도 성형 수술에 대해서 잘 모른다는 말을 할 수밖에 없는 이 상황, 저도 자폐증을 이미 많이 보고 경험했는데도 잘 모르겠다고 말하고, 심지어 엄마들도 인터뷰 맨 끝에, "자폐증… 모르겠어요"라고 한탄을 하고. 사실 엄마들이야말로 자폐증을 아는 것을 넘어 이미 그걸 잘 돌보고 있거든요. 그런데 자폐증에 대해 공부할 것들은 신경과학에 있고, 의사들이 설명하는 기준이 있고, 또 그에 맞게 치료하는 방법들이 있고…. 그리고 그런 걸 다 알지 못하면 결국 모른다고 말할 수밖에 없는 상황인 거죠. 과학 외의 다른 앎이나 전문성을 인정하지 못하는 거예요. 사실 알고 모르

니가모 ◇ 과학기술학에 대하여, 끝도 못다 한 이야기들

고를 떠나서 우리 모두가 어떻게든 다루고 있는 거잖아요. 그러니까 우리는 우리 방식대로 비인간 행위자를 다룰 수 있고, 엄마들은 엄마들 방식대로 다루고, 의사들은 의사들의 방식으로 다룰 수 있는 거죠. 신경과학 전문가만 자폐증 전문가로 치부되는 그런 상황에 대해서는 좀 생각해봐야 할 것 같아요.

김연화 심지어 과학자들조차 자기들이 연구를 하면서도 의심을 하는데요? 제가 글에서 썼듯이 저한테 "네가 보기에 진짜 봉한관이 있는 것 같아?"라고 묻는 실험실 사람들이 있었어요. 물론 그런 질문이 봉한관이 있냐 없냐를 저에게 판단해 달라는 것이 아니지만 완전히 아는 것은 아니라는 얘기잖아요. 그 사람들이 실체가 없는 걸 연구한다는 얘기가 아니라, 이것을 봉한관이라고 할 수 있는지, 그 특성을 명확하게 정의할 수 있는지에 대해 잘 모르겠다는 얘기인 거니까요.

임소연 그 얘기를 들으니까, 제가 비인간 행위자를 모른다고만 하면 안 되겠다는 생각이 드네요. 기준을 의사에 두고 내가 의사만큼 몰라서 모른다고 말했던 거 같아요. 우리가 비인간 행위자를 과학자나 의사처럼 알 수는 없지만 그게 꼭 내가 그걸 모르는 건 아니잖아?

장하원 우리도 알죠!

임소연 우리는 그걸 인간과의 그런 관계를 통해서 안다는 것이 다른 점인 것 같아.

장하원　그리고 이런 전문성을 앎이라고 해도 좋지만, 지적인 차원 말고 다른 차원으로 표현을 할 수는 없을까 하는 생각도 했어요. 느낄 수 있다, 다룰 수 있다… 물론 그렇게 말하면 결국에는 다시 또 모르는 것으로 치부되는 것이 아닐까 걱정이 되기는 한데… 모르는 채로 잘 다룬다는 건 비전문적인 것으로 평가되니까요.

아네마리 몰과 같은 과학기술학자들도 과학기술과 의료가 옳고 그름을 떠나서, 또 지식의 문제를 떠나서 돌봄의 문제라는 점을 강조하는데, 그렇게 보면 사실 돌본다는 것이 안다는 것보다 오히려 한 걸음 나아가는 건데, 일반적으로 듣기에 한 차원 낮아지는 것처럼 보이는 게 문제인 것 같아요. 사실 과학자들도 그들 나름대로의 돌봄의 일환으로서 알려고 하는 거잖아요. 자신들이 더 잘 돌보기 위한 전략으로서 시각화처럼 특정한 앎의 방식을 만들어내는 건데. 우리는 이미 또 다른 방식으로 비인간 행위자를 돌보고 있으면서도, 돌봄의 여러 방식 중 하나인 앎이라는 것에 지나치게 집착하고 있지 않나 싶어요.

성한아　과학기술학자들이 얘기했던 것 중에 핵심이 앎이라는 게 앎의 과정이나 실행과 분리될 수 없다는 거잖아요. 연구 방법 그 자체가 사실은 연구 대상의 존재이기도 하다는 얘기. 우리가 연루됐다는 점을 강조하는 이유도 그거죠. 우리가 어떤 사람을 어떻게 만났고 어떤 식으로 인터뷰를 하고 어떤 관점을 가지고 어떤 방법을 가지고 접근하느냐에 따라서 현장 자체가 달라지는 거니까요.

이것은 우리 스스로에게도 적용되고 또 우리 현장의 현지인들에게도 적용될 수 있는 것 같아요. 우리가 알고자 했던 그 물질, 그 비인간 행위자가 어떤 사람들의 어떤 방법들을 통해서 앎의 대상이 되는가가 우리가 하는 연구가 아닐까요?

과학기술학 논문에서 수행적 방법performative method이라는 표현을 많이 봤어요. 방법이라는 것 자체가 수행성이 있다는 거죠. 내가 어떤 방법을 쓰느냐에 따라서 존재가 달라진다는 것이고요. 물질에 대해서는 모를 수밖에 없는 게, 방법에 따라 알 수 있는 부분만 알 수 있는 거지 어떤 방법도 다 알 수는 없거든요. 그렇다고 상대주의는 아니죠. 하나의 대상에 대해서 서로 다른 지식이 존재하는 게 아니라 서로 다른 대상의 부분들에 대한 지식인 거거든요. 지식이 달라지면 돌봄도 달라져요. 누가, 어떤 실험실이, 어떤 정책에 따라서, 어떻게 돈을 들여서 하느냐에 따라서 지식이 달라질 뿐만 아니라 돌봄의 양태도 달라지는 거죠. 음, 수행적 방법이라는 말은 환경 분야에서도 적용될 것 같아요. 자연을 어떤 식으로 이해하느냐, 그러니까 어떤 방정식을 정책에 어떻게 반영하느냐에 따라서 자연에 대한 돌봄 내지 관리가 굉장히 달라져요.

김연화 어떤 방법을 쓰는가, 대상을 어떻게 만나는

가에 따라서 그 존재 양태가 달라진다는 것이 우리의 과학기술학 연구가 갖는 의미를 잘 말해주는 것 같아요. 우리는 현장연구라는 방법으로 대상을 만났잖아요. 그래서 우리의 앎은 현장에서의 과학자들이나 의사, 혹은 엄마들의 앎과는 또 다른 앎이 되는 거죠. 같은 과학기술학자라고 해도 역사, 문헌연구를 한 사람들이랑은 또 달라서, 서로 이해하는 데에 어려움이 있다고 해야 할까요.

임소연 역시 '겸손한 목격'이 중요한 거 같아. 그게 우리만의 방법론인 거지. 아까 말했듯이, 과학이라는 게 어떤 의미에서는 '기묘한' 방식으로 물질을 연구하잖아? 폭력적이기도 하고. 실험실에서 특정 성분을 증폭시킨다든지 극한의 통제된 상황을 만든다든지 하는…. 그런데 우리는 우리가 연구하려는 존재들을 막 모아 놓고 뭘 말해 달라, 이거 사기냐 아니냐 답해라 이러지 않잖아. 몇 년 동안 지켜보고 또 지켜보고… 우리가 그들 삶의 일부가 되고 그들이 우리 삶의 일부가 될 때까지 말야. 우리의 연구에 한아가 말한 '수행적 방법'처럼 이름을 붙여주는 게 너무 중요한 것 같아.

장하원 이자벨 스탕저Isabelle Stengers가 말한 느린 과학slow science이라고 부를까요? 우리의 방법은 시간과 에너지가 많이 들고, 그래서 느릴 수밖에 없으니까.

성한아 비슷한 개념으로 콜러의 레지던트 사이언스 혹은 체류 과학도 있어요. 제가 연구한 철새 과학이 그랬고,

체류 과학의 사례로 나온 제인 구달의 과학도 그랬거든요. 우리가 현장연구 하듯이 자연을, 동물을 연구하는 거죠. 이런 과학들이 많다는 것을 더 보여줘야 할 것 같아요. 그러니까 우리의 과학기술학 연구란, 이런 느린 과학, 현장에 체류하며 실행하는 과학을 보여주면서 동시에 그 자체도 느린 과학이자 체류 과학으로 수행하는 이중의 임무를 가지고 있군요!

함께 갈 연구자들에게

이러한 방식의 현장연구는 지속될 수 있을까요? 연구의 지속성은 이러한 방식의 연구가 보여줄 수 있는 새로운 점과도 연관됩니다. 우리의 연구가 보여줄 수 있는 새로운 점의 원천은 어디에서 찾을 수 있을까요? 우리가 모두 여성이라는 점과도 관련이 있어 보입니다.

임소연 이런 방식의 연구를 어떻게 지속가능하게 만들까? 후속 연구 세대 혹은 동료 연구자들에게 어떻게 보여주고 설득할 수 있을까?

장하원 이렇게 다 얘기해주면 더 안 하겠다고 하는 거 아니야? (웃음)

김연화 들어올 사람은 들어오게 돼 있어서 괜찮아. (웃음) 제 생각에는 이런 얘기를 아무리 해도 실제로 현장연구를 하기 전까지는 모를 것 같아요. 예를 들어, 우리가 애를 낳아 보기 전에는 육아가 힘들다는 말을 아무리 들었어도⋯
안다고 생각했지만 몰랐던 거잖아요. (웃음)

저는 과학기술학자들이 한 일 중에 가장 획기적이고 좋은 일
중에 하나가 대문자 사이언스를 소문자 사이언스로 바꾼 거
라고 생각하는데, STS도 대문자 STS가 있었던 것 같아요. 우
리가 힘들었던 이유 중에 하나도 STS라고 했을 때 떠오르는
어떤 전형에 우리의 연구가 딱 들어맞지 않는 것들이 많았기
때문이잖아요. 우리가 우리의 연구와 방법론에 이름을 붙이
는 것도 소문자 sts를 만드는 작업이 아닐까 싶어요. 그것이
우리가 하는 과학기술학 연구에 대한 장벽을 좀 낮추는 방법
이 아닐까요?

장하원 그렇게 보면, 라투르가 대문자 STS의 대표적
인 학자였던 걸까요? 거기에 모든 걸 맞추려니 어려웠던 같아.

김연화 맞아. 라투르! 우리가 다 라투르 좋아하고 영
향을 많이 받기는 했지만 막상 연구를 하면서는 도나 해러웨
이와 안네마리 몰 같은 여성 과학기술학 연구자들의 연구에
공감을 더 많이 했던 것도 그런 이유였던 것 같아요. 라투르
가 현장에서 본 것은 내가 본 것과 너무 차이가 많이 난달까
요. 저는 『사이언스 인 액션Science in Action』(한국어판, 황희숙
옮김, 『젊은 과학의 전선』, 아카넷, 2016)의 논의를 좋아하지만
그러면서도 '진짜 현장이 이랬나?' 하는 생각을 꽤 했거든요.
우리가 여성 연구자로서 현장에 연루되는 방식이 라투르 같

나가며 ◇ 과학기술학에 대하여, 끝으로 못다 한 이야기들

은 남성 연구자의 방식과 조금 다른 것 같기도 하고….

임소연 그걸 부인하기는 어려울 것 같아. 여성들이 사회화 과정에서 겸손함과 같은 자세를 너무 잘 배워 왔잖아. 태생적으로 그런 게 아니라 그렇게 길러져 온 거지. 이런 현장연구를 할 수 있는 몸으로.

김연화 대문자 STS라고 할 때 마치 대문자 과학이 그렇듯이 표준은 남성인 것 같아요. 라투르, 얼마나 남성적인가요! 실험실에 들어갔을 때 젠더와 같은 문제들은 전혀 보지도 않았고 볼 필요도 없었던 거죠. 그런데 우리는 그런 것들이 너무 다 보이니까. 우리가 표준이 아니라는 것을 의식적으로든 무의식적으로든 알고 있잖아요. 이 차이점이 결국은 방법론이나 연구 내용을 다르게 만드는 것 같아요. 어떤 의미에서는 소문자 sts를 하는 데에는 우리가 유리한 셈이죠.

성한아 유리한 게 맞는 것 같아요. 우리는 그냥 다른 것도 아니고 못 하는 것은 더더욱 아니고요.

김연화 실험실 연구는 과학기술학의 정수로 자리매김하고 있지만 한편으로는 라투르로 실험실 연구 끝났다는 얘기를 많이 들었거든요. 제가 실험실 연구 한다고 했을 때, 외국인 친구가 '고전적인classic' 연구라고 표현했고 어떤 분은 다 끝난 논의에 보탤 게 뭐가 있냐고도 하셨어요. 그럼에도 제가 계속 실험실 연구에 천착하게 된 것도 제가 경험했던 실험실은 라투르나 서양학자들이 깔끔하게 기술한 실험실과 너무 달랐다는 거였어요. 그렇게 깔끔하면 나의 대학원 생활은 왜 힘들었을까, 실험실에서는 실험뿐만 아니라 다양한 감정의 폭풍을 경험하면서 힘들었는데, 그런 건 과학과 분리된 무엇인 건가, 그런 의문들이 계속 남아 있었거든요. 그래서 한의학물리실험실을 연구하면서도 연구 대상을 둘러싼 연구자들의 실행과 함께 그들이 느끼는 감각들을 같이 보고자 했던 것 같아요.

장하원 너무 이상적으로 이야기하는 걸 수는 있지만, 우리는 그야말로 현실을 따라 여기까지 온 거잖아요? 저도 물론 자폐증 유전자나 『DSM』과 같은 권위 있는 의학 지식에도 관심이 있었지만, 더 중요했던 계기는 맘카페에서 발달장애를 지닌 아이를 키우는 엄마들이 힘들어 하는 것을 보게 된 것이었어요. 이게 제가 아이를 키우면서 겪었던 어려움이나 고민과 통한다는 생각도 많이 들었고요. 이 엄마들이 어떻게 자녀의 치료와 일상을 꾸려 가야 하는지 고민하고 서로 묻는 걸 보면서, 의사들이 규정하는 자폐증의 의미와 치료 방향이 있는데 왜 이렇게 힘들어 할까, 이 문제를 이해하고 싶다, 이게 출발점이었거든요. 특히 엄마들이 교과서나 의사들 말보다 서로의 말을 더 믿고 의지하는 것을 보면서 이들의 지식, 이들이 알아 가는 과정을 보자, 그 과정에서 겪는 어려움과 이들의 말과 글이 갖는 권위를 보자, 이렇게 해서 연구가 시작된 거죠. 저도 라투르 논의를 굉장히 좋아하

나가며 ✧ 과학기술학에 대하여, 글로 못다 한 이야기들

지만 위대한 과학의 권위가 어떻게 만들어지는가라는 라투르의 문제의식과는 다른 거지.

성한아　현실을 따라왔다는 하원 언니 말에 저도 공감해요. 저도 사실 먼저 무작정 철새 관련한 행사를 여러 군데 다니다가 센서스라는, 따라다녀야 할 그 현장을 발견한 거거든요. 제가 만난 모든 사람들과 참여한 모든 행사에서 그 주제가 언급된다는 걸 발견한 순간이 기억나요. 그래서 어쩌면 현장이 만들어졌다는 말이 와 닿기도 하고요. 해러웨이의 논문이 생각나네요. 늙은 개를 돌보는 일상이 전문 지식을 바탕으로 한 책임으로 가득 차 있는가를 본인 경험에 비추어 쓴 논문이었어요. 전 하원 언니 연구가 생각났지 뭐예요. 저는 야생동물에 대한 우리 인간의 관계도 그런 거 같아요. 물론 이 경우에는 그간 도시에 사는 우리에게는 일상적이지 않은, 다른 종류의, 다른 방식의 일상에 주목해야 하지만요.

이 부분에서 제가 학부 때 경험했던 곤충학 수업이 이런 다른 일상을 조명하는 데 도움이 됐던 거 같기도 해요. 아마 학부 때 그렇게 채집 여행을 가지 않았다면 필드 생물학자들의 일상을 포착할 생각조차 못했을지도 몰라요

김연화　우리 모두의 공통점이 바로 그거예요! 하원이에게 엄마들이 갑자기 나타난 게 아니라 아이를 갖게 되면서 그랬던 거잖아요? 저도 대학원생으로서 살았던 경험 때

문에 실험실에 다시 가보고 싶었던 거고, 언니도 피부과에 가게 되면서 성형외과까지 가게 됐고, 한아도 곤충에 관심이 있어서 이런 연구를 하게 되고….

장하원　나뭇잎 뒤에 있는 곤충에 대한 감수성!

임소연　피부과에서 누워 있다가 기계들의 존재를 느끼고!

장하원　바로 그 감각!

임소연　그건 가지고 싶다고 해서 가질 수 있는 감각이 아니야!

성한아　우리가 유학생이 아니었다는 것도 중요한 것 같아요. 바로 여기 한국 사회의 문제라는 게 중요하잖아요. 우리가 한국인이고 한국의 대학에서 연구를 한 게 그래서 중요한 것 같아요. 그래서 결국 탈식민주의와도 연결되는 것 같아요. 예를 들면, 『DSM』은 미국의 자폐증이잖아요. 한국의 자폐증과는 다른. 미국에서 어류와 야생동물을 다루는 사람들을 그냥 야생생물학wild biologist이라고 부르는데 한국에서 비슷한 일을 하는 사람과는 다른 실행을 하거든요. 소문자 과학이란 결국 탈식민주의 과학인 것인가 하는 그런 생각도 들어요. 미국이나 유럽의 과학이 표준인 거잖아요. 미국과 유럽의 과학기술학으로 한국의 과학을 설명하고. 한국의 과학기술학으로 한국의 과학을 설명하는 게 또 우리 연구의 의의가 아닐까 싶어요.

김연화 〈도나 해러웨이: 지구 생존 가이드〉 다큐멘터리 영화에서 해러웨이가 그런 말을 했던 것 같아요. 라투르한테 너의 연구에는 젠더와 같은 요소들이 안 들어간다, 그랬더니 라투르가 자기도 고민했는데 아무리 고민해도 젠더를 넣을 방법이 없다고 말했다고. 우리의 연구는 말하자면, 라투르가 하고 싶어서 고민해도 못할 연구라는 거.

장하원 우리의 상황적 지식situated knowledge인 거죠. 우리가 자의적으로든 우연적으로든 이런 상황에 있기에 만들 수 있는 지식.

임소연 일상의 과학기술을 포착하는 감각을 가진 연구자들이여, 함께 한국 사회에 상황 지어진 과학기술의 문제를 겸손하게 기록하고 돌보자! 이렇게 정리하면 될까?

독자 리뷰에 참여해주신 분들께 감사드립니다.

책이 출간되기 전에 책을 먼저 읽은 독자의 감상평을 이 책의 발문으로 삼아 싣습니다. 독자 리뷰에 참여해주신 분들께 감사드립니다.

'연루되다'는 동사는 이 책 속 과학기술학자들의 과학하는 법을 가장 잘 나타낸다. 이들은 높은 곳에서 관찰하지 않고 적극적으로 현장에 연루된다. 딱딱한 숫자와 논증을 넘어 그 안의 사람과 정동을 본다. '겸손한 목격자 되기'는 곧 과학에 얼굴을 되찾아주려는 시도다. 통상 과학은 비인간적인 비전문가가 감히 한마디 얹을 수 없는 성역으로 여겨져 왔다. 하지만 과학의 현장에서 보고 듣고 느낀 것을 겸손하게 전달하려는 이들의 글을 읽으니 나도 왠지 과학에 한마디 얹을 수 있을 것만 같은 느낌이 든다. **김지원 님**

일찌감치 과학을 포기해버린 소위 '과포자' 인문계 대학원생조차 흥미롭게 술술 읽을 수 있었던 책입니다. 과학 선생님도, 과학 커뮤니케이터도, 과학 뉴스도, 과학자들조차도 알려주지 않은 '과학기술학'의 현장을 생생하게 체험하는 시간이었습니다. 마지막 장을 덮고 나니, 마치 제 방이 하나의 과학 실험실 속 필드로 느껴지는 건 과연 저만 그런 것일까요? **이준봉 님**

같은 배경(서울대 과학기술학 전공)을 지닌 4명의 연구자가 각기 다른 분야의 연구 현장을 관찰하면서 배우고 느낀 바를 엮은 책. 철새 도래지 현장, 자폐 아동 엄마들, 경락 물리학 연구소, 성형외과라는 네 곳의 현장은 척 봐도 너무나 색깔이 다르다. 또한 이런 연구는 이때, 이 장소에서 이 사람들과만이 가능한 유일성을 지니는, 연구 활동 이전에 삶의 한 시기라고 하겠다. 과학 연구라면 객관성, 재현성, 통제가능성 등이 중요하다는 이미지지만 사회학이나 인류학에 가까울 연구, 더욱이 거리가 확실한 외부 관찰자라기보다는 현장의 일원으로서 참여하는 이런 연구에서 연구자는 항상 존재론적 긴장을 겪게 마련이다. 그런 긴장이 모두들 '몸으로 체득한 전문성'에 대한 존중으로 이어지고, 나아가 몸으로 살아간다는 것에 대한 어떤 자각으로 이어지는 것 같다. 지금 이 순간 나의, 우리의 삶으로서의 연구. 이런 자각이 이 책을 누구에게든 권하게 할 보편적 가치가 아닐까 한다. **허수자 님**

저자들의 시선은 기계적이고 객관적인 것으로부터 의도적으로 벗어난다. 그들이 시도하는 현장과의 인간적인 엮임, 섬세하고 신중한 목격은 독자들이 접근하기 힘든 연구 현장을 생생하면서도 뭉근하게 담아냈다. 흥미로운 현장의 내부자가 되어 더욱 흥미진진하게 그 세계를 드러내 보여준 저자들은 진정 "이런 현장연구를 할 수 있는 몸으로"(p.324) 태어났음에 틀림없다. '삶이 곧 연구'라는 막연한 비유가 어떤 의미인지, 이 책을 덮을 즈음에는 누구나 알게 될 것이다. **임인숙 님**

우리는 이 책을 통해 과학기술 연구자들이 연구 대상과 환경, 동료들과 상호작용하는 모습을 함께 '목격'할 수 있다. 연구 활동을 이해하고 해석하려는 저자들의 노력으로 이성적인 활동으로만 가득 차 있을 것 같은 과학기술 영역의 차가운 현장이 보다 따뜻한 온기로 채워졌다. 해당 분야의 전문성을 갖춘 영민한 연구자이면서도 상황의 한계로 고민하는 인간적인 모습을 볼 수 있었기 때문이다. 관찰자는 '세뇌'당하지 않았는지, '거리두기'가 되었는지 끊임없이 의심받지만 관찰하기 전으로는 돌아갈 수 없다는 고백처럼, 나도 이 목격자들과 함께 시선이 바뀌어 감을 느꼈다. 금강호로 가서 우리나라 철새들을 보고 싶어졌다. 경락의 실체를 고민하는 물리학자들의 고뇌에 같이 답답해지고, 자폐스펙트럼장애로 의심되는 아이를 둔 엄마들의 비과학적인 접근도 공감되었다. 성형 수술을 바라보는 양가적인 딜레마는 나에게도 숙제처럼 다가왔다. 물리와 생명공학을 전공하는 두 아이들에게도 이 책을 추천하고 싶다. 과학기술 현장에서의 연구자의 전문성과 연구 대상을 대하는 자세에 대해 얘기하고 싶어졌다. **유영란 님**

마치 소설의 시점 변화 같았다. 3인칭 관찰자를 기대하

331

나 실상 불가능하고 1인칭 관찰자로 현지인과의 관계를 만들어 나가다 현장의 내부자로 동화되어 주인공 시점이 되기도 한다. 네 명의 저자는 이러한 그들의 태도와 변화를 '겸손하다'고 말한 다. 철옹성 같은 과학의 권위지만 그들의 겸손함 덕에 과학 지 식은 일종의 사회적 합의라는 과학의 숨겨진 사회성이 보인다. **지은경 님**

저자들은 본인의 세계관을 지킬 수 있는 안전한 관찰자 의 위치에서 내려와 중립성을 유지할 수 없는 정도까지 과학 지 식의 현장에 스스로를 노출시킨 대가로 얻어낸 고민을 이 책에 서 공유한다. 참여관찰 과정의 혼란을 솔직하게 드러내고 이를 다시금 예리하게 파고듦으로써 오늘날 과학기술과 함께 살아간 다는 것의 의미를 우리가 아직 잘 파악하지 못하고 있었음을 효 과적으로 설득한다. **임재윤 님**

3세대 과학기술학자가 되고 싶은 나는, '우리'의 이야기 에 책임감을 갖고 응답하는 선배 연구자들의 이야기가 너무나 반갑다. 저자들은 '겸손한 목격'에 대해 깊이 고민하며, 우리 과 학에 드러나지 않았던 연결을 '보이게' 하려 시도한다. 살펴보고 알아보고 뜯어보는 저자들의 시선과 나란히 책을 읽고 나면, 어 느새 우리도 이들의 현장에 연결되었음을 깨닫게 될 것이다. **이슬기 님**

나는 연구실 생활을 한 지 일 년이 되어 가는 초보 대학원생이다. 우리 연구실은 사람이 많은 편이라 실험실의 지저분함에 대해서 격하게 공감하는 바가 있었다. 생명공학을 하는 우리 실험실 생활의 대부분은 반복적인 실행들과 만족스럽지 못한 결과물들로 이루어져 있어 자주 회의감이 들 때가 있는데 책을 읽고 위안을 받은 느낌이 들었다. 저자들은 과학자의 입장에서 평가하지 않고 직접 보고 느낀 바를 일상적인 시각에서 생생하게 서술하여 과학하는 삶 그 자체에 대해서 이야기한다. 처음에는 외부에서 온 낯선 관찰자, 불편한 평가자였지만 현장에 적극적으로 연루되고 공감하며 과학이 실행되는 일상의 모습을 말함으로써 교과서 너머의 실천적인 과학의 의미를 발견할 수 있도록 이끌어준다. **김수현 님**

과학기술은 새로운 사실을 밝혀내어 문명 발전에 큰 기여를 해왔다. 하지만 이 개발 과정에서 객관성과 윤리성, 이 두 가지 기본을 잃어버렸을 때 발생한 여러 사회적 문제를 경험하기도 했다. 우리는 과학기술의 결과물 자체에만 큰 관심을 가지지만, 과학기술 그 자체가 지속가능한 구조를 유지하기 위해서는, 과학기술을 개발하는 과정에 대한 탐구는 필수적 요소이다. 연구자들의 방법론과 적용 과정 등을 살펴보고 개선점들을 고민하는 것, 그것은 인류 사회를 양적, 질적으로 윤택하게 만드는 하나의 근원적인 접근이 아닐까 생각한다. **윤상철 님**

과학기술의 일상사
맹신과 무관심 사이, 과학기술의 사회생활에 관한 기록

박대인 · 정한별 지음

★ APCTP(아시아태평양이론물리센터) 2019 올해의과학도서
★ 한국출판문화산업진흥원 출판콘텐츠창작자금지원사업 선정작

21세기 필수교양으로 언급되는 과학이 진정으로 시민의 소양이 되려면 무엇을 이야기하고 공유해야 할지 고민하며 쓴 결과물이다. 정책의 눈으로 보면 시민이 현실에서 체감하는 과학기술의 면면을 잘 드러낼 수 있다. 한국 사회의 오래된 화두인 기초과학 육성 담론, 이로부터 자연스레 따라나오는 정책적 쟁점들뿐만 아니라, 과학기술의 사회·정치·문화적 측면을 함축한 다양한 사례와 현안을 다룬다.

계산하는 기계는 생각하는 기계가 될 수 있을까?
인공지능을 만든 생각들의 역사와 철학

잭 코플랜드 지음 | 박영대 옮김 | 김재인 감수

"실현 가능한 인공지능에 대한 최고의 철학적 안내서." – 저스틴 리버 (휴스턴 대학교 철학 및 인지과학)
"많은 연구자들의 희망과 주장을 매우 균형 있게 다룬 저작." – 휴버트 드레이퍼스(캘리포니아 대학교 인공지능 연구 및 기술비평)

앨런 튜링 연구의 권위자, 인공지능과 컴퓨팅의 원리와 역사에 정통한 세계적 학자의 저작. 인공지능에 대해 낙관적인 전망이 주를 이뤘던 1950~60년대에도, 두 차례의 '인공지능 겨울'에도, 그리고 어느 때보다 그 중요성이 급부상한 지금까지도 제대로 답해지지 않았기에 여전히 유효한 물음들을 다룬다. 코플랜드 교수는 인공지능에 정통한 철학자답게 인공지능이란 화두에 내포된 사회적이고도 철학적인 쟁점을 토론에 부쳐 언어를 공유하는 공동체가 현실에 임박한 기계지성체의 존재를 어떻게 이해하고 대해야 하는지 기준점을 제시한다.

세포
생명의 마이크로 코스모스 탐사기

남궁석 지음

★ 2020우수출판콘텐츠 제작지원사업 선정작

'매싸'(MadScientist) 남궁석 박사의 세포, 생물, 생명의 과학 이야기. 생명의 신비와 생물의 다양성은 생명의 기본 단위인 세포에서 구현되고 있다. 세포 내 생리 작용의 본체인 단백질의 다양성은 상상을 초월한다. 생물학계의 최신 연구 사조는 단백질 '디자인'을 통해 인공세포, 합성생물을 만드는 데 도전하고 있다. 현대 생물학의 최전선에서 생명의 원리를 통합적으로 이해하도록 이끄는 책.

Editorial Science : 모두를 위한 과학 04

겸손한 목격자들
철새·경락·자폐증·성형의 현장에 연루되다

지은이 김연화, 성한아, 임소연, 장하원

2021년 11월 11일 초판 1쇄 펴냄

펴낸이	최지영
펴낸곳	에디토리얼
등록	제2020-000298호(2018년 2월 7일)
주소	서울시 마포구 신촌로2길 19, 306호
투고·문의	editorial@editorialbooks.com
전화	02-996-9430 　　　　**팩스** 0303-3447-9430
홈페이지	www.editorialbooks.kr
인스타그램	@editorial.books 　　　**페이스북** @editorialbooks

교열 김은경 　　**디자인** 즐거운생활 　　**제작** 세걸음

ISBN 979-11-90254-13-7 04400
ISBN 979-11-90254-12-0(세트)

후원 PLATFORM P

에디토리얼 홈페이지에서 도서목록과 출간 도서의
보도자료를 내려받을 수 있습니다.
QR코드를 스캔하면 연결됩니다.